高 等 学 校 教 材

AutoCAD 2013 基础教程

武晓丽　田广科　刘荣珍　主编
王小平　　　　　主审

U0316722

中 国 铁 道 出 版 社 有 限 公 司

2 0 2 1 年·北 京

内 容 简 介

本书根据工程设计的方法与顺序,从基本概念和基本操作入手,通过具体实例由浅入深、循序渐进地介绍了AutoCAD最新版本——AutoCAD 2013中文版的二维和三维绘图功能、操作方法及工程图样的绘制技巧,即基本的绘图环境设置、各种精确绘图工具、图形显示控制、二维图形的绘制和编辑、标注文字注释和尺寸、填充图案、创建块与属性以及外部参照、AutoCAD的设计中心、三维基本图形和复杂实体模型的绘制方法和技巧、由三维实体模型转换二维多面投影图和剖视图的方法和技巧、三维实体模型渲染以及打印等等。书中还介绍了AutoCAD 2013中文版的主要新增功能和改进功能,以满足读者对新技术的渴求。

本书是面向AutoCAD初、中级用户的一本实用教程,既可作为高等工科院校本、专科相关专业以及CAD培训机构的教材,也适用于AutoCAD的自学读者,还是从事计算机辅助设计工作的工程设计人员的使用指南。

图书在版编目(CIP)数据

AutoCAD 2013 基础教程/武晓丽,田广科,刘荣珍主编.
—北京:中国铁道出版社,2014.4(2021.7重印)
高等学校教材
ISBN 978-7-113-17735-5

Ⅰ.①A… Ⅱ.①武… ②田… ③刘… Ⅲ.①工程制图-AutoCAD 软件-高等学校-教材 Ⅳ.①TB237

中国版本图书馆 CIP 数据核字(2013)第 280670 号

书　　名:**AutoCAD 2013 基础教程**
作　　者:武晓丽　田广科　刘荣珍

责任编辑:阚济存　　　　电话:(010)51873133　　　　电子信箱:td51873133@163.com
封面设计:崔丽芳
责任校对:王　杰
责任印制:高春晓

出版发行:中国铁道出版社有限公司(100054,北京市西城区右安门西街 8 号)
网　　址:http://www.tdpress.com
印　　刷:三河市宏盛印务有限公司
版　　次:2014 年 4 月第 1 版　2021 年 7 月第 4 次印刷
开　　本:787 mm×1 092 mm　1/16　印张:16.75　字数:428 千
印　　数:7 001～8 000 册
书　　号:ISBN 978-7-113-17735-5
定　　价:42.00 元

前　言

　　CAD 技术是一门集计算机技术、图形学、工程分析、模拟仿真、数据库、网络等多种技术于一体的综合科学,已经成为企业提高创新能力、增强产品开发能力、增强企业适应市场需求的竞争能力的一项关键技术。它的应用已为机械、汽车、航空、建筑、造船、家电、电气、轻工、纺织等各个行业带来显著的社会效益。广大工程技术人员在进行工程设计和产品开发过程中已离不开 CAD 技术的支持。

　　AutoCAD 是目前国内外使用最广泛的计算机绘图软件之一,其丰富的绘图功能、强大的编辑功能和良好的用户界面深受广大用户的欢迎。Autodesk 公司于 2012 年发布了最新的 AutoCAD 2013 简体中文版,AutoCAD 自 2008 版起添加了注释性、多重引线等功能,2010 版添加了动态块功能,2013 版最明显的变化是增加了一个强大的欢迎界面,同时对许多常用命令也进行了优化,这使得 AutoCAD 的功能有了较大的扩展,操作方法也随之有了一些变化。深刻理解这些新功能和操作方法会使用户有全新的感受,同时对其绘图方法、设计思路会产生积极的影响。

　　目前虽然介绍 AutoCAD 软件的书籍较多,但有一部分从内容组织和编排方式等方面不适合做教材,也不能满足教学大纲的要求。为此,我们组织了多年从事计算机绘图教学,具有丰富教学经验的教师编写了本书,以期读者能够快速掌握 AutoCAD 的实质,对 AutoCAD 的认识、使用、技巧都能得到立竿见影的效果。

　　本书根据工程制图实际的绘图过程,按 AutoCAD 2013 软件的最新内容精心编排和调整。既介绍 AutoCAD 2013 中文版的新功能,又特别强调 AutoCAD 在工程设计实践以及工程图样的绘制中所发挥的作用。因此,本书以实用为目的,注重灵活掌握 AutoCAD 命令的应用技巧及各命令的综合应用,提高综合绘图能力。注重 AutoCAD 的绘图功能与工程设计实践以及工程图样的绘制有机的结合。按照工程实践的要求,以应用为主线,以机械制图和土木建筑制图为主题,讲深、讲透对工程制图来讲至关重要的内容。尤其对二维绘图中常用且十分重要的命令和工具都尽可能详尽地叙述其使用方法和技巧,对一些不常用的内容或删或减。给出绘图实例的详细操作步骤,并通过绘图实例体现编者在工程设计实践以及工程图样的绘制方面应用 AutoCAD 的见解和经验。本书力求由浅入深、循序渐进,相关内容相对集中,便于对照学习,因而使内容更精练、编排更合理、更实用。

学习 AutoCAD 并不难,但精通也很不易。要想应用 AutoCAD 高速度、高质量地绘图,必须熟悉 AutoCAD 的操作,要做大量的绘图练习。因此编者特在每章后都安排有精心挑选的练习题,希望读者除细心研读本书的内容,还要拿出足够多的时间上机练习,要在强化实践技能的同时注意体会技巧、总结经验。

本书的编写遵循现行的 CAD 标准和制图标准。

本书由兰州交通大学武晓丽、田广科、刘荣珍主编,王小平主审。参加编写的还有兰州文理学院管子涵,兰州交通大学王欣、牛青、李艳敏、张宁、李德福、李得洋、王朝琴、马丽娜以及齐齐哈尔工程学院王颖等。

本书中,我们把多年教学实践中积累的应用 AutoCAD 的见解和经验毫无保留地奉献给广大读者,对于其中的一些不当之处也真诚地希望读者批评指正。

编者

2014 年 4 月

目　　录

第1章 AutoCAD 2013 入门

AutoCAD 2013 中文版是 AutoCAD 目前的最新版本。与之前的版本相比，AutoCAD 2013 中文版重新设计和优化了用户界面，尤其是增加了功能强大的"欢迎"界面，使用户更容易找到常用的命令，并能以较少的操作更快地完成常规的绘图任务。本章主要介绍 AutoCAD 2013 的安装、启动以及工作界面、图形文件的操作和 AutoCAD 2013 的新增功能。

1.1 AutoCAD 的功能简介

AutoCAD 是由美国 Autodesk 公司开发的通用计算机辅助设计与绘图软件包，具有完善的图形绘制功能和强大的图形编辑功能，能够绘制平面图形与三维图形、标注图形尺寸、渲染图形及打印输出图纸；内嵌的 AutoLISP 语言扩展了 AutoCAD 的计算处理功能，同时提供了多种与高级语言和数据库连接的方式，如 IGES、DXF、DXB 的转换程序以及 ADS、ARX 接口等。开放的体系结构使用户可采用多种方式进行二次开发和功能定制，并能方便地进行各种图形格式的转换，实现与多种 CAD 系统的资源共享；AutoCAD 支持多种操作平台和多种硬件设备，通用性、易用性好，深受广大工程技术人员的欢迎。AutoCAD 自 1982 年问世以来，已多次升级，功能日趋完善，是工程设计领域应用最为广泛的计算机辅助设计与绘图软件之一。

1.1.1 绘制与编辑图形

AutoCAD 提供了一系列图形绘制和编辑命令，可绘制直线、构造线、多段线、圆、椭圆、矩形、正多边形等基本的图形要素，并以此为基础，借助平移、旋转、复制、剪切、倒角等图形编辑命令，绘制各种复杂的二维图形。

对于已绘制完成的二维图形，可以通过拉伸、旋转、设置标高和厚度等方式，将其转换为三维实体模型。除此之外，AutoCAD 还单独提供了三维实体模型的绘制命令，用户可以通过绘制诸如长方体、球体、圆柱体等基本立体，结合布尔运算及三维实体模型编辑命令，快速构建出各种复杂的三维实体模型。对于已生成的三维实体模型，还可查询其质量、体积、重心和惯性矩等物理特性，并能由三维实体模型直接生成二维多面投影图。

1.1.2 标注尺寸及技术要求

尺寸标注就是在工程图样中为图形添加必要的测量和注释信息，是工程图样中必不可少的重要内容之一。AutoCAD 提供的尺寸标注功能可以为图形建立完整的各种类型的尺寸标注，并可注释相关的技术要求，使绘制出的工程图样能满足相关行业的国家标准规定和绘图习惯。

1.1.3 三维模型渲染

在 AutoCAD 中，可以对将构建的三维实体模型，通过添加材质、贴图、灯光以及使用各种场景效果,渲染为具有真实感的图像。若因时间、设备的原因或只需察看设计效果而不必精细渲染时,则可通过视觉样式采用消隐、着色等手段对三维实体模型进行简单的真实感处理。

1.1.4 图形输出与打印

AutoCAD 不仅允许将所绘的图形以任意比例通过绘图仪或打印机打印输出,还允许将不同格式的图形导入 AutoCAD 或将 AutoCAD 图形以其他格式输出。因此,AutoCAD 的图形文件可以使用多种方法输出,如打印在图纸上或以文件形式供其他应用程序使用。利用 AutoCAD 提供的网络发布功能,用户还可将已绘制的图形文件通过 Internet/Intranet 在网上发布、访问和存取,从而使设计小组可以在不同地点协同工作。

1.1.5 用户定制和二次开发功能

AutoCAD 提供了多种用户化的定制途径和工具以及宽泛的定制内容。如:将 AutoCAD 的部分命令定制为用户便于记忆和使用的别名,重组或修改 AutoCAD 的系统菜单和工具栏,创建符合用户需求的线型和填充图案,使用形文件建立用户符号库和特殊字体等等。

1.1.6 AutoCAD 2013 的新增功能

1. 强大的"欢迎"界面

相对于 AutoCAD 2012,AutoCAD 2013 增加了一个强大的"欢迎"界面(图 1-1),分为"工作"、"了解"、"扩展"3 部分。

通过欢迎界面的"工作"区域可以直接"新建"文档、"打开"已有的文档、"打开样例文件"或打开"最近使用的义件",而不用从"我的电脑"中寻找。

在计算机有网络连接的状态下,可以观看"了解"区域的"2013 的新增内容",如视频简介和"快速入门视频",通过 AutoCAD 2013 的视频语音教学,学习如何使用 AutoCAD 2013。

"扩展"区域包括了 Autodesk Exchange Apps 界面,AutoCAD 360 界面及 Autodesk 的连接功能。单击打开 Autodesk Exchange Apps 界面可以浏览、查找应用程序,还可在网页中打开 Apps 的程序商店,任意购买其中的许多附加程序,当然也可以下载使用部分免费程序。单击 AutoCAD 360 的"快速入门"按钮,系统也将自动打开其网页,用户可利用 AutoCAD 360 中的云服务存储器进行文件的云处理,以实现信息联机。单击"AutoCAD 产品中心"按钮,则可看到更多的关于 AutoCAD 软件的信息。

2. 从 Inventor 创建二维文档

在 AutoCAD 2013 中,增加了 AutoCAD Inventor 软件。利用 AutoCAD Inventor 创建三维模型后,可直接创建三维模型的二维视图和剖面图。

3. 监视器工具

新增加的监视器功能可以跟踪关联标注,并且显示任何无效标注,同时解除之前关联的标注内容,以便查找及修复。

4. 增强了阵列功能

创建矩形阵列时,选择阵列对象后,在绘图区会显示默认设置的 3 行 4 列的矩形阵列。在创建环形阵列时,选择阵列对象和指定阵列中心后,在绘图区会显示默认设置的 6 个对象,按整个圆周分布的环形阵列。在创建路径阵列时,选择对象和指定阵列路径后,在绘图区阵列对象会按默认设置的间距，沿指定的路径均匀分布，若拉长路径后，阵列对象数目也会随之增加。路径阵列中还新增了"定距等分"选项。

5. 命令窗口的变更

在 AutoCAD 2013 中，为了扩大绘图范围可根据需要调整命令窗口的状态，如：是否透明显示、是否关闭或隐藏、变换命令窗口的行数、并且可以透明状态放置在绘图窗口的任意位置（称浮动命令窗口）。右击命令行，在弹出的快捷菜单中选择"提示历史记录行"可更改命令窗口的显示行数。

AutoCAD 2013 的命令行中的命令处于可选择的状态，即在输入需要的命令后，可以直接单击命令行中显示的各选项，而不必输入简写字母进行下一步的操作，可直接单击选择的选项以蓝色显示。

6. 新增"布局"选项卡

在 AutoCAD 2013 的"草图与注释"和"三维建模"工作空间的功能区新增了"布局"选项卡，包含了"布局"、"布局视口"、"创建视图"、"修改视图"、"更新"和"样式和标准"等 6 个面板。通过"创建视图"面板中的"截面视图"和"局部视图"按钮可以创建剖面图和局部视图。

7. 新增文字删除线

在"文字编辑器"选项卡中新增了"删除线样式"按钮 A，单击该按钮可以使删除线样式应用在多行文字、多重引线、标注、表格与弧形文字上。

8. 画布内特性预览功能

在 AutoCAD 2013 中，用户可以在应用更改前动态预览对象和视口特性的更改。例如选择对象，然后使用"特性"选项板更改颜色，当光标经过列表中或"选择颜色"对话框中的某种颜色时，选定的对象会随之动态的改变颜色。而且预览不局限于对象特性，影响视口内显示的任何更改都可预览。当光标经过视觉样式、视图、日光和天光特性、阴影显示和 UCS 图标时，其效果会随之动态的应用到视口中。

9. 光栅图像及外部参照

对于光栅图像，两色重采样的算法已经更新，以提高图像的显示质量。在 AutoCAD 2013 中，可以在"外部参照"选项板中直接编辑保存的路径，找到的路径显示为只读。快捷菜单中也包含一些其他更新，在对话框中，默认类型会更改为相对路径，除非相对路径不可用。

10. 点云增强

在 AutoCAD 2013 中，点云功能已得到显著增强，如可以附着和管理点云文件，类似于使用外部参照、图像和其他外部参照的文件。"点云"工具可在"点云"工具栏和功能区"插入"选项卡中的"点云"面板上找到。

在"附着点云"对话框中，提供了关于点云的预览图像和详细信息。选择附着的点云会显示围绕数据的边界框，以帮助用户直观地观察它在三维空间中的位置和相对于其他三维对象的位置。可以使用系统变量 POINTCLOUDBOUNDARY 控制点云边界的显示。

除了显示边界框，选择点云将自动显示"点云编辑"功能区选项卡，其中包含易于访问的相关工具，用户可以剪裁选定的点云。

在 AutoCAD 2013 中，点云索引也明显增强。新的"创建点云文件"对话框提供了一种直观灵活的界面来选择和索引原始点扫描文件。可以选择多个文件来批量索引，甚至可以将它们合并到一个点云文件中。当创建 PCG 文件时，可以指定各种索引设置，包括 RGB、强度、法线和自定义属性。如果从 AutoCAD 2013 保存到旧版本的 DWG 文件，将显示一条消息，警告用户附着的 PCG 文件将被重新索引和降级，以与早期版本的图形文件格式相兼容，新文件将重命名为相应的增量文件名。

AutoCAD 2013 新增加的功能，大大提高了绘图界面的利用率，同时利用新增加的功能，更加方便了对文档的快速处理，进一步提升了 AutoCAD 的绘图效率。对于这些新增加的命令，使用率高的命令须认真学习，不常用的命令也需了解。

1.2　AutoCAD 2013 的安装与启动

1.2.1　安装 AutoCAD 2013

将 AutoCAD 2013 安装光盘放入 CD-ROM 后即可自动执行安装程序。若关闭光盘的自动运行功能，找到光盘驱动器下名为 SETUP.EXE 的安装文件，双击该文件即可启动 AutoCAD 2013 的安装程序。

安装程序启动后，首先进入安装的初始界面，从中选择"中文（简体）（Chinese）"和"安装产品"选项，用户即可根据依次显示的各安装页面中的提示开始安装操作。成功安装后还应进行产品注册。

1.2.2　启动 AutoCAD 2013

安装成功后，系统会在 Windows 桌面上生成 AutoCAD 2013 的快捷方式图标与所有的 Windows 应用程序一样，双击该快捷图标或通过 Windows 资源管理器、任务栏中的开始按钮等均可启动 AutoCAD 2013。

当启动 AutoCAD 2013 之后，系统会弹出如图 1-1 所示的"欢迎"界面，在其中用户可新建、

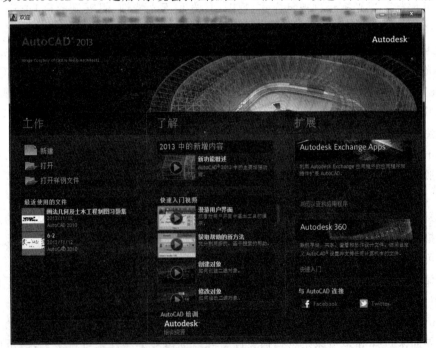

图 1-1　"欢迎"界面

打开已有文件、选择打开样板文件和最近使用的文件。在网络连接状态下，还可了解 AutoCAD 2013 的新功能，并可观看基础功能、新功能的视频教程。图 1-1 为网络连接状态下的"欢迎"界面。

1.3　AutoCAD 2013 的用户界面

1.3.1　AutoCAD 2013 的工作空间

AutoCAD 2013 中文版提供了"草图与注释"、"三维基础"、"三维建模"和"AutoCAD 经典"四种工作空间模式。不同的工作空间可以使用户在专门的、面向任务的绘图环境下工作。因此，不同的工作空间，系统只显示与其任务相关的工具栏和功能区选项面板。

单击窗口顶部标题栏或底部状态栏上的 ⚙ "切换工作空间"按钮，在弹出的快捷菜单（图 1-2）中选择相应的工作空间选项，即可在四种工作空间模式之间切换。

1．"草图与注释"工作空间

"草图与注释"工作空间主要用于绘制二维图形。在默认状态下，该工作空间的界面主要由"菜单浏览器"按钮、快速访问工具栏、命令窗口、状态栏和集成了常用二维图形绘制与编辑命令的功能区选项面板组成，如图 1-3 所示。用户使用"常用"、"插入"、"注释"、"布局"、"参数化"、"视图"、"管理"、"输出"、"插件"和"联机"等选项卡面板，其中集成了不同命令的按钮绘制、编辑和标注二维图形。

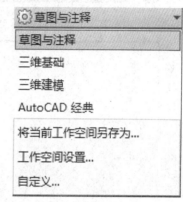

图 1-2　"切换工作空间"按钮菜单

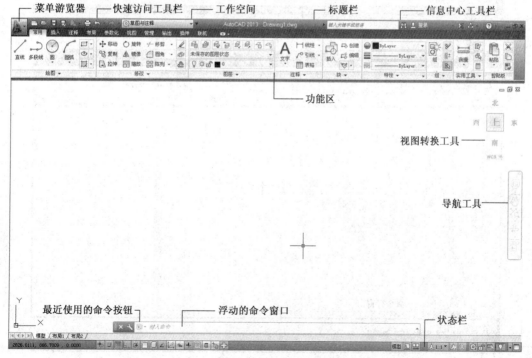

图 1-3　"草图与注释"工作空间

2. "三维基础"工作空间

在"三维基础"工作空间可构建三维实体模型,还可绘制和修改二维图形,或将二维图形构建为三维实体模型,并可设置图层特性和坐标系的各项参数,如图 1-4 所示。

3. "三维建模"工作空间

"三维建模"工作空间主要用于构建三维实体模型。该工作空间的功能区选项面板,集成了"建模"、"网格"、"实体编辑"、"渲染"、"导航"、"插入"、"注释"和"布局"等命令,便于用户进行构建和观察三维模型、创建动画、设置渲染场景等操作,如图 1-5 所示。

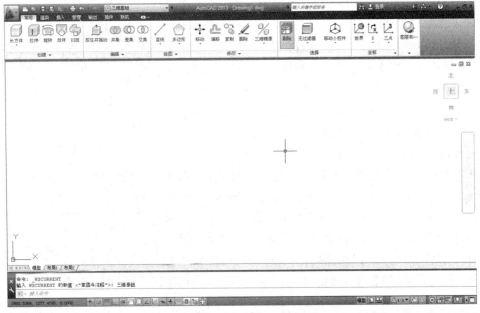

图 1-4 "三维基础"工作空间

图 1-5 "三维建模"工作空间

4."AutoCAD 经典"工作空间

对于习惯 AutoCAD 传统界面的用户来说,可以使用"AutoCAD 经典"工作空间,其界面主要由菜单栏、工具栏、命令窗口和状态栏等组成,如图 1-6 所示。

1.3.2　AutoCAD 用户界面的基本组成

AutoCAD 的各个工作空间的用户界面均包含了标题栏、菜单浏览器、菜单栏、快速访问工具栏、功能区选项面板、绘图窗口、命令窗口和状态栏等基本元素。下面简要介绍这些基本元素的功能。

1. 标题栏

标题栏位于应用程序窗口的顶部,显示当前运行的应用程序名和图形文件名。标题栏中还集成的有菜单浏览器按钮、快速访问工具栏和信息中心工具栏等,如图 1-3～图 1-6 所示。

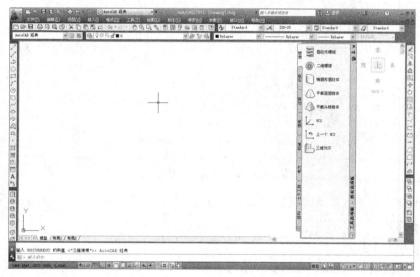

图 1-6　"AutoCAD 经典"工作空间

（1）菜单浏览器

单击 "菜单浏览器"按钮,弹出 AutoCAD 2013 的文件操作菜单,如图 1-7 所示。

（2）快速访问工具栏

快速访问工具栏(图 1-3),默认状态下包含了"新建、打开、保存、放弃、重做和打印"等命令按钮。AutoCAD 允许用户在快速访问工具栏中添加、删除和重新定位命令。方法是:移动鼠标将光标移到快速访问工具栏上并单击鼠标右键,在弹出的快捷菜单中选择"自定义快速访问工具栏"选项,系统打开"自定义用户界面"对话框,在该对话框的命令列表框中选择相应的命令按钮,并将其拖至快速访问工具栏中即添加了所选的命令,用同样方法也可删除快速访问工具栏中的某条命令。若添加了较多的命令,快速访问工具栏中没有足够的显示空间时,则多出的命令合并为弹出式按钮显示在工具栏中。

（3）菜单栏

在"二维草图与注释"、"三维基础"和"三维建模"工作空间,单击快速访问工具栏右侧的箭头,在弹出的快捷菜单中选择"显示菜单栏"选项,在标题栏下方会显示菜单栏。菜单栏提供了

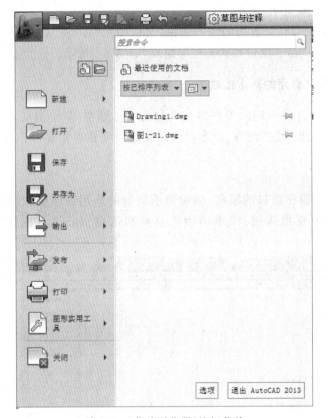

图 1-7　"菜单浏览器"按钮菜单

AutoCAD 的所有命令。菜单栏的使用与用户熟悉的以往版本以及"AutoCAD 经典"工作空间相同,故不详述。

(4)信息中心工具栏

信息中心工具栏可为用户提供多种信息服务。在文本框中输入需要帮助的问题,然后按回车键或单击"搜索"按钮,可获得相关主题的帮助信息;使用"登录"选择框可登录到Autodesk 360 以访问与桌面软件集成的各项服务;单击" "按钮可以转到 Autodesk 的官方扩展应用网站;单击"保持联接"按钮即可获取最新的软件更新;单击"帮助"按钮,可以打开"AutoCAD 2013 帮助"对话框,查阅相关问题的详细资料。

2. 功能区选项面板

功能区选项面板位于绘图窗口的上方,包含了多个选项卡,用于显示与工作空间相关的命令按钮和控件。例如在"草图与注释"工作空间,默认状态下有"常用"、"插入"、"注释"、"布局"、"参数化"、"视图"、"管理"、"输出"、"插件"和"联机"10 个选项卡。每个选项卡包含若干个面板,而每个面板又由多个命令按钮组成。单击"常用"选项卡,功能区由绘图、修改、图层、注释、块、特性等面板组成,如图 1-8 所示。单击某一面板底部的箭头" ",即可展开该面板,以显示面板中的其他按钮。图 1-9 为展开后的"绘图"面板。若面板中的某个按钮右侧有箭头" ",则表明该按钮内部还嵌套有下一级命令按钮,单击该箭头则展开该按钮嵌套的其余命令按钮,图 1-10 就是展开后的 "圆"命令按钮。

图 1-8　"草图与注释"工作空间功能区"常用"选项卡

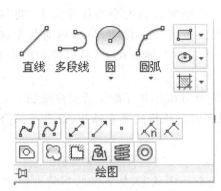

图 1-9　展开的绘图面板

图 1-10　展开的"圆"命令按钮

　　默认状态下,将光标从展开的面板上移出后,该面板会自动恢复到展开之前的状态。若需某一面板保持展开状态,单击展开面板左下角的 "锁定/解锁"按钮,面板即由解锁状态变为锁定状态。

　　若要控制功能区中某一选项卡或面板的显示与隐藏,可以将光标移至任一工具按钮上单击鼠标右键,在弹出的快捷菜单中选择"选项卡"或"面板",再单击鼠标左键,将相应选项卡或面板名称前面的选中标志去掉或添加上即可,如图 1-11 所示。若选择快捷菜单中的"添加到快速访问工具栏"选项,可将选中的命令按钮添加到快速访问工具栏。

　　单击功能区选项卡右侧的 "标题"按钮,可将功能区面板"最小化为面板标题",即隐藏选项面板。移动鼠标将光标放在某一面板标题上片刻,即显示相应的选项面板。最小化为面板标题后,再次单击按钮,可将功能区面板"最小化为选项卡",此时单击某一选项卡,即显示该选项卡对应的选项面板。若再次单击按钮,即"显示最完整的功能区"。

　　在"AutoCAD 经典"工作空间中,功能区中及其面板变为传统界面中的工具栏。将光标移至任一工具按钮上单击鼠标右键,在弹出的快捷菜单中,添加或去除对应工具栏名称前面的选中标志即可控制工具栏在绘图环境中的显示和隐藏。

　　3. 绘图区

　　AutoCAD 应用程序窗口中最大的空白区域即绘图窗口,相当于手工绘图时所用的图纸。在使用 AutoCAD 绘制图形时,所有的绘图结果均反映在该窗口中。绘图过程中,可以根据需要关闭其他窗口元素,如工具栏、选项面板等,以增大绘图窗口的空间。如果

图 1-11　功能区快捷菜单

图纸比较大,需要察看图形中未显示的部分,可以拖动该窗口底部和右侧的滚动条移动图纸。

4. 命令窗口

默认状态下,命令窗口位于绘图窗口的下方(图 1-3 或图 1-5),由历史命令窗口和命令行组成,用于显示用户输入的绘图命令和相关的提示信息。AutoCAD 的绘图过程为交互式操作过程,即在执行某一命令后,系统会在命令行中给出相关的提示信息,用户需要根据提示信息输入相应的数据或执行相应的操作。命令窗口的大小可任意调节,将鼠标移动到命令窗口边框线上,可调节窗口的大小,其位置也可任意移动,只要拖动其左侧边框即可将其移至需要的位置。AutoCAD 2013 在命令窗口左侧增加了"最近使用的命令"按钮(图 1-3)。

在使用 AutoCAD 绘制图形时,系统会记录用户的所有操作并存放于历史命令窗口。单击历史命令窗口右侧的滚动条,可以查看用户绘制图形时已执行的所有操作,键盘上的【F2】键可控制历史命令窗口的打开或关闭。

5. 状态栏

状态栏位于绘图窗口的最底部,用于显示或设置当前绘图状态,如光标的当前坐标、绘图工具、导航工具以及快速察看和注释缩放工具等,如图 1-12 所示。单击某一工具按钮可实现其对应功能的 ON 或 OFF 切换。本节仅介绍状态栏右侧的四个常用按钮,其他按钮的功能将在以后的相应章节中陆续介绍。AutoCAD 2013 在状态栏增加了"推断约束"、"显示/隐藏透明度"、"快捷特性"、"选择循环"等按钮。

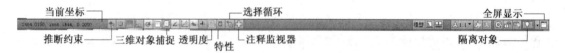

图 1-12　AutoCAD 2013 的状态栏

(1)工具栏/窗口位置锁定/解锁按钮

单击 🔓 按钮,系统将弹出如图 1-13 所示的快捷菜单。选择其中的某一选项,相应的工具栏或窗口即被锁定或解锁。若选项前出现"√"标记,则表示对应的工具栏或窗口被锁定,按钮图标由 🔓 变为 🔒。工具栏或窗口一经锁定,则不能再拖动更改其位置,但在拖动时按住【Ctrl】键,可以在不解锁的情况下,拖动被锁定的工具栏或窗口。

(2)隔离对象按钮(AutoCAD 2013 的新功能)

单击 💡 按钮,弹出如图 1-14 所示的快捷菜单。选择"隐藏对象"选项,命令窗口会提示选择对象,所选对象即被隐藏;若选择"隔离对象"则未选择的对象隐藏。

(3)应用程序状态栏菜单按钮

单击 ▾ 按钮,系统会弹出状态栏菜单,如图 1-15 所示。选择菜单中的选项,可控制菜单项所对应的按钮是否在状态栏中显示。

(4)全屏显示按钮

单击 ⬜ 按钮,可实现正常绘图屏幕与全屏幕之间的切换。全屏幕显示时,系统仅保留标题栏、命令窗口和状态栏,使绘图区域扩展,以显示更大的图形范围。

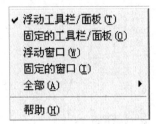

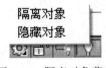

图 1-13　工具栏/窗口位置锁定菜单　　　图 1-14　隔离对象菜单　　　　图 1-15　状态栏菜单

1.4　图形文件的操作和管理

在 AutoCAD 中，图形文件的管理一般包括新建文件，保存文件，打开已有的图形文件和关闭图形文件等操作。在 AutoCAD 2013 的"欢迎"界面中，可进行这些操作或在 AutoCAD 2013 的图形界面下，单击■"菜单浏览器"按钮，在弹出的菜单中会显示这些命令。另外，单击"快速访问工具栏"中的相应按钮也可完成对应的操作。

1.4.1　新建图形文件

单击快速访问工具栏中的▢"新建"按钮，打开如图 1-16 所示的"选择样板"对话框。单击"打开"按钮右侧的▾按钮，在弹出的快捷菜单中选择"无样板打开——公制"或"无样板打开——英制"选项，系统将按默认设置创建一个新的图形文件。用户也可以在该对话框中选择某一个样板文件，创建一个新的图形文件。

绘制一幅完整的工程图样应包括一些基本参数的设置（如图纸的幅面，选用的长度计数制单位和角度计数制单位等）以及一些附加的注释信息（如图框、标题栏、文字等）。AutoCAD 根据不同国家和地区的制图标准，将这些基本参数预先组织起来，以文件的形式存放在系统当中，这些文件称为"样板文件"。所以选择合适的样板文件，可以减少用户绘图时的工作量，提高绘图效率，并能在相互引用时保持工程图样的一致性。

1.4.2　保存图形文件

如果当前图形文件已经命名，单击快速访问工具栏中的▣"保存"按钮，系统会自动以当前图形文件名保存文件；如果当前图形是第一次保存，系统会打开"图形另存为"对话框，如图

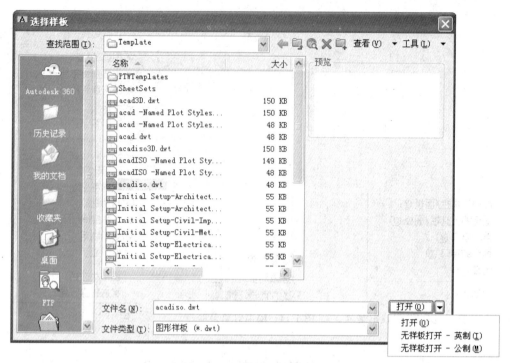

图 1-16 "选择样板"对话框

1-17 所示,提示用户指定保存的文件名称、路径和类型。默认情况下,以 AutoCAD 默认的图形文件格式 *.dwg 保存图形文件。通过"文件类型"下拉列表框可选择将图形文件保存为其他格式。

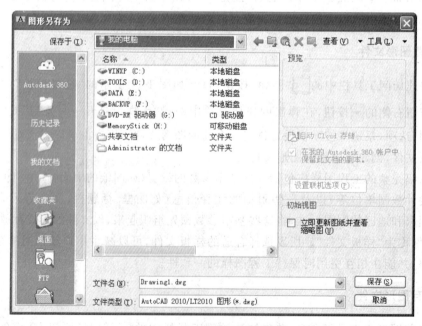

图 1-17 "图形另存为"对话框

　　如果要更名保存图形文件,单击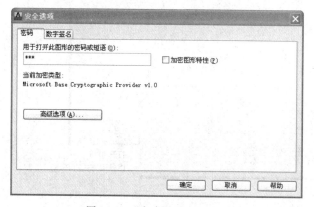"菜单浏览器"按钮,在快捷菜单中选择"另存为"命令,同样会弹出"图形另存为"对话框,供用户为图形文件更名,以及指定保存的类型和路径。

　　AutoCAD 为用户提供了图形文件的自动保存功能。在绘图区单击鼠标右键,在弹出的快捷菜单中选择"选项"命令,系统会打开"选项"对话框。单击"打开和保存"选项卡,选中"自动保存"复选框并输入自动保存的时间间隔(详见本书 12.4.3)。

　　AutoCAD 2013 允许用户在保存图形文件时启用密码保护功能,加密保存图形文件。为文件设置了密码后,在打开文件时系统会打开"密码"对话框,要求用户输入正确的密码。设置的方法是:在"文件另存为"对话框中单击"工具"按钮,在弹出的菜单中选择"安全选项"命令,打开如图 1-18 所示的"安全选项"对话框。单击"密码"选项卡,在"用于打开此图形的密码或短语"文本框中输入密码,然后单击"确定"按钮,打开"确认密码"对话框(图 1-19),在"再次输入用于打开此图形的密码"文本框中确认密码。

图 1-18　"安全选项"对话框

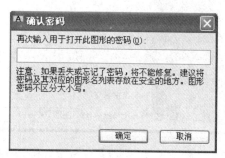

图 1-19　"确认密码"对话框

1.4.3　打开已有的图形文件

　　单击快速访问工具栏的"打开"按钮,打开"选择文件"对话框,如图 1-20 所示。在其中搜索需要打开的图形文件,其右侧的"预览"区域将显示用户所选图形文件的预览图像。单击"打开"按钮右侧的▼箭头,通过快捷菜单的选项可选择图形文件的打开方式。

　　AutoCAD 2013 提供了"打开"、"以只读方式打开"、"局部打开"和"以只读方式局部打开"4 种方式。若选择菜单栏中的"局部打开"命令,将打开如图 1-21 所示的"局部打开"对话框。在该对话框中,用户可按视图或图层选定打开图形文件中所需的部分。因此,当绘制大而复杂的图形时,可只打开所需要的那部分图形,以节省图形存取时间,提高工作效率。

　　当以"打开"和"局部打开"方式打开图形时,用户可以编辑、修改打开的图形文件;而如果选择"以只读方式打开"或"以只读方式局部打开"方式打开图形文件,则用户不能编辑、修改图形文件。因此,对于一些重要的图形文件,可以选择"以只读方式打开"或"以只读方式局部打开"。

1.4.4　同时打开多个图形文件

　　在图 1-20 所示的"选择文件"对话框中,按住【Ctrl】键可同时选中多个图形文件,再单击"打开"按钮即同时打开选中的全部文件。单击某一个文件的绘图区,可将该文件置为当前文件。用户也可以通过组合键【Ctrl】+【F6】或【Ctrl】+【Tab】在已打开的图形文件中切换。还可以通过下拉菜单"窗口"选项进行切换。

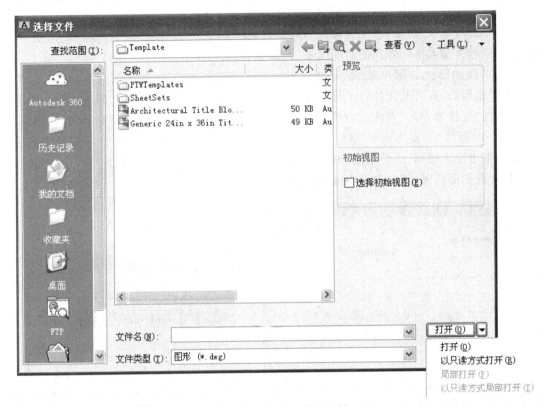

图 1-20 "选择文件"对话框

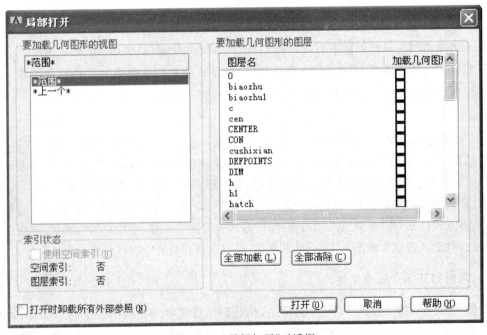

图 1-21 "局部打开"对话框

1.4.5　关闭图形文件

单击 "菜单浏览器"按钮,在弹出的快捷菜单中选择"关闭→当前图形"命令或单击绘图区的 "关闭"按钮,就可以关闭当前的图形文件。若在快捷菜单中选择"关闭/所有图形"命令,则关闭已打开的所有图形文件。

如果要退出 AutoCAD 绘图环境,则单击 "菜单浏览器"按钮,在弹出的快捷菜单中选择"退出 AutoCAD"命令或单击标题栏右上角的 "关闭"按钮,就可以退出 AutoCAD 绘图环境。此时若在 AutoCAD 绘图环境下打开了多个图形文件,系统会关闭已打开的所有图形文件。

1.5　思考与上机实践

1. 在条件允许的情况下,尝试自己安装 AutoCAD 2013 中文版。

2. AutoCAD 2013 包括哪几种工作空间? 怎样在不同的工作空间之间进行切换?

3. 在 AutoCAD 2013 不同的工作空间中,练习打开、关闭工具栏以及调整其位置等操作。

4. 如何迅速了解某一工具按钮的基本功能?

5. 试在快速访问工具栏中添加"另存为"按钮。

6. 熟练掌握在 AutoCAD 2013 中打开已有图形、保存图形、换名保存图形等操作。

7. 在 AutoCAD 2013 中怎样加密保存图形文件?

8. 试通过 AutoCAD 2013 的帮助功能了解 AutoCAD 2013 用户界面的特点及基本操作方法。

第2章　AutoCAD 2013 的基本操作

AutoCAD 是一款交互式的绘图软件,即在绘图的过程中,用户必须正确输入命令,而且要根据系统的提示正确输入相关的必要信息。因此,正确地理解和使用 AutoCAD 的命令,了解和掌握使用 AutoCAD 绘图的一些基本操作,如键盘、鼠标等输入设备的使用,坐标系统及数据的输入方式等,是学习 AutoCAD 的基础。

2.1　AutoCAD 命令的执行方式

2.1.1　命令输入设备

在使用 AutoCAD 绘制图形时,输入命令的设备有键盘、鼠标、数字化仪等,其中最常用的是键盘和鼠标。

1. 键盘

在 AutoCAD 中,输入文本对象、数值参数、点的坐标等信息时,必须通过键盘。此外,用户还可以通过键盘在命令窗口输入所要执行的命令,并按回车键或空格键执行。

2. 鼠标

AutoCAD 用鼠标来控制其光标和屏幕指针。移动鼠标使光标在绘图窗口时,光标显示为十字线形式;当光标移出绘图窗口时,则显示为箭头形式。

(1)左键称拾取键,用于在绘图窗口输入点和选择图形对象(称拾取)或点击菜单项和工具按钮,以执行相应的操作。

(2)一般情况下,右键相当于键盘上的回车键。默认情况下,在命令执行的过程中,单击鼠标右键会弹出包含"确认"、"退出"以及该

图 2-1　右键快捷菜单

命令所有选项的右键菜单,此时以鼠标左键单击菜单中的"确认"选项等效于回车键。自 AutoCAD 2010 版增添了可上下文跟踪的右键快捷菜单(图 2-1)。

(3)在绘图区域的空白处同时按下键盘上的【Shift】键和鼠标右键,弹出"对象捕捉和点过滤"光标菜单,其功能与"对象捕捉"快捷菜单(图 2-11)相似。

(4)在绘图区滚动鼠标滚轮可缩放当前图形,按下滚轮可平移当前图形。

2.1.2　命令的输入方式和执行方式

1. 由工具按钮输入命令

单击工具按钮是普遍使用且最为直接的命令输入方式。AutoCAD 2013 根据多年来的跟踪调查,对"草图与注释"、"三维基础"和"三维建模"工作空间中,工具按钮的排布方式做了进

一步的优化,将具有相似功能的工具按钮集成在功能区中,从而减少绘图过程中寻找命令的时间,提高绘图效率。在"AutoCAD 经典"工作空间,工具按钮仍集成在工具栏中。

如果对某一工具按钮的功能不太了解,将光标移至该按钮上悬停,系统就会显示出关于该按钮的说明,如图 2-2 所示。此时若按下键盘上的【F1】键,阅读详细的文档说明可以进一步了解其功能。

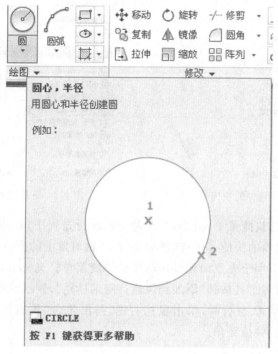

图 2-2　"圆心、半径方式画圆"工具按钮的功能提示

2. 由菜单栏输入命令

在"草图与注释"或"三维建模"工作空间,默认情况下不显示菜单栏。单击快速访问工具栏右侧的▼按钮,在弹出的快捷菜单中选择"显示菜单栏"选项(图 2-3),在标题栏下方会显示菜单栏。

在"AutoCAD 经典"工作空间或是在"草图与注释"、"三维基础"和"三维建模"工作空间,用户均可通过鼠标左键点击下拉菜单的选项输入命令。如果菜单的某一选项后面有一个三角符号▶,则表示该选项包含一个二级菜单。将光标移至该选项的三角符号上,即可弹出所包含的二级菜单,如图 2-4 所示。

3. 由命令行输入命令

在命令窗口通过键盘输入命令的全名或别名后,按回车键或空格键确认,即可执行输入的命令。但用户必须熟记 AutoCAD 的命令全名或别名。命令别名是指系统或用户事先定制好的常用命令的缩写,如系统定制的"直线(Line)"命令的别名为"L","圆(Circle)"命令的别名为"C"。

4. 可上下文跟踪的右键快捷菜单

AutoCAD 2013 的鼠标右键快捷菜单功能非常丰富。在工作空间的不同位置或命令执行的不同状态单击右键,弹出的菜单内容各不相同。能进行上下文跟踪是右键菜单的特点之一。若未执行命令,在绘图窗口单击鼠标右键,弹出包含"最近的输入、重复上一个命令、剪切、复

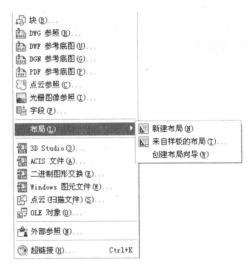

图 2-3　快速访问工具栏的快捷菜单　　　　　图 2-4　下拉菜单("插入")的结构

制、平移、缩放"等选项的快捷菜单(图 2-1);在命令的执行过程中,在绘图窗口单击鼠标右键,
弹出包含该命令所有选项的快捷菜单;选择对象后,单击对象上的夹点,然后单击鼠标右键,弹
出包含"移动、复制"等应用于夹点编辑操作选项的快捷菜单。光标在功能区或在工具按钮上
时,单击鼠标右键,弹出将工具按钮"添加到快速访问工具栏",显示或隐藏"选项卡、面板"的快
捷菜单(图 1-11);光标在状态行时,单击鼠标右键,弹出包含"状态切换"、"快速查看图形"、
"平移"、"缩放"等选项的快捷菜单。

5. 命令的透明使用

AutoCAD 允许在某一命令的执行期间插入执行另一条命令,执行完插入的命令后仍回
到原命令的执行状态下继续执行原命令,插入的命令即为可透明使用的命令。但不是所有的
命令都可以透明使用,通常只是一些绘图辅助工具的命令,如"缩放"、"平移"、"捕捉"、"正交"、
"对象捕捉"等可透明使用。从键盘输入透明使用的命令时必须在命令名前加单引号"'",如
'Zoom,但单击工具按钮输入可透明使用的命令时,系统将自动切换到透明使用的命令状态。

6. AutoCAD 命令的执行方式

AutoCAD 是一款交互式的绘图软件,因此,不论采用哪一种命令输入方式,在执行命令
的过程中,命令窗口都会给出相应的反馈信息,提示用户选择或输入当前执行命令所需的相关
信息。因此,在执行命令的过程中,一定要根据命令窗口的提示来执行操作。

下面以绘制一个正六边形为例,说明 AutoCAD 中命令的执行方式和过程。

单击 "正多边形"按钮,或在命令窗口输入 Polygon 并按回车键,绘制过程及命令窗口
的提示如图 2-5。

图 2-5　"正多边形"命令的命令窗口提示

2.1.3　命令的终止、重复、撤销与重做

1. 命令终止

在执行命令的过程中，随时可以按键盘上的【Esc】键终止正在执行的命令。

2. 重复执行命令

执行完一条命令后，直接按键盘上的回车键或空格键可重复执行该命令；或在绘图窗口的空白区域单击鼠标右键，在弹出的快捷菜单（图 2-1）中选择"重复"选项。单击命令行左侧的 按钮（图 2-5）或在右键快捷菜单中（图 2-1）选择"最近的输入"选项可重复执行最近使用的 6 个命令中的某一个命令。

3. 命令的取消与重做

单击快速访问工具栏中的 "放弃"按钮或在命令行输入 U 即可取消上一次执行的命令。在命令行输入 UNDO 命令，再输入需要取消的命令个数可取消最近执行的多个命令。下面的例子演示了如何取消最近的 3 个命令。

命令：UNDO↙

输入要放弃的操作数目或［自动（A）/控制（C）/开始（BE）/结束（E）/标记（M）/后退（B）]<1>：3↙

单击快速访问工具栏上的 "重做"按钮或在命令行输入 REDO 命令可重做所取消的操作。

2.1.4　本书中的术语及符号约定

1. 术语

（1）对象，指用 AutoCAD 的相应命令绘制的图形元素，如直线、圆弧、圆、文字、尺寸等。

（2）空回车，指对 AutoCAD 的命令行提示采用默认值或当前值，不输入任何指令与参数直接按下回车键（或鼠标右键）。

（3）拾取（或单击），指将光标移至某一特定位置（可以是绘图区中任意点的位置也可以是某一菜单选项或工具图标）按下鼠标左键。

2. 符号约定

（1）关于用户输入的数据及信息的约定。如：

命令：_line 指定第一点：5,8↙（输入直线的起点）

其中：用户输入的数据及信息带下画线，"↙"表示按下回车键，"（ ）"括号中的内容是对用户输入信息的解释。

（2）关于命令行提示的说明。如：

命令：_line 指定第一点：——用户通过工具按钮或菜单输入的命令。

命令：UNDO↙——用户通过键盘输入的命令。

此处将命令大写是为了加以区别。在 AutoCAD 中用命令行输入命令和相关信息时不区分大小写。

输入要放弃的操作数目或［自动（A）/控制（C）/开始（BE）/结束（E）/标记（M）/后退（B）]<1>：3↙

"［］"前面的内容是 AutoCAD 命令行提示的首选项，即首先考虑直接输入的选项；

"［］"里的内容是 AutoCAD 命令行提示的其他选项；

"/"是命令行提示选项的分隔符;

"()"里的大写字母是命令提示选项的缩写,键入该字母即选择了对应选项(用键盘输入时不区分大小写);

"〈〉"内为系统默认值(系统默认值可重新输入或修改)或当前值。若对命令提示空回车即取默认值或当前值。

(3)AutoCAD 在命令行输入命令或信息时不区分大小写,本书中统一用小写输入。

2.2 AutoCAD 的坐标系统及数据输入

2.2.1 AutoCAD 的坐标系统

AutoCAD 为用户提供了世界坐标系(World Coordinate System,WCS)和用户坐标系(User Coordinate System,UCS),以帮助用户通过坐标精确定点。AutoCAD 的世界坐标系和用户坐标系均采用笛卡尔右手系。

开始绘制新图时,默认的坐标系是世界坐标系。坐标原点位于绘图区域的左下角点,水平向右方向为 X 轴,竖直向上方向为 Y 轴,坐标系图标[图 2-6(a)]显示

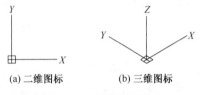

(a) 二维图标　　　(b) 三维图标

图 2-6　世界坐标系图标

在绘图区域的左下角。在"三维建模"工作空间,坐标系图标按三维形式显示,如图 2-6(b)所示。

AutoCAD 的世界坐标系不可更改,但允许用户根据绘图和建模的需要创建用户坐标系。用户坐标系的创建将在第 9 章中详细介绍。

2.2.2 数据输入方式

用 AutoCAD 绘制图形时,在命令的交互操作过程中,往往需要用户根据命令行的提示输入必要的数据信息(如点的坐标、角度、距离等)。用户输入的数据类型必须与系统所要求的格式一致。

1. 指定点的位置

用 AutoCAD 绘制图形时,当命令行提示用户指定点的位置时,可用以下方式:

(1)用鼠标直接在绘图区拾取点。即将光标移至指定位置后,单击鼠标左键。

(2)利用对象捕捉方式精确定点。利用 AutoCAD 提供的对象捕捉功能(本书在 2.3.3 中介绍)精准地捕捉图形对象上的特殊点,如圆心、切点、线段的端点、中点垂足点等。

(3)给定距离确定点。当 AutoCAD 提示用户指定相对于某一点的另一点的位置时(如直线的另一端点),移动鼠标使光标指引线从已确定的点指向需要确定的点的方向,然后输入两点间的距离值,再按下回车键或空格键。

(4)通过键盘输入点的坐标。由键盘输入点的坐标,可以采用绝对坐标方式也可以采用相对坐标方式,每一种坐标方式又可在直角坐标系、极坐标系、球坐标系或柱坐标系下输入点的坐标。

2. 点的坐标输入方式

(1)点的绝对坐标

点的绝对坐标是指某一点相对于当前坐标系原点的坐标。

①直角坐标系:点的直角坐标在 AutoCAD 中的输入格式为 x,y,z。如:35,42,68。若移动鼠标,在绘图窗口拾取一点,相当于输入了一个 z 坐标为 0 的二维点,等效于由键盘输入 x,y。

②极坐标:极坐标用于输入二维点,在 AutoCAD 中的输入格式为 $L<\theta$,其参数含义以及与直角坐标系的关系,如图 2-7(a)所示。默认状态下,极坐标系的极点与直角坐标系的原点重合,极轴的正向是直角坐标系中 x 轴的正向,逆时针方向为极角的增大方向。

③球坐标:球坐标用于输入三维点,在 AutoCAD 中的输入格式为 $L<\theta<\phi$,其参数含义以及与直角坐标系的关系,如图 2-7(b)所示。

④柱坐标:柱坐标也是用于输入三维点,在 AutoCAD 中的输入格式为 $L<\theta,H$。其参数含义以及与直角坐标系的关系,如图 2-7(c)所示。

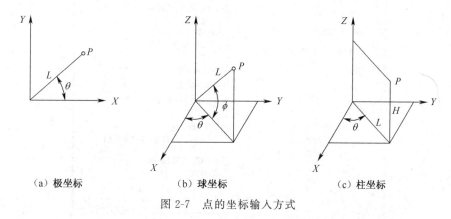

(a) 极坐标　　　　(b) 球坐标　　　　(c) 柱坐标

图 2-7　点的坐标输入方式

(2)点的相对坐标

相对坐标是指当前点相对于上一点的坐标,相对坐标也有直角坐标、极坐标、球坐标和柱坐标,其输入格式只是在绝对坐标输入格式前加@符号。例如在图 2-8 中,A 为当前点,输入 B 点相对于 A 点的坐标时,相对直角坐标的输入格式为@52,90;相对极坐标的输入格式为@104<60。

3. 数值的输入方式

绘图过程中 AutoCAD 常要求输入以下一些数据类型,如位移量(Displacement)、距离(Distance)、高度(Height)、数目(Number)、宽度(Width)、列数(Columns)、行数(Rows)、半径(Radius)、数值(Value)、角度(Angle)、长度(Length)等。由键盘输入这些数值时,可使用的字符有正号(+)、负号(-)、小数点(.)和数字 0~9 等。但是在输入"列数"和"行数"时,必须使用整数。这些数值还可通过在屏幕上拾取两点做等效输入,即以两点间的距离作为长度、高度等参数的应答值,以两点间连线与当前坐标系 x 轴的正向夹角作为角度的应答值。

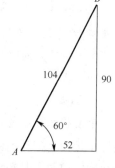

图 2-8　二维点的
相对坐标

2.3　精确绘图工具

移动鼠标在屏幕上拾取点虽然方便,但却不能精确确定点的位置。在任何一幅设计图中,精确绘制图形是至关重要的。为此 AutoCAD 提供了多种精确绘图工具,如栅格、捕捉、正交、极轴追踪、对象捕捉等。将光标移至状态栏某个绘图工具按钮上（如 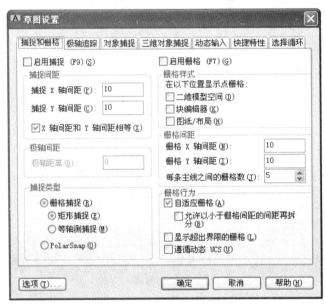栅格按钮）并单击鼠标右键,在弹出的快捷菜单中选择"设置"选项,即打开"草图设置"对话框。用户可通过该对话框设置这些绘图工具。

2.3.1　栅格和捕捉

通过"草图设置"对话框中的"捕捉和栅格"选项卡设置栅格和捕捉的间距,如图2-9所示。

图2-9　"草图设置"对话框的"捕捉和栅格"选项卡

1. 栅格

单击状态栏中的 栅格"栅格"按钮或使用键盘上的【F7】功能键均可打开或关闭栅格显示。打开栅格显示后,系统在由"图形边界"命令设定的绘图边界内生成栅格点阵。栅格显示的作用就像手工绘图时坐标纸上的方格一样,是绘图的一种辅助工具,因此栅格在打印图形时不随图形输出。

2. 捕捉

单击状态栏中的 捕捉"捕捉"按钮或使用键盘上的【F9】功能键可打开或关闭捕捉功能。捕捉用于设置光标移动的步距。当捕捉功能处于打开状态时,用户会发现光标是以捕捉所设定的步距跳动而不是平滑移动。光标的跳动实际在屏幕上形成了一个不可见的以光标步距为间距的捕捉栅格。当捕捉栅格的间距与栅格显示的间距相等或是其倍数时,移动鼠标,光标将锁定在栅格显示的节点上,从而提高光标拾取点时的速度和精度。所以,栅格显示和捕捉通常配合使用。

2.3.2　正交功能

单击状态栏上的 正交"正交"按钮或使用键盘上的【F8】功能键可打开或关闭正交模式。打开正交模式后,光标只能沿当前坐标系的 x 轴或 y 轴方向移动,所以打开正交模式绘制图形中水平或垂直的直线十分方便。正交与捕捉功能仅影响光标拾取的点,通过键盘以点的坐标方式输入的点不受影响。

2.3.3　对象和三维对象捕捉功能

对象捕捉功能也是 AutoCAD 提供的一种精确定点的方式。所谓对象捕捉是指捕捉图形对象上的一些特殊点,如直线或圆弧段的端点、中点,圆的圆心点、象限点等。在绘图过程中,利用 AutoCAD 提供的对象捕捉功能很容易定位这些特殊点,从而实现精确绘图的目的。在 AutoCAD 中,对象捕捉功能的启用有两种方式。

1. 对象捕捉的运行方式

打开对象捕捉的运行方式后,在绘图的过程中,当光标接近捕捉点时,系统会根据用户的设置,自动捕捉到图形上的一些特殊点,并以不同的捕捉标记区分点的类型,捕捉标记与图 2-10 中所示的标记符号相对应。用户只需单击鼠标左键,即可完成对这些点的输入。

将光标移至状态栏上的 ▫ "对象捕捉"按钮并单击鼠标右键,在弹出的快捷菜单中选择 "设置"选项,打开"草图设置"对话框,如图 2-10 所示。勾选对象捕捉模式复选框可设置各捕捉类型。单击状态栏上的 ▫ 按钮或使用键盘上的【F3】功能键可打开或关闭对象捕捉运行方式。

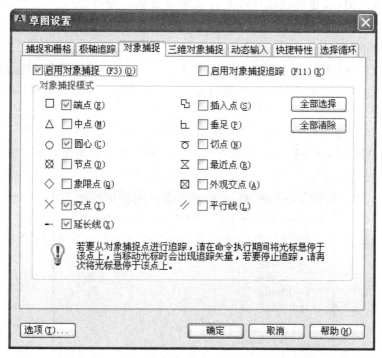

图 2-10　"草图设置"对话框的"对象捕捉"选项卡

对象捕捉运行方式的优势就是用户通过"草图设置"对话框中的"对象捕捉"选项卡,一次可设置一种或几种捕捉类型,一经设置,在后续的绘图过程中,系统会一直按已设置的捕捉类型自动捕捉这些特殊点,直到用户再次通过"草图设置"对话框取消设置或关闭对象捕捉运行方式。

2. 对象捕捉的单点优先方式

在绘图过程中,当需要指定某一类特殊点时,将光标移至状态栏上的"对象捕捉"按钮并单击鼠标右键,在弹出的快捷菜单(图2-11)中拾取相应捕捉类型的按钮,然后再拾取一点也可捕捉到所需要的特殊点,或者当需要指定某一类特殊点时,按下键盘上的【Shift】键,同时在绘图区的空白区域单击鼠标右键,在弹出的"对象捕捉"光标菜单中选择相应选项,然后再拾取一点捕捉所需要的特殊点。

使用快捷菜单或光标菜单选项捕捉特殊点,一次只能选择一种捕捉类型,且只对当前点的输入有效。这就是说,在绘图的过程中,每当需要拾取一个特殊点时,都必须先打开快捷菜单或光标菜单并单击其中的对应按钮或选项,再拾取所需要的点。

上述内容说明,不同的对象捕捉方式在绘图的过程中所发挥的作用不同。对象捕捉运行方式一旦设置就会一直处于工作状态,直到将其关闭为止,所以称为对象捕捉运行方式;而单点优先方式只对当前点的输入有效,并且可嵌套在对象捕捉运行方式中使用,也就是说即使对象捕捉运行方式处于工作状态,仍可在需要指定某一类特殊点时,通过快捷菜单或光标菜单设置捕捉类型。

图 2-11 "对象捕捉"
快捷菜单

此时,AutoCAD 抑制对象捕捉运行方式所设置的捕捉类型,而优先采用通过快捷菜单或光标菜单所设置的捕捉类型。所以称为单点优先方式。

对象捕捉设置及其使用均为可以透明使用的命令。对象捕捉功能是绘图过程中非常实用的一种精确定点的方式。通常结合上一节内容中介绍过的坐标系统及数据输入方式,在绘图过程中综合应用。

AutoCAD 2013 还增添了三维对象捕捉功能,可捕捉的类型如图 2-12 所示。单击状态栏的"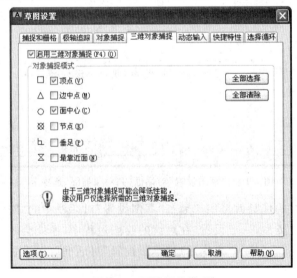"按钮或使用键盘上的【F4】功能键可打开或关闭三维对象捕捉功能。对象捕捉的使用方法与二维对象捕捉相同,也分为运行方式和单点优先方式两种。

图 2-12 可捕捉的类型

2.3.4　自动追踪功能

自动追踪分为极轴追踪和对象捕捉追踪两种方式。极轴追踪是按事先设定的角度增量追踪特征点，而对象捕捉追踪则是对象捕捉和极轴追踪功能的联合应用。通过"草图设置"对话框的"极轴追踪"选项卡(图 2-13)可设置极轴追踪和对象捕捉追踪的各项参数。

1. 极轴追踪

极轴追踪功能是当 AutoCAD 要求指定一个点时，按预先设置的角度增量显示一条无限延伸的辅助线(以虚线形式显示)，用户沿辅助线追踪，当显示所需要的光标点时拾取该点。

(1)"极轴角设置"区，单击"增量角"下拉列表框，在其中选择系统预设的角度增量，或将光标移至状态栏的 ⟨ "极轴追踪"按钮上，单击鼠标右键，从弹出的快捷菜单中选择系统预设的角度增量。

如果下拉列表框中的角度不能满足使用要求，可选中"附加角"复选框，然后单击"新建"按钮，在列表框中添加新的角度。

(2)"极轴角测量"区，设置极轴追踪增量角的测量基准。选择"绝对"单选按钮，以当前坐标系为测量基准确定极轴追踪增量角；选择"相对上一段"单选按钮，则以最后绘制的直线段为测量基准确定极轴追踪增量角。

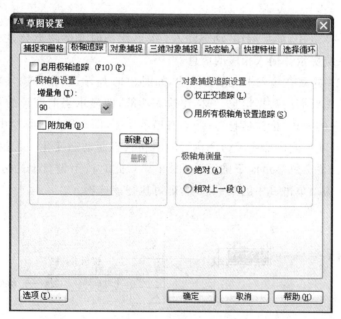

图 2-13　"极轴追踪"选项卡

(3)"启用极轴追踪"复选框，打开或关闭极轴追踪功能。另外单击状态栏上的 ⟨ "极轴追踪"按钮或使用键盘上的【F10】功能键均可打开或关闭极轴追踪功能。

2. 对象捕捉追踪

对象捕捉追踪功能是当 AutoCAD 要求指定一个点时，首先使用对象捕捉功能捕捉到图形对象上的某一特殊点，系统会在对象捕捉点上显示一条无限延伸的辅助线(以虚线形式显示)，用户沿辅助线追踪，当显示所需要的光标点时拾取该点。

（1）"对象捕捉追踪设置"区，选择"仅正交追踪"单选按钮，当启用对象捕捉追踪功能后，只显示获取的对象捕捉点的正交追踪路径；若选择"用所有极轴角设置追踪"单选按钮，当启用对象捕捉追踪功能后，按设置的极轴增量角在获取的对象捕捉点上显示追踪路径。

（2）单击状态栏上的 ∠ "对象捕捉追踪"按钮或使用键盘上的【F11】功能键均可打开或关闭对象捕捉追踪功能。勾选"对象捕捉"选项卡（图 2-10）的"启用对象捕捉追踪"复选框也可打开或关闭对象捕捉追踪功能。

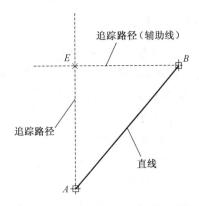

图 2-14　"对象捕捉追踪"输入点

【例 2-1】 应用对象捕捉追踪输入图 2-14 中的 E 点。

在"极轴追踪"选项卡中选择"仅正交追踪"单选按钮；对象捕捉类型勾选"端点"。将光标移至 AB 直线的端点 A 悬停，待捕捉标记"□"中有黄色"＋"出现，再将光标移至 B 点悬停，待 B 点上的捕捉标记"□"中有黄色"＋"出现后，再次移动光标，以 AB 两点为基点的追踪线的交点即为 E 点并出现黄色"×"标记，此时再单击鼠标左键 E 点即输入。

2.3.5　动态输入

在 AutoCAD 2013 中，如果启用"动态输入"功能，绘图时光标附近会显示工具栏提示，供用户察看相关的系统提示并输入相应的信息。

AutoCAD 2013 的动态输入由三部分组成，如图 2-15 所示：①指针输入功能，即在绘图区的文本框中输入绘图所需的数据信息；②标注输入功能，即显示当前图形的几何属性，如线段的长度、与水平方向的夹角、标注信息等；③动态提示功能，即在提示工具栏中显示所执行命令的相关操作提示，并随不同的命令及命令执行的不同状态而动态变化。若执行的命令有多个选项，则在提示工具栏右侧显示向下的箭头（图 2-15），此时按下键盘上的方向键↓会显示该命令的其他相关选项。单击其中的某一选项，即可执行该选项。

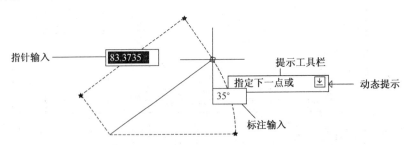

图 2-15　AutoCAD 2013 的动态输入功能

1. 启用动态输入

单击状态栏上的 ┷ "动态输入"按钮或使用键盘上的【F12】功能键均可打开或关闭动态输入功能。

2. 动态输入的设置

通过"草图设置"对话框的"动态输入"选项卡可设置动态输入的各项参数，如图 2-16 所示。

（1）设置指针输入。在图 2-16 所示的对话框中，勾选"启用指针输入"复选框即可打开指针输入功能；在"指针输入"区单击"设置"按钮，打开"指针输入设置"对话框（图 2-17），可设置指针的格式和可见性。

（2）设置标注功能。在图 2-16 所示的对话框中，勾选"可能时启用标注输入"复选框，即打开标注功能。在"标注输入"区单击"设置"按钮，打开"标注输入的设置"对话框，如图 2-18 所示，可设置标注的可见性及标注的显示形式。

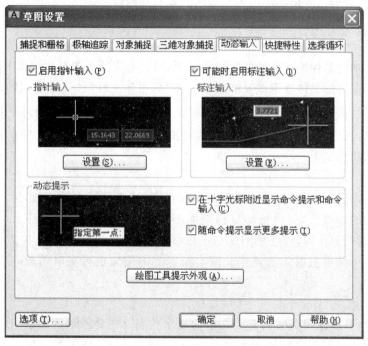

图 2-16　"动态输入"选项卡

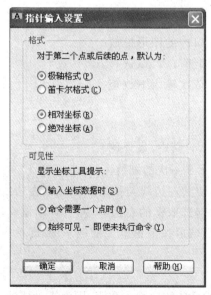

图 2-17　"指针输入设置"对话框

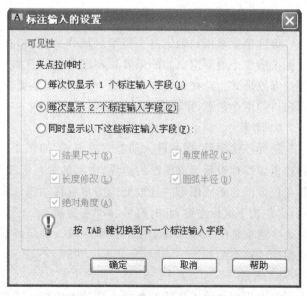

图 2-18　"标注输入的设置"对话框

（3）显示动态提示。在图 2-16 所示的对话框中，勾选"在十字光标附近显示命令提示和命令输入"复选框，可在光标处显示动态提示工具栏。

2.4 常用的图形显示操作

AutoCAD 为用户提供了一系列图形显示控制命令，使用户可以灵活地查看图形的整体效果或局部细节，其中最常用的操作就是视图的平移和缩放。

2.4.1 缩放视图

视图的缩放功能是保持图形的实际尺寸不变，只放大或缩小图形在屏幕上的显示尺寸，从而方便用户观察图形的整体效果或局部细节。在"草图和注释"、"三维基础"和"三维建模"工作空间，单击功能区"视图"选项卡→"导航"面板→  工具右侧的向下箭头，即打开缩放命令的子工具，其中集成了 AutoCAD 提供的各种视图缩放命令，如图 2-19 所示。

各子工具的功能如下：

1. 实时

选择该命令，光标变为类似于放大镜的图标，此时按下鼠标左键不放，向外拖动鼠标使图形放大，向内拖动鼠标则缩小图形。缩放完毕后，按下键盘上的【Esc】键或回车键，或在绘图区单击鼠标右键，在弹出的快捷菜单中选择"退出"均可结束实时缩放操作。滚动鼠标上的滚轮也可实时缩放图形。

2. 上一个

选择该命令，可以使视图回到缩放之前的显示状态。在对图形放大以观察局部细节或缩小以观察整体效果之后，可以选择该选项，使图形恢复到缩放之前的显示状态。

3. 窗口

该选项要求用户确定一个矩形区域作为窗口，在该窗口内的图形被放大到占满整个绘图窗口。如果要观察图形指定区域的局部细节，可以选择窗口缩放形式。选择该命令选项后，命令行提示要求用户依次输入缩放矩形窗口的两个角点，以确定缩放矩形窗口的大小。

图 2-19 "缩放"的子工具

4. 动态

选择该选项后，屏幕进入动态缩放模式，如图 2-20 所示。其中，最外侧的蓝色虚线框表示当前图形的边界，中间的绿色虚线框表示上一次的缩放区域，带有符号"×"的灰色方框为缩放图形的选取框。用户可移动该选取框，使其左边线与待缩放区域的左边线重合，并按下鼠标左键，此时符号"×"变为箭头"→"，且指向选取框的右边界，左右移动鼠标，可改变选取框的大小以确定新的显示区域。确定好显示区域后按下键盘上的回车键，即可完成图形的动态缩放。

5. 缩放

允许用户以输入缩放系数的方式放大或缩小图形。若只单纯地输入数字，则为绝对缩放，即相对于整体图形进行放大或缩小。输入的数字大于 1 时，原图放大；小于 1 时，原图缩小。

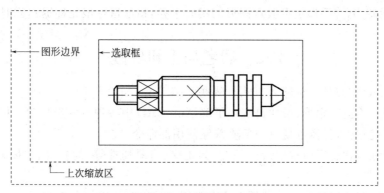

图 2-20 "动态缩放"示意图

若要相对于当前视图进行缩放,则在输入的缩放比例系数后面跟一个字母 X。如 4X,表示按当前视图的 4 倍放大图形,这种缩放方式称为相对缩放。若输入的比例因子后面跟 XP,表示相对于图纸空间的大小进行缩放。

6. 中心

通过指定图形的显示中心和缩放后的图形显示高度对图形进行缩放。

7. 对象

选择该选项后,系统要求用户选择需要缩放的图形对象,并将所选的图形对象以占满整个绘图窗口的方式放大。

8. 放大、缩小

选择"放大"使图形相对于当前图形放大一倍;选择"缩小"使图形相对于当前图形缩小一半。

9. 全部

此选项将当前所绘制的图形全部显示在屏幕上。如果所有图形均绘制在预先设置的绘图边界以内,则参照图纸的边界显示图形,即图纸占满整个绘图区域。如果有图形超出了绘图边界,则按图形的实际范围显示图形。

10. 范围

该选项允许用户在绘图窗口内尽可能大地显示图形,与图形的边界无关。

在实际绘图的过程中,经常使用的缩放方式只是其中的几种。如"实时"、"窗口"和"上一个"等。用户可将常用的缩放子工具添加到快速访问工具栏中。

2.4.2 平移视图

平移视图也称摇镜,相当于将镜头对准视图来观察,所以镜头移动,视图在视窗中也做相应的移动。AutoCAD 提供了六种平移方式。本节仅介绍常用的"实时"平移方式。单击功能区"视图"选项卡→"导航"面板→ 工具,绘图窗口的光标变为手形图标,此时按下鼠标左键不放,向前、后、左、右方向拖动鼠标时,图形会随之做相应的移动。移动到指定的位置后,在绘图窗口单击鼠标右键,在弹出的快捷菜单中选择"退出"或按下键盘上的【Esc】键或回车键均可结束命令。

采用本章 1.2.3 所述的方法可将平移子工具添加到快速访问工具栏中。另外,按下鼠标滚轮,屏幕光标变为 手形也可实现图形的实时平移,抬起鼠标滚轮即退出实时平移。

2.5　思考与上机实践

1. AutoCAD 中点的坐标输入方式有哪些?

2. 试绘制一等边三角形(尺寸自定),了解 AutoCAD 中各种点的坐标输入格式及方法。

3. 在绘图过程中,怎样重复上一条或曾经使用的命令?

4. 了解和练习状态栏中常用绘图工具(如正交、对象捕捉等)的打开、关闭及其简单设置方法和操作。

5. 什么是透明使用的命令? 试举出几个常用的可透明使用的命令。

6. 练习图形文件的平移和缩放操作。

第3章 绘制平面图形

手工绘图是在幅面确定的图纸上进行的,所以必须首先确定绘图比例,然后选择合适的图纸幅面。用 AutoCAD 绘图时,则不必如此,因为 AutoCAD 可以在任意大小的坐标范围内绘图。另外,在 AutoCAD 中,两点间的距离以图形单位来度量,如:在点(1,1)和(1,2)之间画一条直线,则这条直线的长度被认为是一个图形单位,它可以是 1 英寸、1 英尺、1 米、1 毫米等等,其度量单位是用打印命令输出图形时根据需要确定的。所以用 AutoCAD 绘图时均以 1:1 绘图,称全尺寸作图,不选择绘图比例,绘图前只需设置绘图边界和图形单位计数制。当图形输出时,根据需要选择图幅大小和输出比例,以得到不同幅面的图纸。但必须考虑图样中的文字、标注、图块、填充图案和线型等对象的输出比例,以便确定输出图样中这些对象的大小。若在 AutoCAD 2013 中绘图,只要为文字、标注、图块、填充图案和线型等对象设置"注释性比例",则不必考虑这些对象的输出比例问题,AutoCAD 会参照注释性比例的设置自动缩放文字、标注、图块和填充图案的输出(包括显示和打印)大小。

3.1 绘图环境参数设置

3.1.1 设置图形界限(Limits)命令

1. 功能

图形界限相当于手工绘图时图纸幅面的大小,也称为图形边界。

2. 命令位置

单击快速访问工具栏右侧的箭头,在弹出的快捷菜单中选择"显示菜单栏"选项使菜单栏显示在标题栏下方,然后选择菜单栏"格式"→"图形界限(I)"命令。

3. 操作

命令:'_limits

重新设置模型空间界限:

指定左下角点或[开(ON)/关(OFF)]<0.0000,0.0000>:点↙或↙(↙将图纸的左下角设在坐标原点)

指定右上角点<420.0000,297.0000>:↙或图纸右上角坐标↙(↙图纸幅面不变)

4. 说明

(1)"开(ON)"选项,打开图形界限检查功能,用户只能在设定的图形边界内绘图,即 AutoCAD 拒绝接受用户输入的位于图形边界以外的任何点。由于边界检查只是检查输入点,所以对已绘制好的对象在移动或复制时其上的点是否出界不做检查。

(2)"关(OFF)"选项,关闭图形边界检查功能,是 AutoCAD 的默认设置。

(3)用该命令设置好图形边界后,必须用"缩放"命令的"全部"选项,将图形重新生成,系统才会以所设的图形边界参数显示图形边界。

3.1.2 设置图形单位(Units)命令

1. 功能

用来设置长度的计数制、精度以及角度的计数制、精度、零度方向和角度增大的正方向。

2. 命令位置

选择菜单栏"格式"→"单位(U)"命令。打开"图形单位"对话框,如图 3-1 所示,对话框各选项含义如下:

(1)"长度"选项区

①"类型"下拉列表中有"建筑"、"小数"、"工程"、"分数"和"科学"五种选择,我国一般采用"小数"计数制,也是 AutoCAD 的默认选项。

②"精度"下拉列表用于设置所选计数制的精度,小数计数制时,指小数点后的位数,默认选项是精确到小数点后 4 位。状态栏上点的坐标值按所设精度显示。

图 3-1 "图形单位"对话框

(2)"角度"选项区

①"类型"下拉表设置角度计数制,默认为"十进制度数"。

②"精度"下拉列表用于设置所设角度计数制的精度,默认选项"0"即取整数。

③"顺时针"复选框,勾选表示顺时针方向为角度增大方向,否则逆时针为角度增大方向。默认设置逆时针为角度的增大方向。

(3)"方向"按钮,单击该按钮弹出"方向控制"对话框,如图 3-2 所示,用于设置起始角度即 0°方向。默认设置的 0°方向指向东,如图 3-3 所示。

图 3-2 "方向控制"对话框

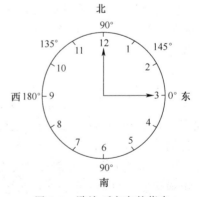

图 3-3 默认 0°方向的指向

若用户不想用东、南、西、北方向作为 0°的基准方向,可单击对话框中的"其他"单选按钮,在角度文本框中输入角度值,或单击 "角度"按钮,切换到绘图窗口,通过拾取两点,以两点连线作为 0°方向的基准角度。

3.2　常用二维绘图命令

3.2.1　直线(Line)命令

1. 功能

直线命令用于在两个输入点之间(可以是二维点或三维点)绘制一段直线段,可绘制一段也可绘制多段连接的折线,此时前一段线段的终点是下一段线段的起点,折线中每一段都是一个独立的图形对象,因此可单独修改其中任一段。

2. 命令位置

单击功能区"常用"选项卡→"绘图"面板→直线工具按钮。

3. 操作

命令:_line 指定第一点:点↙(输入线段的起点)

指定下一点或[放弃(U)]:点↙或 U↙(输入线段的另一端点)

指定下一点或[放弃(U)]:点↙或 U↙(输入线段的另一端点)

指定下一点或[闭合(C)/放弃(U)]:点↙或 C↙或 U↙

指定下一点或[闭合(C)/放弃(U)]:点↙或 C↙或↙(结束直线命令)

4. 各选项含义

(1)指定下一点,是默认选项,以本书 2.2.2 所述的任一种输入点的方法均可。如键入下一点的绝对坐标或相对坐标或在绘图窗口单击鼠标左键拾取某一点。

(2)"放弃(U)"选项,取消刚输入的点,即删除最后画出的一段直线段。连续使用该项可返回到画线起点。

(3)以直接距离法确定线段的端点,是在直线命令的命令行提示中不出现的但可自动执行的选项之一。在指定了线段的前一点后(如图 3-4 中的 A 点),命令行提示为"指定下一点"时不要输入点,而是打开正交功能(若画倾斜线则不打开正交功能),并移动鼠标使橡皮筋从已确定的点指向画线方向,再键入两点间距离(图 3-4 中为 100),即画出 AB 线段。

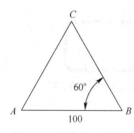

图 3-4　画等边三角形

(4)以角度替代法确定线段端点,也是在命令行提示中不出现但是可自动执行的选项之一。当命令行提示为"指定下一点"时不要输入点,而是键入"<角度值"后回车(如图 3-4 中输入了 B 点之后,则键入<120),此时命令行显示"角度替代:120",并重新提示"指定下一点",可用鼠标拾取一点或用直接距离法输入两点间的距离(图 3-4 中用直接距离法键入 100),即可画出线段 BC。

(5)"闭合(C)"选项,画线的终点将落在此次直线命令的画线起点上,从而形成闭合多边形,并结束直线命令。如图 3-4 中绘制线段 BC 后,键入 C 即画出等边三角形 ABC。

5. 说明

(1)"直接距离法"与"角度替代法"、"正交"、"极轴追踪"、"动态输入"等工具联合使用,绘制平面图形极为方便。

(2)对于任何命令,凡是在命令执行过程中,要求相对于前一点指定下一点时,都可以用直接距离法或角度替代法定点。如：绘图命令中的矩形、多段线、圆弧或修改命令中的移动、复制等以及查询类命令中均可使用。

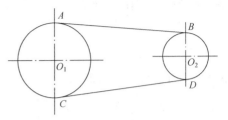

图 3-5　绘制两圆的切线

【例 3-1】　绘制如图 3-5 所示的与两圆相切的线段。

首先绘制出两个圆，设置对象捕捉类型为捕捉切点并打开对象捕捉功能，然后执行直线命令，以下是绘制 *AB* 线段的过程。

命令：_line 指定第一点：点✓（将光标移到 *A* 点附近，当显示 ⌖ 切点标记时单击鼠标左键）

指定下一点或［放弃(U)］：点✓（将光标移到 *B* 点附近，并显示 ⌖ 切点标记时单击鼠标左键）

指定下一点或［放弃(U)］：✓（空回车结束直线命令）

重复执行直线命令，以相同方法绘制 *CD* 线段。

3.2.2　矩形（Rectang）命令

1. 功能

绘制不同形式的矩形，如倒角矩形、圆角矩形、有厚度的矩形等，如图 3-6 所示。

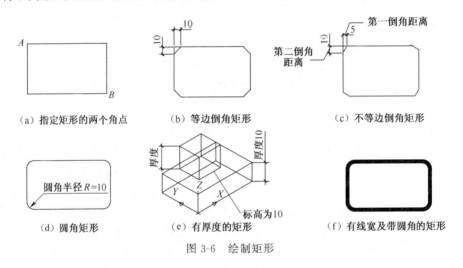

（a）指定矩形的两个角点　　　　（b）等边倒角矩形　　　　（c）不等边倒角矩形

（d）圆角矩形　　　　（e）有厚度的矩形　　　　（f）有线宽及带圆角的矩形

图 3-6　绘制矩形

2. 命令位置

单击功能区"常用"选项卡→"绘图"面板→▭·工具按钮。

3. 操作

命令：_rectang

指定第一个角点或［倒角(C)/标高(E)/圆角(F)/厚度(T)/宽度(W)］：点✓或某选项✓

指定另一个角点或［面积(A)/尺寸(D)/旋转(R)］：点✓或某选项✓

4. 各选项说明

根据第一级提示的各选项如倒角、圆角、宽度等设置矩形的形式，根据第二级提示的各选项如面积、尺寸等确定矩形的大小。

（1）指定第一角点，是默认选项。输入第一角点［如图 3-6（a）中的 *A* 点］后，命令行提示为：

指定另一个角点或［面积(A)/尺寸(D)/旋转(R)］：点↙或某选项↙

①指定另一个角点，如图 3-6(a)中的 B 点，绘制出两角点确定的矩形，同时结束命令。另一角点也可用直接距离法输入，此时以光标相对于第一角点的方向确定矩形的方位，键入的数值为矩形对角线的长度。

②"面积(A)"选项——指定矩形的面积和长度或指定矩形的面积和宽度绘制矩形。以"面积"选项绘制矩形，总是以指定的第一角点为矩形的左下角点。若已用上一级提示设置了矩形的倒角或圆角，则面积是倒角或圆角后的面积。

③"尺寸(D)"选项——指定矩形的长度和宽度绘制矩形。

④"旋转(R)"选项——根据用户指定的角度绘制一个倾斜的矩形。

(2)"倒角(C)"，绘制一个带倒角的矩形，如图 3-6(b)、图 3-6(c)。此时需要指定矩形的两个倒角距离，后续提示为：

指定矩形的第一个倒角距离＜0.0000＞：5↙

指定矩形的第二个倒角距离＜5.0000＞：10↙或↙（若绘制等边倒角矩形，以空回车响应）

指定倒角距离后，回到第一级提示，指定矩形的第一和第二角点。

(3)"圆角(F)"，绘制一个带圆角的矩形，操作过程和"倒角(C)"类似，不同之处是此时需要指定矩形的圆角半径，如图 3-6(d)所示。

(4)"标高(E)"，指定矩形所在的平面高度即标高。默认情况下，矩形在 XY 平面内，即标高为零，如图 3-6(e)所示。该选项一般用于三维绘图。

(5)"厚度(T)"，后续提示要求给出矩形的厚度，所绘矩形沿 Z 轴延伸，形成长方体，如图 3-6(e)所示。该选项一般用于三维绘图。

(6)"宽度(W)"，按已设定的线宽绘制矩形，此时需要指定矩形的线宽，如图 3-6(f)所示。

图 3-7　圆命令的子工具

3.2.3　圆(Circle)命令

1. 功能

AutoCAD 提供了 6 种画圆方式，如图 3-7 所示。

2. 命令位置

单击功能区"常用"选项卡→"绘图"面板→⊙工具下方的箭头，即打开圆命令的子工具(图 3-7)。

3. 操作

单击子工具中的相应按钮，然后按命令提示键入关键字操作。

(1)"圆心、半径"方式，是默认方式。

命令：_circle 指定圆的圆心或［三点(3P)/两点(2P)/切点、切点、半径(T)］：圆心点↙或某选项↙

指定圆的半径或［直径(D)］＜当前值＞：输入圆的半径↙或 d↙

该选项是默认方式，键入 D 后，按圆心、直径方式画圆。

(2)"圆心、直径"方式

命令：_circle 指定圆的圆心或［三点(3P)/两点(2P)/切点、切点、半径(T)］：圆心点↙或某选项↙

指定圆的半径或［直径(D)］＜当前值＞：_d

指定圆的直径<当前值>:输入圆的直径↙

半径值和直径值均可由键盘直接键入,也可在绘图区域拾取一点,此时,若以圆心、半径方式画圆,拾取点到圆心的距离为圆的半径值;若以圆心、直径方式画圆,拾取点到圆心的距离为圆的直径值,此时圆周不通过拾取点,如图 3-8(b)所示。

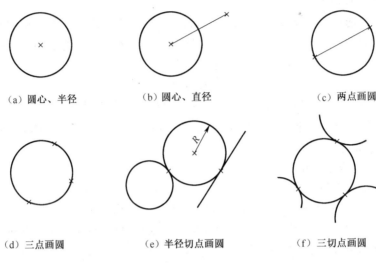

（a）圆心、半径　　　　（b）圆心、直径　　　　（c）两点画圆

（d）三点画圆　　　　（e）半径切点画圆　　　　（f）三切点画圆

图 3-8　圆的各种画法

（3）"三点"方式

通过圆周上的三点画圆,如图 3-8(d)所示。

命令:_circle 指定圆的圆心或[三点(3P)/两点(2P)/切点、切点、半径(T)]:3p

指定圆上的第一个点:输入点↙

指定圆上的第二个点:输入点↙

指定圆上的第三个点:输入点↙

（4）"两点"方式

两点为圆直径的两端点,因此圆心在两点连线的中点上,如图 3-8(c)所示。

命令:_circle 指定圆的圆心或[三点(3P)/两点(2P)/切点、切点、半径(T)]:2p

指定圆直径的第一个端点:输入点↙

指定圆直径的第二个端点:输入点↙

（5）"相切、相切、半径"方式

选择与所绘圆相切的两直线(圆或圆弧),然后指定圆的半径画圆。使用该选项可以解决工程制图中圆弧连接的问题,如图 3-8(e)所示。

命令:_circle 指定圆的圆心或[三点(3P)/两点(2P)/切点、切点、半径(T)]:_ttr

指定对象与圆的第一个切点:选择第一个与圆相切的对象↙

指定对象与圆的第二个切点:选择第二个与圆相切的对象↙

指定圆的半径<当前值>:输入圆的半径↙

选择相切对象的选择点不仅指出了相切对象,而且还应指明切点的大致位置。

（6）"相切、相切、相切"方式

实质上仍然是三点方式画圆,如图 3-8(f)所示。

命令:_circle 指定圆的圆心或[三点(3P)/两点(2P)/切点、切点、半径(T)]:3p

指定圆上的第一个点:_tan 到选择第一个与圆相切的对象↙
指定圆上的第二个点:_tan 到选择第二个与圆相切的对象↙
指定圆上的第三个点:_tan 到选择第三个与圆相切的对象↙

3.2.4　正多边形(Polygon)命令

1. 功能

AutoCAD 提供了内切于圆、外切于圆和边长三种方式绘制正多边形。可以绘制边数为 3～1024 的正多边形。

2. 命令位置

单击功能区"常用"选项卡→"绘图"面板 ▭· 工具按钮右方的箭头→选择其中的 ⬠ 工具按钮。

3. 操作

命令:_polygon 输入边的数目<4>:输入多边形的边数↙
指定正多边形的中心点或[边(E)]:指定正多边形的中心点↙或 E↙

(1)指定正多边形的中心点,是默认选项。后续提示为:

输入选项[内接于圆(I)/外切于圆(C)]<I>:↙或 C↙

①空回车即选择正多边形内接于圆(I)的方式画正多边形,如图 3-9(a)所示。

②键入"C"即选择正多边形外切于圆(C)的方式画正多边形,如图 3-9(b)所示。

以上两种选项,后续提示均为:

指定圆的半径:输入圆的半径值↙或指定点 B↙

● 输入半径值——无论在"I"或"C"方式下,多边形的底边均与当前坐标系的 X 轴方向平行,如图 3-9(a)、(b)左图所示。

● 以"点 B"响应,——在"I"方式下,点 B 是多边形的顶点,即 AB 是正多边形外接圆的半径,见图 3-9(a)右图。在"C"方式下,点 B 则是内切圆与正多边形的切点,即 AB 是正多边形内切圆的半径,见 3-9(b)右图。

(2)"边长"方式

指定正多边形的中心点或[边(E)]:e
指定边的第一个端点:A 点↙
指定边的第二个端点:B 点↙

A、B 两点的距离为正多边形的边长。A、B 两点的输入位置将影响正多边形生成后的位置,如图 3-9(c)所示。

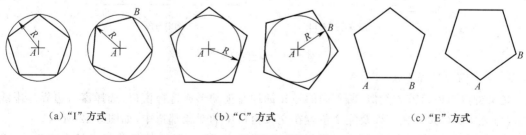

(a)"I"方式　　　　(b)"C"方式　　　　(c)"E"方式

图 3-9　正多边形的绘制

3.3 对象选择方法及相关二维修改命令

在绘图过程中,用户经常需要对图形进行诸如擦除、移动、复制等编辑、修改操作,这些操作都是通过 AutoCAD 提供的修改命令完成的。显然对于所有的修改命令来讲都要有确定的修改对象,确定和选择修改对象的过程称为构造选择集。选择集可以是一个图形对象,也可由多个图形对象组成,还可以由具有某一组共同特征的图形对象组成。

3.3.1 构造选择集

在进行修改操作时,用户可以先输入修改命令,后选择要修改的对象即构造选择集;也可以先构造选择集,然后输入修改命令。

先选择对象,后输入修改命令,用户是在命令行提示为:"命令:"时,单击要选择的对象,此时选中的对象上的关键点(如端点、中点、圆心等)有蓝色小方框(称夹点),并以虚线显示,如图 3-10(a)所示。

先输入修改命令后,命令行提示为:"选择对象",同时光标变为拾取方框"□",选中的对象以虚线显示,但没有蓝色夹点框,如图 3-10(b)所示。

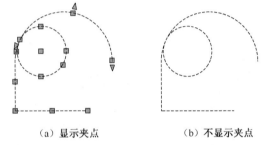

(a) 显示夹点　　　　　(b) 不显示夹点

图 3-10　单击对象直接拾取选择对象

用户可以根据自己的习惯和命令要求结合使用。常用构造选择集的方法有三种。

1. 单击对象直接拾取

将光标移动到某个图形对象上,单击鼠标左键,选中的对象以虚线显示。

2. 窗口选择方式

在绘图区域空白处单击鼠标左键,然后将光标向右拖动,形成矩形选择窗口时,再次单击鼠标左键,选择窗口边界以实线显示,完全包容在选择窗口中的对象被选中,如图 3-11 所示。

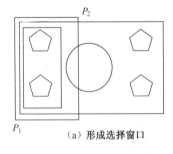
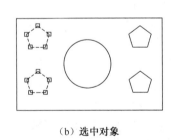

(a) 形成选择窗口　　　　　　　　　(b) 选中对象

图 3-11　窗口选择

3. 交叉窗口选择方式

交叉窗口与窗口方式类似,所不同的是光标往左拖动形成选择窗口,选择窗口边界呈虚线显示,与交叉窗口边界相交以及完全包容在交叉窗口中的对象都选中,如图 3-12 所示。

选择对象的方法还有很多种,但这些选择方式不在 AutoCAD 的菜单和工具栏中显示,而且当命令行提示为"选择对象"时才可使用。当命令行提示为"选择对象"时,用户若键入了非

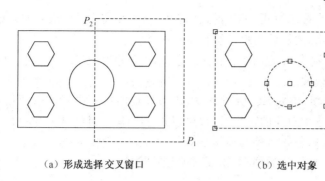

（a）形成选择交叉窗口　　　　　　（b）选中对象

图 3-12　交叉窗口选择

法的选项关键字,命令行显示:

选择对象:h↙(键入的字母不是选择选项的关键字)

* 无效选择 *

需要点或窗口(W)/上一个(L)/窗交(C)/框(BOX)/全部(ALL)/栏选(F)/圈围(WP)/圈交(CP)/编组(G)/添加(A)/删除(R)/多个(M)/前一个(P)/放弃(U)/自动(AU)/单个(SI)/子对象(SU)/对象(O)

根据命令行提示键入合法的选项关键字,即选定了一种选择对象的方式。

4. 主要选择方式的含义和使用

(1)需要点,等同于单击对象直接拾取。若需要选择的对象是重叠在一起的若干对象中的某一个时,应打开状态栏中的循环选择按钮,然后选择重叠对象中的某一个后会弹出"选择集"对话框(图 3-13),其中列表显示所有重叠对象名,移动光标至列表中的某一对象名,绘图区中的该对象会虚显,若虚显对象是用户需要选择的对象时,单击鼠标左键,虚显对象即被选中。

(2)窗口(W)和窗交(C)选项分别等同于窗口选择方式和交叉窗口选择方式。

(3)上一个(L)选项,键入 L 后回车,选中进入当前修改命令之前最后绘制的对象。

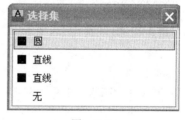

(4)框(BOX)选项,相当于将窗口(W)和窗交(C)方式合为一个选项,即选择窗口由左向右拉出是窗口(W)方式;选择窗口由右向左拉出是窗交(C)方式。

图　3-13

(5)全部(ALL)选项,键入 ALL 后回车,选中所有对象包括关闭图层上的对象,但不包括冻结和锁定图层上的对象。

(6)栏选(F)选项,键入 F 后回车,用户根据命令行提示画一条折线(折线可自身相交),与折线相交的对象均被选中。

(7)圈围(WP)选项,该方式与窗口(W)方式性质相同,即选择窗口边界是实线,完全包容在选择窗口中的对象被选中,但圈围(WP)选项的选择窗口不是矩形而是一个用户根据命令行提示绘制的多边形。

(8)圈交(CP)选项,与窗交(C)方式性质相同,即选择窗口边界呈虚线显示,与窗口边界相交以及完全包容在窗口中的对象都被选中,但其选择窗口也是一个多边形。

(9)前一个(P)选项,键入 P 后回车,将前一次修改命令所构造的选择集,添加到当前修改命令的选择集中。当重复对同一个(组)对象进行不同的修改操作时很方便。

(10)删除(R)选项,键入 R 后回车,命令行提示由"选择对象"变为"删除对象",构造选择集的模式由添加模式变为移出模式,可用前述的任何一种方式选择已虚显的对象,所选中的对象由虚显恢复为正常显示,表示该对象已被移出选择集。

(11)添加(A)选项,键入 A 后回车,命令行提示由"删除对象"变为"选择对象",构造选择集由移出模式变为添加模式。

(12)子对象(SU)选项,键入 SU 后回车,构造选择集的模式由对象选择模式变为子对象选择模式。此选项针对三维对象的选择,用户可以逐个选择三维实体对象上的顶点、边、面等子对象,构造的选择集可以包含多种类型的子对象。

(13)对象(O)选项,键入 O 后回车,恢复对象选择模式。

3.3.2 擦除(Erase)命令

1. 功能

删除已有的图形对象。

2. 命令位置

单击功能区"常用"选项卡→"修改"面板→ 🖊 工具按钮。

3. 操作

命令:_erase

选择对象:选择要删除的对象↙(删除所选对象,同时结束该命令)

3.3.3 偏移(Offset)命令

1. 功能

对指定的对象(直线、圆弧、圆、多义线等)做等距离复制。

2. 命令位置

单击功能区"常用"选项卡→"修改"面板→ 🖭 工具按钮。

3. 操作

命令:_offset

当前设置:删除源=否　图层=源 OFFSETGAPTYPE=0

指定偏移距离或[通过(T)/删除(E)/图层(L)]<通过>:↙或指定偏移距离↙或某选项↙

4. 各选项的含义

(1)指定偏移距离,是默认选项,键入偏移距离,后续提示为:

选择要偏移的对象或[退出(E)/放弃(U)]<退出>:↙或选择要偏移的对象↙或某选项↙

指定要偏移的那一侧上的点或[退出(E)/多个(M)/放弃(U)]<退出>:在偏移对象的某一侧拾取一点↙[如图 3-14(a)中的 C 点]

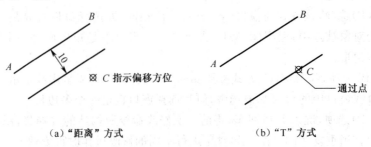

(a)"距离"方式　　　　　　　(b)"T"方式

图 3-14 "偏移"命令的应用

上述两行提示反复出现,直至空回车结束命令,因此偏移所得新对象又可作为再次偏移的源对象。

选择最后提示中的"多个(M)"选项后,按当前偏移距离,将偏移所得新对象作为再次偏移的源对象,用户只需重复指定偏移到哪一侧即可。

(2)通过(T)选项[图 3-14(b)]

指定偏移距离或[通过(T)/删除(E)/图层(L)]<当前值>:t↙

选择要偏移的对象,或[退出(E)/放弃(U)]<退出>:↙或选择要偏移的对象↙或某选项↙

指定通过点或[退出(E)/多个(M)/放弃(U)]<退出>:↙或指定复制对象经过的点↙或某选项↙

(3)删除(E)选项

设置当前的删除模式,即偏移完成后删除还是保留偏移的源对象。默认设置是保留源对象。所作设置保存在 Offset 命令中,直到重新设置。

(4)图层(L)选项

设置偏移对象的图层模式,即偏移所得新对象是在当前图层还是与源对象在同一图层。默认设置是偏移所得新对象与源对象在同一图层。所作设置保存在 Offset 命令中,直到重新设置。

3.3.4 修剪(Trim)命令

1. 功能

指定的图形对象作为剪切边修剪另外一些对象,对象可以是直线、圆、圆弧等,在 AutoCAD 2013 中还可以修剪三维对象。

2. 命令位置

单击功能区"常用"选项卡→"修改"面板→ 工具按钮。

3. 操作

命令:_trim

当前设置:投影=UCS,边=无

选择剪切边…

选择对象或<全部选择>:选择作为剪切边的对象↙或↙(可用窗口选择,空回车选中所有对象)

选择对象:↙(此提示反复出现,直到用空回车结束对象选择)

选择要修剪的对象,或按住 Shift 键选择要延伸的对象,或

[栏选(F)/窗交(C)/投影(P)/边(E)/删除(R)/放弃(U)]:选择要修剪的对象↙或某选项↙(此提示反复出现,直到用空回车结束命令)

4. 各选项含义

(1)按住【shift】键,修剪模式切换为延伸模式,此时,修剪边为延伸边界(或称到达边界),而被修剪对象作为被延伸对象。

(2)"投影(P)"选项,主要应用于三维空间中两个对象的修剪,即剪切边与被剪切对象在三维空间不相交,若将对象投影到某一平面上,两对象的投影相交便可执行剪切操作。该选项的后续提示:

输入投影选项[无(N)/UCS(U)/视图(V)]<UCS>:↙或某选项↙

①无(N):不选择投影方式,剪切边与被剪切对象必须在三维空间相交;

②UCS(U):将剪切边与被剪切对象投影到当前用户坐标系的 XOY 平面上,若投影相交

便可执行剪切操作；

③视图（V）：将剪切边与被剪切对象投影到当前视图平面上，若投影相交便可执行剪切操作。

（3）"边（E）"选项，用来设置剪切边与被剪切对象必须直接相交才能剪切，还是延伸后相交（图 3-15）即可剪切。

（4）"栏选（F）"选项，采用栏选方式选择多个被剪切对象。

（5）"窗交（C）"选项，采用窗交方式选择多个被剪切对象。

（6）"删除（R）"选项，相当于在修剪命令中透明使用"擦除"命令。

（7）"放弃（U）"选项，取消上一次的剪切操作。

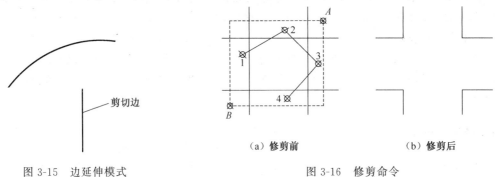

剪切边

（a）修剪前　　　　　　（b）修剪后

图 3-15　边延伸模式　　　　　　　　　图 3-16　修剪命令

5. 说明

图形中的对象可以互为剪切边，即剪切边可以被剪，而被剪对象也可以作为剪切另一对象的剪切边。所以可用窗口方式选择剪切边，图 3-16 中用窗口方式选择剪切边，用栏选方式选择被剪边。

3.3.5　延伸（Extend）命令

1. 功能

使所选对象延伸到达指定边界。

2. 命令位置

单击功能区"常用"选项卡→"修改"面板→ ┈╱ 修剪 ▾ 工具右侧的向下箭头→ ━╱ 工具按钮。

3. 操作

延伸命令的使用方法和修剪命令的使用方法类似，不同之处在于：使用延伸命令时，如果在按下【Shift】键的同时选择对象，则执行修剪命令；使用修剪命令时，如果在按下【Shift】键的同时选择对象，则执行延伸命令。

延伸图 3-17（a）所示图形中的对象，结果如图 3-17（b）所示。

3.3.6　圆角（Fillet）命令

1. 功能

将两个图形对象用一个指定半径的圆弧光滑连接，使工程制图中圆弧连接的绘制变得简单，选择圆角对象的选择点不同，圆角的结果也不同，如图 3-18、图 3-19、图 3-20 所示。

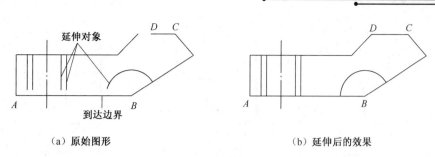

（a）原始图形　　　　　　　　　　（b）延伸后的效果

图 3-17　延伸命令

（1）用圆弧连接两条直线，如图 3-18 所示。

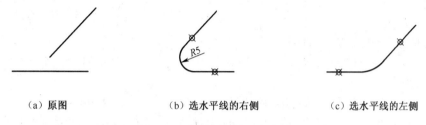

（a）原图　　　　　　（b）选水平线的右侧　　　　　（c）选水平线的左侧

图 3-18　用圆弧连接两条直线

（2）用圆弧连接直线和圆弧，如图 3-19 所示。

（a）原图　　　　　　（b）选水平线的左侧　　　　　（c）选水平线的右侧

图 3-19　用圆弧连接直线和圆弧

（3）用圆弧连接两圆或圆弧，如图 3-20 所示。

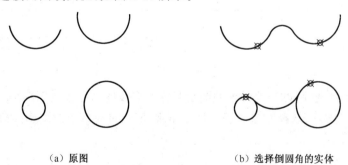

（a）原图　　　　　　　　　　　（b）选择倒圆角的实体

图 3-20　用圆弧连接两圆或圆弧

为整条多段线倒圆角或为多段线中两条相邻线段倒圆角，如图 3-21 所示。但不能对多段线中的某一条与另一其他对象（如直线）倒圆角。

2. 命令位置

单击功能区"常用"选项卡→"修改"面板→ 圆角 ·工具按钮。

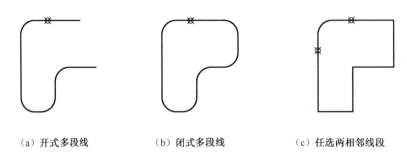

　　(a) 开式多段线　　　　　(b) 闭式多段线　　　　(c) 任选两相邻线段

图 3-21　对整条 PLINE 或其中两线段倒圆角

　3. 操作

命令:_fillet

前设置:模式＝修剪,半径＝10.000 0

选择第一个对象或[放弃(U)/多段线(P)/半径(R)/修剪(T)/多个(M)]:<u>选择第一个对象</u>↙或<u>某选项</u>↙

　4. 各选项含义

(1)选择第一个对象是默认选项,后续提示为:

第二个对象,或按住 Shift 键选择要应用角点的对象:<u>选择第二个对象</u>↙(同时结束命令)

　　若按住【Shift】键选择第二个对象,不论所设圆角的半径值的大小,两对象间均尖角连接,如图 3-22(d)所示。若半径值设为"0"也可使两对象尖角连接。

　　(2)"半径(R)"选项,设置圆角的半径大小。进入 AutoCAD 后,第一次命令的默认半径值是"0",以后每次所设半径值将作为此后圆角命令的默认半径值。

　　(3)"修剪(T)"选项,确定倒圆角时是否采用修剪模式。修剪与不修剪的效果如图 3-22(b)、(c)所示。

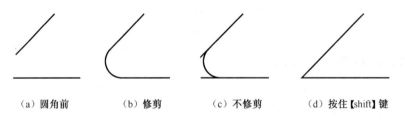

　　(a) 圆角前　　　　(b) 修剪　　　　(c) 不修剪　　　(d) 按住【shift】键

图 3-22　"圆角"命令

　　(4)"多段线(P)"选项,以当前设置的圆角半径对多段线的各顶点倒圆角。

　　(5)"多个(M)"选项,选择对象的提示反复出现,所以可对多个对象倒圆角,直到以空回车响应结束命令。

　5. 说明

　　(1)两对象在同一图层上,圆角与两对象在同一图层上,否则圆角在当前图层上,其颜色、线型、线宽随当前图层。

　　(2)AutoCAD 2013 也可对两平行线倒圆角。不论所设圆角的半径值的大小,当选择了两条平行线后,由系统自动按两平行线间的距离计算。圆角的起点从所选的第一条直线的端点开始,如图 3-23 所示。

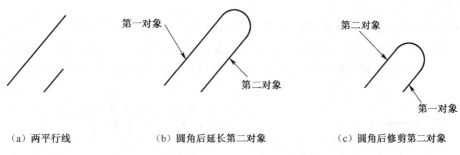

（a）两平行线　　　　　（b）圆角后延长第二对象　　　　（c）圆角后修剪第二对象

图 3-23　两平行线倒圆角（设为修剪模式）

3.3.7　倒角（Chamfer）命令

1. 功能

将两个图形对象用一段斜线连接。

2. 命令位置

单击功能区"常用"选项卡→"修改"面板→ 圆角 ·工具右侧的向下箭头→ 工具按钮。

3. 操作

倒角命令的使用方法和圆角命令类似，不同之处在于：使用圆角命令时，需要设置圆角半径；而使用倒角命令时，则需要设置倒角距离，如图 3-24 所示。此处不再赘述。

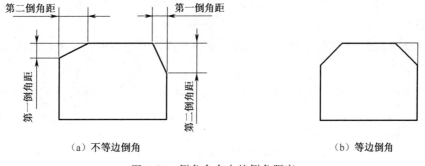

（a）不等边倒角　　　　　　　　　　　　（b）等边倒角

图 3-24　倒角命令中的倒角距离

3.3.8　镜像（Mirror）命令

1. 功能

将图形按指定的镜像线进行镜像复制，复制后源图形可以删除也可以保留。

2. 命令位置

单击功能区"常用"选项卡→"修改"面板→ 工具按钮。

3. 操作

命令：_mirror

选择对象：选择对象↙（此提示反复出现，直到用空回车响应结束对象选择）

指定镜像线的第一点：输入镜像线的第一点↙（图 3-25 中的 A 点）

指定镜像线的第二点：输入镜像线的第二点↙（图 3-25 中的 B 点）

要删除源对象吗？〔是(Y)/否(N)〕<N>：↙或 Y↙（↙保留源对象；Y↙删除源对象）

4. 说明

(1)为了准确地确定镜像线,输入镜像线的点时,应结合使用对象捕捉、正交等工具。

(2)键入系统变量 MIRRTEXT 可以控制镜像操作时文字对象的可读性,如图 3-25 所示。默认情况下,系统变量 MIRRTEXT=0。但尺寸标注不受系统变量 MIRRTEXT 的影响。

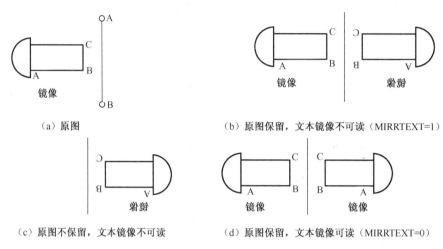

(a)原图   (b)原图保留,文本镜像不可读(MIRRTEXT=1)

(c)原图不保留,文本镜像不可读   (d)原图保留,文本镜像可读(MIRRTEXT=0)

图 3-25　"MIRROR"命令

3.3.9　长度(Lengthen)命令

1. 功能

用于改变像直线、圆弧等非封闭对象的长度或者圆弧的圆心角。对于封闭的对象则无效。

2. 命令位置

单击功能区"常用"选项卡→"修改"面板下方的箭头→选择其中的 ![tool] 工具按钮。

3. 操作

命令:_lengthen

选择对象或[增量(DE)/百分数(P)/全部(T)/动态(DY)]:↙或某选项↙

4. 各选项含义

(1)选择对象是默认选项,选择某一对象后,命令行显示该对象的长度。

(2)"增量(DE)"选项,以增量的方式修改直线或圆弧的长度。可以直接输入长度增量来拉长或缩短直线或者圆弧,长度增量为正值时拉长,长度增量为负值时缩短,也可以输入 A,通过指定圆弧的圆心角增量来修改圆弧的长度。

(3)"百分数(P)"选项,以相对于原长度的百分比来修改直线或者圆弧的长度。

(4)"全部(T)"选项,以给定直线新的总长度或圆弧新的圆心角来改变对象的长度。

图 3-26　动态改变
对象长度

(5)"动态(DY)"选项,动态地改变圆弧或者直线的长度。距拾取点最近的对象端点被拖动到期望的长度或角度位置,另一端则不动,如图 3-26 所示。后续提示:

选择要修改的对象或[放弃(U)]:拾取一点选择对象↙
指定新端点:拾取一点指定对象的新端点↙

3.4　思考与上机实践

绘制图 3-27、图 3-28、图 3-29、图 3-30 所示的平面图形(不标注尺寸)。

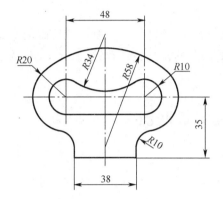

图 3-27　上机实践 1

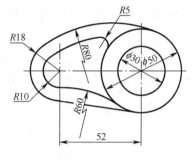

图 3-28　上机实践 2

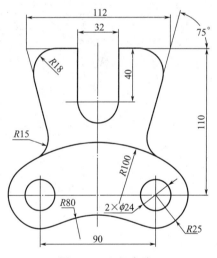

图 3-29　上机实践 3

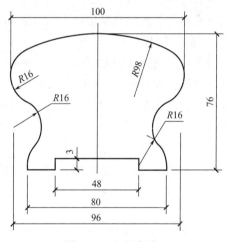

图 3-30　上机实践 4

第 4 章　绘制组合体三视图

用 AutoCAD 绘制组合体三视图，除了需要掌握前面介绍的有关平面图形绘制的基础知识之外，还必须了解 AutoCAD 的其他的一些操作，如图层的设置与管理、用 AutoCAD 绘制三视图的基本方法与技巧等。

4.1　对象特性和图层管理器

4.1.1　图形对象特性

在 AutoCAD 中绘制一个图形对象，例如一个圆，除了要确定它的几何数据（即圆心坐标和半径）以外，还要确定它的颜色、线型、线宽、打印样式等特性数据。AutoCAD 控制图形对象特性的方式有三种，即随层、随块、单独设置。通过"特性"工具栏可以查看和控制图形对象的特性，如图 4-1 所示。

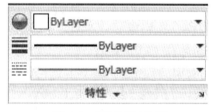

图 4-1　"特性"工具栏

1. 随层（ByLayer）

图形对象的特性（如颜色、线型、线宽等）与其所在图层的特性一致，即同一图层上设置为"随层"的图形对象都有相同的颜色、线型和线宽。"随层"方式是 AutoCAD 启动后的默认方式，也是最常用的方式。

2. 随块（ByBlock）

图形对象的特性设置为"随块"后，在定义块时，图形对象在屏幕上显示的颜色为白色，线型为实线（Continuous），线宽为默认宽度。随着块的插入，图形对象的特性将与所插入图层的特性一致。

3. 设置为某一具体的颜色、线型和线宽

图形对象的特性与其所在图层的特性不一致，而且此时图形对象的特性优先于图层的特性。如：设置图形对象的颜色为蓝色，其所在图层的颜色是红色，则画出的图线是蓝色而不是红色。

虽然用上述任一种方式都能控制图形对象的特性，但最好采用"随层"方式。因为绘制图形时，图形中的任一对象都必属于某一层，且对象的状态是通过层来控制的，因此图层是组织图形、管理图形的有效工具之一，如利用图层的特性来控制图形对象的特性，利用图层的状态来控制图层及其上对象的可见性和可操作性。

4.1.2　图层的概念

AutoCAD 中的图层相当于手工绘图时所使用的图纸。手工绘制三视图时，所有的图形对象都绘制在同一张图纸上。而使用 AutoCAD 绘制图形时，用户可以将不同类型的图形对象分别绘制在不同的图层上。由于同一图形文件中所有图层都是透明的,并且具有相同的坐标系、图形边界和显示缩放倍数等,将这些分别绘制了不同图形对象的图层重叠在一起,就构成了一幅完整的图样,如图 4-2 所示。在同一图形文件中,用户可创建的图层数量不限,每个图层上绘制的对象数量也不限。

（a）图层 A　　　　　　　（b）图层 B　　　　　　　（c）绘制的图形

图 4-2　图层概念

每一图层都有 6 种状态,即开/关、加锁/解锁、冻结/解冻,同一图层上的对象处于同一种状态下。各状态的作用如下:

1. 开/关(On/Off)

若图层打开,层上的对象可见亦可选取,当图形重新生成时占用刷新时间,若图层关闭。层上的对象不可见,当图形重新生成时占用刷新时间;打印图形时,关闭图层上的对象不打印。

2. 冻结/解冻(Freeze/Traw)

若图层解冻,层上的对象可见亦可选取,当图形重新生成时占用刷新时间。若图层被冻结,层上的对象不可见,当图形重新生成时不占用刷新时间。打印图形时,冻结图层上的对象不打印。

3. 加锁/解锁(Lock/Unlock)

若图层解锁,层上的对象可见亦可选取,当图形重新生成时占用刷新时间。若图层加锁,层上的对象可见,但不可选,若用捕捉功能可以捕捉到对象上的特定点。当图形重新生成时占用刷新时间。

因此,恰当和灵活地运用图层的特性和状态可使图形的修改和编辑更便捷,从而提高绘图效率。例如当用户编辑图形对象较为密集的区域时,可关闭某些层以减少屏幕上的显示信息,便于选择编辑对象。若冻结某些层不仅可使对象不可见,还可减少图形重新生成时的刷新时间,以提高运算速度。为某些对象所在的层加锁,可使对象可见但不可选,以保护这些对象在编辑过程中不被误修改。

4.1.3　图层的设置与管理

图层的设置与管理是通过一个名为"图层特性管理器"的对话框进行的。在"草图与注释"和"三维建模"工作空间,单击功能区"常用"选项卡→"图层"面板→　工具按钮,即打开"图层特性管理器"对话框,如图 4-3 所示。

1. 新建图层

启动 AutoCAD 即自动创建一个名为"0"的初始图层,其特性和状态如图 4-3 所示,"0"层不能改名也不能删除。单击"图层特性管理器"对话框顶部的　"新建图层"按钮,即可创建一个新图层,图层列表框中显示新图层的特性和状态。若创建新图层前没有选择任何图层则新图层继承"0"层的特性和状态,若创建新图层前选择了某一图层则新图层继承该图层的特性和状态。默认情况下,新图层的名称是以"图层 1"、"图层 2"……的顺序来命名的。单击新建按钮后,紧接着输入层名可为新建图层重新命名。将光标移至需要重命名的图层名称上单击鼠标右键,在弹出的快捷菜单中选择"重命名图层"选项,输入新的名称,按回车键可为已有图层命名。对图层重命名时,图层名称中不能包含通配符(＊和?)和空格,也不能与已有的图层重名。

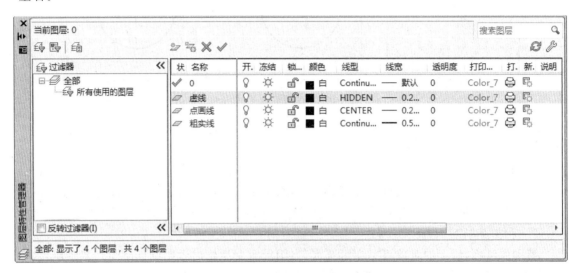

图 4-3 "图层特性管理器"对话框

为了有效地管理图层,图层的命名应有特点且比较容易识别,例如以"虚线"、"细实线"为图层命名,在绘图的过程中,通过层名就可以清楚地知道该图层上图形对象的线型。

2. 设置当前图层

如同在手工绘图方式下绘图一样,尽管绘图人员可以在多张不同的图纸上绘图,但在某一个特定的时刻只能在某一张图纸上绘图。虽然 AutoCAD 允许在一个图形文件中创建多个图层,但用户在某一时刻只能在当前层上绘图。选中某一图层,然后单击"图层特性管理器"对话框顶部的 ✔ "置为当前"按钮或双击某一图层名称前的图标,则该图层即设置为当前层。

通过功能区"图层"面板中的"图层控制"下拉列表框可以快速改变当前层、图层状态以及图形对象的所属层。单击"图层控制"下拉列表右侧的箭头(图 4-4),在展开的下拉列表中选取某一层即可将该层设置为当前层。单击某一层相应的图层状态图标即可改变层的状态。

单击图层控制工具栏中[图 4-4(a)]中的 按钮,然后选择绘图窗口中的某一图形对象,可将选中对象所在的图层置为当前层;单击 按钮,然后选择绘图窗口中的某一图形对象,可将选中对象更改到当前层。

3. 删除图层

在"图层特性管理器"对话框中选中某一图层,然后单击 ✖ "删除"按钮,即可删除该图层。但是"0"层、当前层、包含图形对象的图层和依赖于外部参照的图层不能删除。

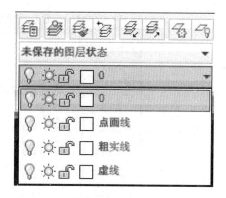

　(a)图层控制面板　　　　　　　　　　　　　　　　(b)展开后的列表框

图 4-4　"图层控制"工具栏

4. 设置图层颜色

在图层列表框中单击某一图层的"颜色"列所对应的图标,即打开"选择颜色"对话框,如图 4-5 所示。在该对话框中,可以使用"索引颜色"、"真彩色"和"配色系统"3 个选项卡为图层设置颜色。

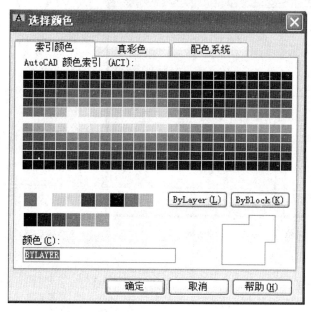

图 4-5　"选择颜色"对话框

(1)"索引颜色"选项卡,如图 4-5 所示。索引颜色是 AutoCAD 的标准颜色(ACI 颜色)。在 ACI 颜色表中,每一种颜色通过一个 ACI 编号(1~255 之间的整数)标识,因此,使用"索引颜色"选项卡,可供选择的颜色数为 255。

(2)"真彩色"选项卡,使用 24 位颜色定义的颜色系统,可供选择的颜色数为 2^{24},即 16 777 216 种颜色。定义真彩色时,可以使用 RGB 和 HSL 两种颜色模型。RGB 模型是通过分别设置红、绿、蓝三种基色所占的比例来定义一种颜色,HSL 颜色模型是通过定义色调、饱和度和亮度来定义一种颜色(对话框图略)。

(3)"配色系统"选项卡,使用标准的颜色系统设置图层颜色(对话框图略)。

5. 设置图层的线型

默认情况下,图层的线型为实线(Continuous)。设置图层线型的步骤如下:

(1)在图层列表框中单击某一图层的"线型"列所对应的线型名,打开如图 4-6 所示的"选择线型"对话框,该对话框中仅列出了当前图形文件中可用的线型。默认情况下,该对话框中只有实线(Continuous)线型。

(2)单击"选择线型"对话框中的"加载"按钮,打开"加载或重载线型"对话框,如图 4-7 所示。在该对话框中选择所需的线型,单击"确定"按钮,返回"选择线型"对话框,其中列出新加

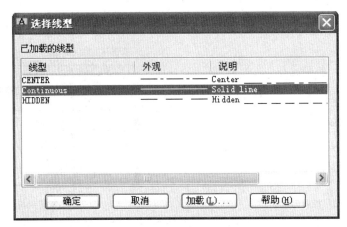

图 4-6　"选择线型"对话框

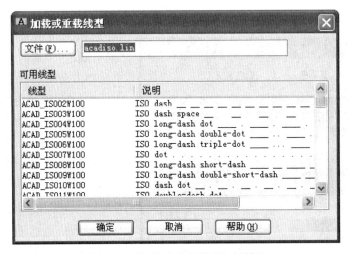

图 4-7　"加载或重载线型"对话框

载的线型。

（3）在"选择线型"对话框中，选中所需的线型，单击"确定"按钮。

绘制工程图样常用的线型是实线（Continuous）、虚线（Hidden）和点画线（Center）。

6. 设置图层的线宽

在工程图样中，线型还有线宽的区别，如同一种线型实线（Continuous）就有细实线和粗实线之分。在图层列表框中单击某一图层的"线宽"列所对应的图标，打开"线宽"对话框，如图 4-8 所示，选择一种合适的线宽即可。默认线宽的宽度不能在此对话框中修改。

单击状态栏上的✚"线宽"按钮，切换线宽显示的开/关状态。打开线宽显示，图形中的图线按设置的线宽显示；关闭线宽显示，图形中的图线按 0 宽度（即一个像素的宽度）显示。

7. 图层的开启与关闭

图层列表框中"开"列所对应的小灯泡图标💡为黄色时，表示图层处于开启状态；小灯泡图标的颜色为灰色时，表示图层处于关闭状态，单击该图标可切换图层的开/关状态或在展开的图层控制下拉列表中单击其中的相同按钮。

图 4-8 "线宽"对话框

单击图层控制工具栏中的 按钮,然后选择绘图窗口中的某一图形对象,即可关闭选中对象所在的图层。单击图层控制工具栏中的 按钮,开启所有图层。

8. 图层的冻结与解冻

图层列表框中"冻结"列所对应的图标,为 雪花符号时,表示图层处于冻结状态;为 太阳符号时,表示该图层处于解冻状态,单击该图标可切换图层的解冻/冻结状态。或在展开的图层控制下拉列表框中单击相同的图标按钮。单击图层控制工具栏中的 按钮,然后选择绘图窗口中的某一图形对象,即可冻结选中对象所在的图层,但选中对象所在的图层不能是当前层。单击图层控制工具栏中的 按钮,可解冻所有图层。

9. 图层的锁定与解锁

图层列表框中"锁定"列所对应的图标,为 "锁定"符号时,表示图层处于锁定状态;为 "解锁"符号时,表示图层处于解锁状态,单击该图标可切换图层的解锁/锁定状态。或在展开的图层控制下拉列表中单击相同的图标按钮。单击图层控制工具栏中的 或 按钮,然后选择绘图窗口中的某一图形对象,可锁定或解锁选中对象所在的图层。

4.1.4 线型比例与线宽显示

1. "线宽设置"对话框

选择菜单栏"格式"→"线宽"命令,打开"线宽设置"对话框,如图 4-9 所示。

(1)勾选对话框中的"显示线宽"复选框,或单击状态栏中的 "线宽"按钮可控制图形对象的线宽是否在屏幕上按设置线宽显示。

(2)"默认"下拉列表框,用来修改默认线宽值。

(3)"调整显示比例"滑动条,拖动"调整显示比例"滑动条中的滑块可调整线宽的显示比例。若图形边界是 A3 幅面(420×297)时,建议将滑块放在图 4-9所示的位置。

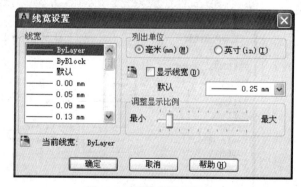

图 4-9 "线宽设置"对话框

2. 线型比例

AutoCAD 的线型比例因子是针对非连续线型的,因为非连续线型一般是由实线段和空白段组成的,AutoCAD 事先在系统的线型文件中定义了这些实线段和空白段的长度。非连续线型的实线段和空白段的长度与绘图边界一样,是以图形单位衡量的,显然对同一线型而言,若绘图边界大(如 1 189×841),其短划和间隔应适当扩大;若绘图边界小(如 420×297),其短划和间隔应适当缩小,于是就有了线型比例因子。用户在创建新图形文件时,通过选择适当的样板文件,使非连续线型的显示与当前文件的图形边界匹配。但有时屏幕上的显示或输出到图纸上的线型还是不能使人满意,可通过调整对象的线型比例因子,放大或缩小非连续线型实线段和空白段的长度。

AutoCAD 的线型比例因子有"全局比例因子"和"当前对象缩放比例"两种。"全局比例因子"影响所有对象(已绘制对象和新绘制对象)的线型显示,"当前对象缩放比例"仅影响修改比例因子后新绘制对象的线型显示。图 4-10 是对象线型为"虚线"时不同的"当前对象缩放比例"对线型显示的影响。对象的最终线型比例等于全局比例因子和当前对象缩放比例因子的乘积(它们的默认值均等于1)。

| (a) 当前线型比例=2 | (b) 当前线型比例=1 | (c) 当前线型比例=0.5 |

图 4-10   线型比例对线型显示的影响(全局比例因于＝1)

3."线型管理器"对话框

选择菜单栏"格式"→"线型"命令,打开"线型管理器"对话框,单击其中的"显示细节"按钮,展开后的对话框如图 4-11 所示。通过其中的"全局比例因子"文本框可修改对象的全局比例;通过"当前对象缩放比例"文本框可修改新绘制对象的当前比例;另外,通过"特性"面板(参见 4.3.8)可修改已绘制对象的当前对象缩放比例。

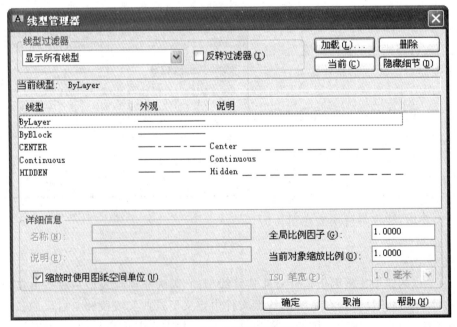

图 4-11   "线型管理器"对话框

4.2　常用二维绘图命令

4.2.1　圆弧(Arc)命令

1. 功能

AutoCAD 提供了 11 种绘制圆弧的方式,如图 4-12 所示。

2. 命令位置

单击功能区"常用"选项卡→"绘图"面板→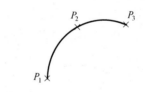工具下方的箭头,即打开圆弧命令的子工具(图 4-12)。

3. 操作

单击子工具中的相应按钮,然后按命令提示输入关键字操作,下面仅介绍几种常用方式。

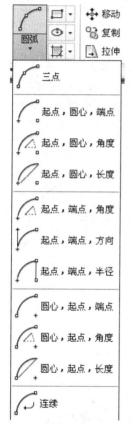

图 4-12　"圆弧"命令的子工具

图 4-13　"三点"方式画弧

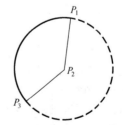

图 4-14　"起点、圆心、端点"方式画弧

(1)"三点"方式,是默认方式(图 4-13)。

命令:_arc 指定圆弧的起点或[圆心(C)]:P_1 点↙(圆弧的起点)

指定圆弧的第二个点或[圆心(C)/端点(E)]:P_2 点↙(圆弧上的第二点)

指定圆弧的端点:P_3 点↙(圆弧的终点)

(2)"起点、圆心、端点"方式(图 4-14)

命令:_arc 指定圆弧的起点或[圆心(C)]:P_1 点↙(圆弧的起点)

指定圆弧的第二个点或[圆心(C)/端点(E)]：_c 指定圆弧的圆心：<u>P_2 点</u>↙

指定圆弧的端点或[角度(A)/弦长(L)]：<u>P_3 点</u>↙（圆弧的终点）

绘制的是一段从起点沿逆时针方向到终点的圆弧。在图 4-14 中，如果拾取点的顺序为 P_1、P_2、P_3，则绘制如实线部分所示的圆弧；反之，则绘制出如图中虚线部分所示的圆弧。另外，终点 P_3 的作用只是用于确定圆弧的终止位置，即终点 P_3 不一定在所绘制的圆弧上。

（3）"起点、圆心、角度"方式（图 4-15）

命令：_arc 指定圆弧的起点或[圆心(C)]：<u>P_1 点</u>↙（圆弧的起点）

指定圆弧的第二个点或[圆心(C)/端点(E)]：_c 指定圆弧的圆心：<u>P_2 点</u>↙

指定圆弧的端点或[角度(A)/弦长(L)]：_a 指定包含角：<u>120</u>↙或<u>P_3 点</u>↙

当输入的圆心角为正时，按逆时针方向绘制圆弧；当输入的圆心角为负时，按顺时针方向绘制圆弧，如图 4-15 所示。

若输入 P_3 点，则 P_1P_2 连线与 P_2P_3 连线的夹角为圆弧的圆心角，此时，终点 P_3 不一定在所绘制的圆弧上。

（4）"起点、圆心、长度"方式（图 4-16）

命令：_arc 指定圆弧的起点或[圆心(C)]：<u>P_1 点</u>↙（圆弧的起点）

指定圆弧的第二个点或[圆心(C)/端点(E)]：_c 指定圆弧的圆心：<u>P_2 点</u>↙

指定圆弧的端点或[角度(A)/弦长(L)]：_l 指定弦长：<u>80</u>↙或<u>P_3 点</u>↙（80 为所绘圆弧的弦长）

当输入的弦长为正时，按逆时针方向绘制圆弧；当输入的弦长为负时，按顺时针方向绘制圆弧，如图 4-16 所示。

若输入 P_3 点，则 P_1P_3 连线为圆弧的弦长。

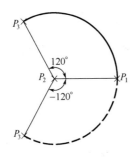

图 4-15　"起点、圆心、角度"方式画弧

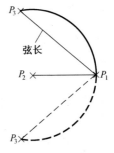

图 4-16　"起点、圆心、长度"方式画弧

（5）"起点、端点、角度"方式

命令：_arc 指定圆弧的起点或[圆心(C)]：<u>P_1 点</u>↙（圆弧的起点）

指定圆弧的第二个点或[圆心(C)/端点(E)]：_e 指定圆弧的端点：<u>P_2 点</u>↙

指定圆弧的圆心或[角度(A)/方向(D)/半径(R)]：_a 指定包含角：<u>120</u>↙或<u>P_3 点</u>↙

当输入的圆心角为正时，按逆时针方向绘制圆弧；当输入的圆心角为负时，按顺时针方向绘制圆弧。

若输入 P_3 点，则 P_3 点与 OX 轴的正向夹角为圆弧的圆心角，且只能按逆时针方向画弧。

（6）"起点、端点、方向"方式（图 4-17）

命令：_arc 指定圆弧的起点或[圆心(C)]：<u>P_1 点</u>↙（圆弧的起点）

指定圆弧的第二个点或[圆心(C)/端点(E)]：_e 指定圆弧的端点：<u>P_2 点</u>↙

指定圆弧的圆心或[角度(A)/方向(D)/半径(R)]：_d 指定圆弧的起点切向：<u>P_3 点</u>↙

此时，P_1P_3 的连线方向是所绘圆弧的起点切线方向，如图 4-17 所示。拖动鼠标改变 P_3 点的位置会改变圆弧起点的切线方向，从而改变圆弧的形状。

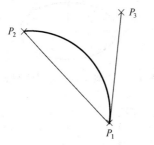 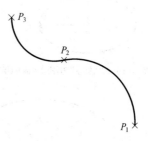

图 4-17　"起点、端点、方向"方式画弧　　　　　图 4-18　"连续"方式画弧

（7）"连续"方式（图 4-18）

命令：_arc 指定圆弧的起点或[圆心(C)]：↙（直接空回车）

指定圆弧的端点：P_3 点↙

系统会自动选取上一段圆弧的终点作为新绘制圆弧的起点，并以和上一段圆弧相切的方式绘制圆弧，如图 4-18 所示，其中 P_1P_2 为上一段圆弧。

4.2.2　椭圆(Ellipse)命令

1. 功能

椭圆命令提供了两种椭圆绘制方式以及绘制椭圆弧的功能。

2. 命令位置

单击功能区"常用"选项卡→"绘图"面板→ 🔘▾ 工具右侧的箭头，即可打开椭圆命令的各项子工具。

3. 操作

选择子工具中的相应按钮，然后按命令提示输入关键字操作。

（1）"圆心"方式

通过指定椭圆的中心及两个半轴的长度绘制椭圆，如图 4-19 所示。

命令：_ellipse

指定椭圆的轴端点或[圆弧(A)/中心点(C)]：_c

指定椭圆的中心点：P_1 点↙（椭圆弧的中心点）

指定轴的端点：P_2 点↙

指定另一条半轴长度或[旋转(R)]：P_3 点↙

（2）"轴、端点"方式

通过指定椭圆一个轴的两个端点和另一个轴的半轴长度绘制椭圆，如图 4-20 所示。

命令：_ellipse

指定椭圆的轴端点或[圆弧(A)/中心点(C)]：P_1 点↙（椭圆某一轴的第一端点）

指定轴的另一个端点：P_2 点↙

指定另一条半轴长度或[旋转(R)]：P_3 点↙

（3）"圆弧"方式

绘制椭圆弧需先通过"圆心"方式或"轴、端点"方式确定对应椭圆，再指定椭圆弧的起始角和终止角。起始角和终止角均以逆时针方向为角度增大方向,如图 4-21 所示。

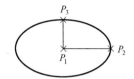

图 4-19 "圆心"方式绘制椭圆

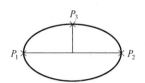

图 4-20 "轴、端点"方式绘制椭圆

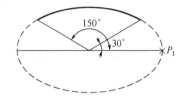

图 4-21 绘制椭圆弧

4.2.3 圆环(Donut)命令

1. 功能

圆环命令用于绘制如图 4-22 所示图形。

2. 命令位置

单击"常用"选项卡→"绘图"面板下方的箭头→选择其中的 ◎ 工具按钮。

3. 操作

命令:_donut
指定圆环的内径<0.5000>:↙或输入圆环的内径↙
指定圆环的外径<1.0000>:↙或输入圆环的外径↙
指定圆环的中心点或<退出>:拾取一点↙
指定圆环的中心点或<退出>:↙

图 4-22 圆环

4. 说明

"指定圆环的中心点或<退出>:"提示信息反复出现,拾取一点(圆环的中心点)即可绘制一个圆环,直到空回车,退出该命令,所以使用该命令一次可以绘制出若干个相同的圆环。

4.3 常用二维修改命令

4.3.1 移动(Move)命令

1. 功能

将图形对象从当前位置移动到一个新的位置,如图 4-23 中的圆对象。

2. 命令位置

单击功能区"常用"选项卡→"修改"面板中的 ✛ 工具按钮。

3. 操作

命令:_move
选择对象:选取图 4-23 中的圆↙

选择对象：↙

指定基点或[位移(D)]＜位移＞：<u>输入位移基点</u>↙或 d↙

指定第二个点或＜使用第一个点作为位移＞：↙或<u>第二点</u>↙

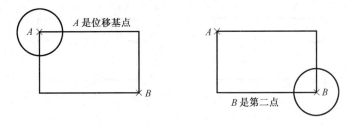

图 4-23　"移动"命令

4．说明

（1）在指定基准点时，可在绘图窗口中拾取一点，也可输入点的二维或三维坐标。一般情况下应选取图形上的一些特殊点，如直线的端点、中点、圆的圆心点等，即可通过对象捕捉方式准确地确定移动对象的位置。

（2）位移(D)选项，后续提示为：

指定位移＜0.0000,0.0000,0.0000＞：<u>输入一点</u>↙或键入位移距离↙

输入一点后，该点到坐标原点的距离和方向即为对象位移的距离和方向。

（3）在"指定第二个点或＜使用第一个点作为位移＞："的提示下，以空回车响应，则基点到坐标原点的距离和方向为对象位移的距离和方向。

4.3.2　复制(Copy)命令

1．功能

复制已绘制的图形对象。

2．命令位置

单击功能区"常用"选项卡→"修改"面板中的 ⚙ 工具按钮。

3．操作

命令：_copy

选择对象：<u>选取图 4-25 左图中的圆</u>↙

选择对象：↙（结束对象选择）

当前设置：复制模式＝多个

指定基点或[位移(D)/模式(O)]＜位移＞：<u>输入位移基点</u>↙或某选项↙（本例中为 A 点）

指定第二个点或＜使用第一个点作为位移＞：↙或<u>第二点</u>↙（本例中为 B 点）

指定第二个点或[退出(E)/放弃(U)]＜退出＞：↙或<u>第二点</u>↙（本例中为 D 点，该提示反复出现）

4．说明

（1）复制命令与移动命令的操作类似，区别是复制命令移动对象后仍保留源对象，而移动命令移动对象后会删除源对象。在"指定第二个点或＜使用第一个点作为位移＞："提示下空回车即退出复制命令。

（2）模式(O)选项，用于设置复制模式，后续提示为：

输入复制模式选项[单个(S)/多个(M)]＜多个＞：

其中"单个(S)"选项只复制图形对象的一个副本,如图 4-24 所示。而"多个(M)"选项可复制一个图形对象的多个副本,如图 4-25 所示。多重复制模式是默认选项。

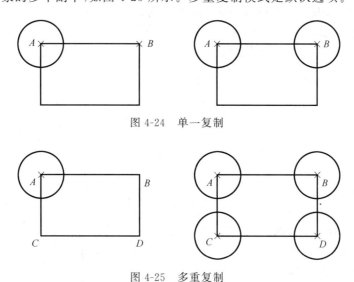

图 4-24　单一复制

图 4-25　多重复制

4.3.3　旋转(Rotate)命令

1. 功能

将图形对象绕指定点(基点)旋转指定的角度。

2. 命令位置

单击功能区"常用"选项卡→"修改"面板中的🔄工具按钮。

3. 操作

命令:_rotate

UCS 当前的正角方向:ANGDIR＝逆时针　ANGBASE＝0

选择对象:选取图 4-26 中的 AB 线段↙

选择对象:↙

当前设置:复制模式＝多个

指定基点:输入旋转基点↙(图 4-26 中的 A 点)

指定旋转角度,或[复制(C)/参照(R)]<0>:输入旋转角度↙或某选项↙(本例中输入旋转角度为 30°)

4. 说明

(1)"指定旋转角度"是默认选项,输入的旋转角度为正时,所选对象绕基点逆时针旋转,输入的旋转角度为负时,对象绕基点顺时针旋转。

(2)"复制(C)"选项,所选对象旋转后,仍在原来位置保留源对象,如图 4-27 所示。

(3)"参照(R)"选项,通过输入所选对象的参照角度值(即所选对象的当前倾斜角)和对象旋转后的倾斜角度值来确定对象的旋转角度,两角角度值之差为实际旋转角角度。后续提示为:

指定参照角<0>:输入参照方向的角度值↙

指定新角度或[点(P)]<0>:输入相对于参照方向的新角度↙或输入一点↙

若输入一点,则该点到基点的连线与 OX 轴的正向夹角为所选对象相对于参照方向的新角度。

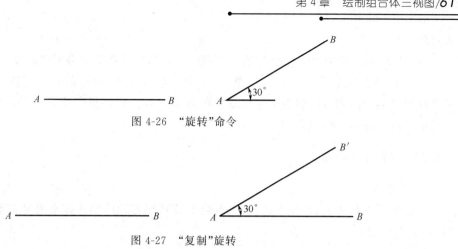

图 4-26 "旋转"命令

图 4-27 "复制"旋转

4.3.4 拉伸(Stretch)命令

1. 功能

移动或伸缩所选对象。可以伸缩直线、圆弧、三维实体、轨迹线、多义线以及三维表面,伸缩的结果取决于所选对象的类型及选取的范围。文字、块、形和圆等对象不能伸缩,但是当此类对象的定义点位于选择窗口内时对象作移动。

2. 命令位置

单击功能区"常用"选项卡→"修改"面板中的 🔲 工具按钮。

3. 操作

命令:_stretch

以交叉窗口或交叉多边形选择要拉伸的对象…

选择对象:指定选择窗口第一角点↙(如图 4-28 中的 B 点)

选择对象:指定对角点:指定选择窗口另一角点↙(图 4-28 中的 C 点)

选择对象:↙(结束对象选择)

指定基点或[位移(D)]<位移>:输入点↙或 d↙(拾取图 4-28 中的 A 点为基点)

指定第二个点或<使用第一个点作为位移>:↙或输入点↙(拾取图 4-28 中 P 点为第二点)

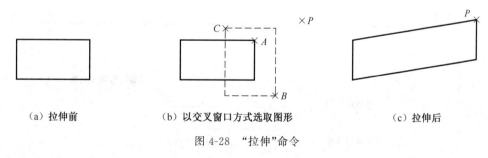

(a) 拉伸前   (b) 以交叉窗口方式选取图形   (c) 拉伸后

图 4-28 "拉伸"命令

4. 说明

(1) 必须使用交叉窗口选择伸缩对象,完全位于交叉窗口内的对象移动,一部分位于窗口外的对象则伸缩。若连续使用两个以上交叉窗口选择伸缩对象,则最后使用的交叉窗口所做的选择有效。

(2) 构造选择集时可使用 Remove 选项从选择集中移走所选对象,但不能向选择集中添加对象。

（3）若所选图形中含有尺寸对象，图形被伸缩后，尺寸数值也会随之改变。

（4）在"指定第二个点或＜使用第一个点作为位移＞："的提示下，以空回车响应，则基点到坐标原点的距离和方向即为对象伸缩的距离和方向。若将正交功能打开，则可控制伸缩方向只能是水平方向或竖直方向。

4.3.5 阵列（Array）命令

1. 功能

将选定的图形对象，以矩形阵列、路径阵列或环形阵列的形式多重复制图形对象（图4-29、图4-30、图4-31）。

2. 命令位置

单击功能区"常用"选项卡→"修改"面板中的 $\underset{\text{阵列}}{\square\square}$ ▾右侧的箭头，选择其中相应的工具按钮。

3. 操作

（1）矩形阵列

单击 ▦ 按钮，根据提示选择阵列的对象，回车后，绘图区会以默认的设置显示3行4列的矩形阵列，功能区转换为"阵列创建"选项卡，如图4-29所示。功能区"行"面板中的"行"和"介于"（行间距）选项用来设置行数和行间距；"列"面板中的"列"和"介于"（列间距）用来设置列数和列间距；"层级"面板中的"级别"和"介于"（层间距）用来设置层数和层间距。层是指阵列在 Z 轴方向的排列，所以用于三维阵列。选中特性面板中的关联选项，阵列中的所有对象是一个整体，否则阵列复制后的每一个对象都是一个独立对象。特性面板中的基点选项，用来指定矩形阵列的基点，以确定矩形阵列的位置。

如图4-29所示，矩形阵列的源对象及边界对象上会显示夹点，利用阵列对象中的夹点也可调整矩形阵列的位置（基点）、行（列1）数、行（列）间距等。如将光标悬停在图4-29所阵列最右侧的"▶"夹点上使其变为红色，单击后拖动鼠标即可编辑列数。

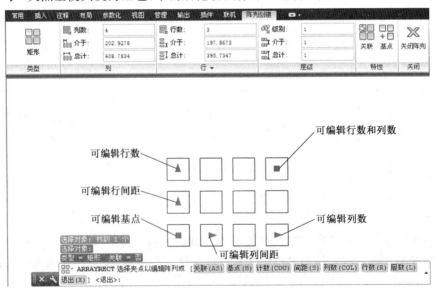

图4-29 矩形阵列

（2）路径阵列

阵列的路径可以是直线、多段线、样条曲线、螺旋、圆弧、圆、椭圆（弧）等，以路径为基准沿整个或部分路径平均分布对象，即为路径阵列。

单击　工具按钮，根据提示选择阵列对象，再选择阵列路径，回车后路径阵列将按默认设置显示单行、项目布满路径的路径阵列，屏幕显示如图 4-30（a）所示。功能区"项目"面板中的"介于"选项用来设置阵列对象间的间距。"行"面板中的"行数"和"介于"（行间距）用来设置路径阵列的行数和行间距。"层级"面板中的"级别"和"介于"（层间距）用来设置层数和层间距。特性面板中有"关联"、"基点"、"切线方向"、"测量"、"对齐项目"、"Z 方向"等 6 个选项，其中"关联"和"基点"的含义与矩形阵列相同；"切线方向"选项是通过指定两点来重新确定路径曲线起始点的切向矢量或法线，以调整路径阵列中对象的位置和方向；若选中"测量"选项中的"测量"项，"项目"面板中的"介于"选项正常显示，即用户只能调整阵列对象的间距，而不能调整阵列对象的数目；若选中"定数等分"项，"项目"面板中的项目选项正常显示，即用户只能调整阵列对象的数目，而不能调整阵列对象的间距；选中"对齐项目"选项，路径阵列中的每一个对象均保持与阵列路径曲线相切；"Z 方向"选项是指在三维建模中，路径阵列的对象是保持其原始的 Z 方向，还是沿三维路径倾斜。

如图 4-30 所示，路径阵列的路径曲线上会显示夹点，利用夹点可调整路径阵列的行数和项目间距。当选中"定数等分"项时，因不能调整项目间距，所以没有项目间距夹点。

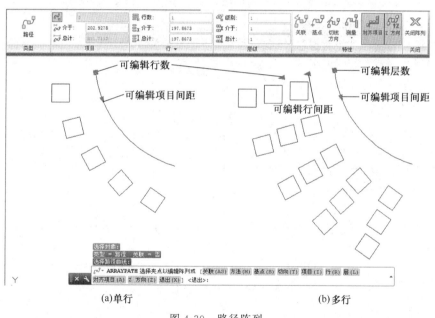

(a)单行　　　　　　　　　　(b)多行

图 4-30　路径阵列

（3）环形阵列

单击　工具按钮，根据提示选择阵列对象，再指定环形阵列中心，回车后环形阵列按默认设置 6 个项目，布满一周显示，如图 4-31 所示。功能区"项目"面板中的"项目数"选项用来确定环形阵列中阵列对象的总数；"介于"选项用来确定环形阵列中对象的间距；"填充"用来确定环形阵列中对象的分布角度。"行"面板中的"行数"和"介于"（行间距）用来设置环形阵列的行数和行间距。"层级"面板中的"级别"和"介于"（层间距）用来设置层数和层间距。特性面板中的"关联"和"基点"的含义与矩形阵列相同;"旋转项目"选项,控制阵列对象是否绕阵列中心点旋转,如图 4-32 所示;"方向"选项,控制阵列对象是按逆时针绕阵列中心阵列,还是按顺时针绕阵列中心阵列。

如图 4-31 所示,环形阵列的源对象、阵列中心及阵列的第二个对象上会显示夹点,利用夹点也可调整环形阵列的位置(阵列中心点的夹点);阵列半径(源对象的夹点);阵列对象的总数、对象的间距、填充角度(第二个对象上的夹点)等。

3 种类型的阵列在执行命令过程中,命令提示窗口均有相应的选项,这些选项的含义与功能区相应按钮相同,恕不赘述。

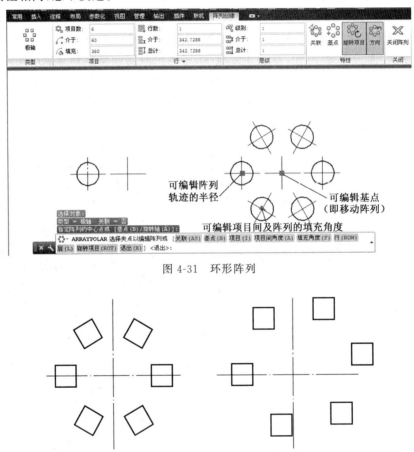

图 4-31   环形阵列

(a) 旋转图形   (b) 不旋转图形

图 4-32   环形阵列的效果

4.3.6   打断(Break)命令

1. 功能

根据断开点 P_1 和 P_2(图 4-33)的不同位置,对直线、圆、圆弧、多义线等对象作部分删除或将其分割为两个对象。

2. 命令位置

单击功能区"常用"选项卡→"修改"面板下方的向下箭头→选择其中的 工具按钮。

3. 操作

命令:_break

选择对象:拾取 A 点✓(选择断开的对象,只能用单点方式)

指定第二个打断点或[第一点(F)]:P_2 点✓或 f✓或@✓

4. 说明

(1) 以 P_2 点响应,则对象选取点 A 为第一断点 P_1,这时 P_1、P_2 两点间的线段被删除,如图 4-33(a)所示。

(2) 以"F"响应,表示要重新输入第一断点 P_1,后续提示为:

Specify first break point:P_1 点✓(此点与目标选取点 A 不重合)

Specify second break point:P_2 点✓或@✓[删除 P_1、P_2 两点间的线段,如图 4-33(b)]

(3) 在要求输入第二断点的提示下,以"@"响应,则对象在 P_1(第一断开点)处被切断[图 4-33(d)]。单击"常用"选项卡→"修改"面板下方的箭头→ ▭ "打断于点"工具,可完成相同的操作。

5. 效果演示

Break 命令各种用法的效果如图 4-33 所示(被删除的线段在图中以虚线表示)。

(1) 第二断点可选在对象之外。若第二断点选在对象之外,AutoCAD 把对象上离第二断点最近的点(即由第二断点向目标对象作垂线的垂足)作为第二断点[图 4-33(a)]。

(2)删除目标的某一端时,第二断点应落在被删除端的延长线上[图 4-33(c)]。

(3)对于圆,是由第一断点向第二断点逆时针删除某一段[图 4-33(e)]。

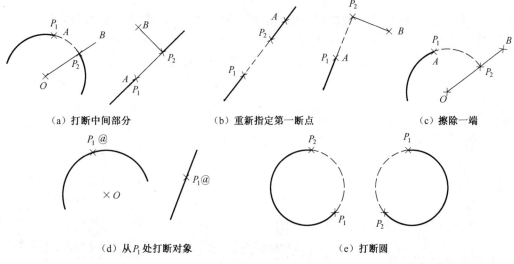

(a) 打断中间部分　　　　　(b) 重新指定第一断点　　　　　(c) 擦除一端

(d) 从 P_1 处打断对象　　　　　(e) 打断圆

图 4-33 "打断"命令

4.3.7 合并(Join)命令

1. 功能

在一定的条件下,将相似的多个对象合并为一个对象。

2. 命令位置

单击功能区"常用"选项卡→"修改"面板下方的箭头→ ⇥⇥ 工具按钮。

3. 操作

命令:_join

选择源对象:选择对象↙(以单点方式选择一个源对象,所选对象不同,后续提示亦不同)

（1）选择直线段

选择要合并到源的直线:

　　所选的直线段必须与源直线段共线(位于同一无限长的直线上),但是它们之间可以有间隙。

（2）选择圆弧或椭圆弧,以圆弧为例:

选择圆弧,以合并到源或进行[闭合(L)]:选择圆弧↙或l↙

选择要合并到源的圆弧:(该提示反复出现,直到以空回车响应)

　　所选圆弧或椭圆弧对象必须位于同一假想的圆或椭圆上,但是它们之间可以有间隙。合并两条或多条有间隙的圆弧或椭圆弧时,将从源对象开始按逆时针方向合并。

　　"闭合(L)"选项可将源圆弧或源椭圆弧转换成圆或椭圆。

　　可合并的对象还有多段线、样条曲线和螺旋线,但被合并的对象必须相交,即两对象在连接处共享端点。

4.3.8　利用"特性"面板修改、编辑图形

1. 功能

通过"特性"面板可修改已绘对象的特性(如颜色、线型、线宽)及其几何参数。

2. 命令位置

单击功能区"常用"选项卡→"修改"面板下方右侧的箭头按钮 ；或选中需修改的图形对象后,单击鼠标右键,在弹出的快捷菜单中选择"特性"选项,均可打开"特性"面板。

　　如果没有选中任何对象,"特性"面板显示当前绘图环境的设置,如图 4-34(a)所示。如果选择了某一对象,"特性"面板显示该对象的全部特性及当前设置,如图 4-34(b)所示。如果选择了多个对象,"特性"面板仅显示这些对象的公共特性及当前设置,如图 4-34(c)所示。

(a)未选择对象　　　　(b)选择一个对象　　　　(c)选择多个对象

图 4-34　"特性"面板

　　单击或双击图形对象后，均会打开如图 4-35 所示的"快捷特性"面板，其作用和操作与"特性"面板相同。

　　将光标悬停在某一对象上，会显示该对象的特性参数，如图 4-36 所示。

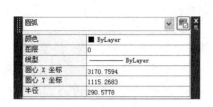

图 4-35　"快捷特性"面板

图 4-36　显示对象的特性参数

4.3.9　夹点编辑

　　在没有执行任何命令的情况下，直接选择图形对象，对象会以虚线显示，并且在图形对象上会出现一些矩形点（默认颜色为蓝色），这些点称为"夹点"，如图 4-37(b) 所示。

　　通过改变夹点位置，可编辑图形对象的位置、大小等。将图 4-37(a) 所示直线段 AB 的端点 B 移至 C 点，使 AB 线段与 CD 线段相交。可先选中直线段 AB，此时在 AB 上会出现三个夹点 [图 4-37(b)]，再次单击 B 端点的夹点，此时该夹点以红色显示，称为热点，拖动热点至 C 点即可，如图 4-37(c) 所示。

　　利用夹点可快速实现拉伸、移动、旋转、缩放和镜像操作。如，选择两直线后，两直线上均出现夹点，再次单击两直线交点处的夹点，该点变为热点同时进入"拉伸"模式，命令提示行显示："＊＊拉伸＊＊指定拉伸点或[基点(B)/复制(C)/放弃(U)/退出(X)]："，其中选项"基点(B)"用于重新确定拉伸基点；选项"复制(C)"用于复制拉伸对象。

　　将光标悬停在对象的某一夹点上，会显示可进行热点编辑操作的快捷菜单，如图 4-38 所示。

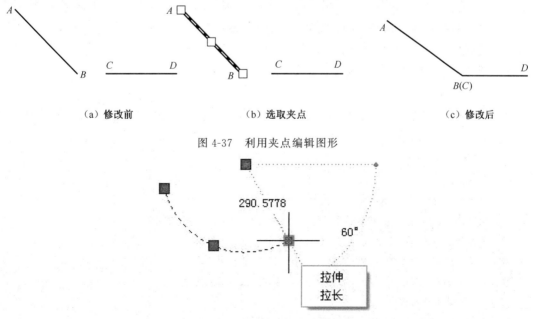

（a）修改前　　　　　　　　（b）选取夹点　　　　　　　　（c）修改后

图 4-37　利用夹点编辑图形

图 4-38　显示可进行热点编辑的快捷菜单

当单击夹点使其变为热点后,单击鼠标右键从弹出的快捷菜单中选择"移动、旋转、缩放或镜像"选项,可进入相应的操作模式。按【Esc】键可取消夹点的显示。按两次【Esc】键可依次取消热点、夹点的显示。

4.4　绘制组合体三视图的技巧

用 AutoCAD 绘制组合体的三视图时,为保证各视图之间"长对正、高平齐、宽相等"的投影关系,最常用的方法就是构造辅助线,下面举例说明绘图过程。为了绘图方便,单击快速访问工具栏右侧的箭头,选择菜单中的"显示菜单栏"选项。

【例 4-1】　绘制图 4-39 所示的组合体三视图。

1. 建立图形文件

单击快速访问工具栏上的 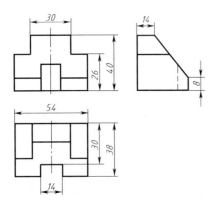 "新建"按钮,从弹出的"选择样板"对话框中选择"acadiso.dwt"样板文件,单击"打开"按钮。

2. 设置绘图边界

(1) 单击菜单栏的"格式→图形界限"命令,命令提示行显示以下提示:

图 4-39　绘制组合体三视图举例(一)

　　指定左下角点或[开(ON)/关(OFF)]<0.0000,0.0000>:↙

　　指定右上角点<420.0000,297.0000>:210,148↙

(2) 单击菜单栏的"视图"→"缩放"→"全部"命令,系统按所设图形界限(210×148)重新生成并显示绘图窗口。

3. 设置图层

单击功能区"常用"选项卡→"图层"面板的 工具。打开"图形特性管理器"对话框,本例中设置粗实线层(线型:Continuous,线宽:0.5 mm,黑色或白色)、虚线层(线型:Hidden,线宽:默认,黑色或白色)和中心线层(线型:Center,线宽:默认,黑色或白色)、辅助线层(线型:Continuous,线宽:默认,红色)。默认线宽设为 0.25 mm。

4. 绘制图形

(1) 绘制基准线。将"辅助线"层置为当前层,并打开正交模式(单击状态条中的 按钮),用直线命令绘制基准线 A、B、C、D[图 4-40(a)]。

(2) 绘制投影连线。

命令:_offset

当前设置:删除源=否　图层=源　OFFSETGAPTYPE=0

指定偏移距离或[通过(T)/删除(E)/图层(L)]<通过>:40↙(总高尺寸)

选择要偏移的对象,或[退出(E)/放弃(U)]<退出>:选择 A 线[图 4-40(a)]

指定要偏移的那一侧上的点,或[退出(E)/多个(M)/放弃(U)]<退出>:在 A 线上方拾取一点

选择要偏移的对象,或[退出(E)/放弃(U)]<退出>:↙(结束命令)

命令:_offset(重复前次命令)

当前设置:删除源=否　图层=源　OFFSETGAPTYPE=0

指定偏移距离或[通过(T)/删除(E)/图层(L)]<通过>:<u>27</u>↙(总宽的一半)

选择要偏移的对象,或[退出(E)/放弃(U)]<退出>:<u>选择 B 线</u>[图 4-40(a)]

指定要偏移的那一侧上的点,或[退出(E)/多个(M)/放弃(U)]<退出>:<u>在 B 线右侧拾取一点</u>

选择要偏移的对象,或[退出(E)/放弃(U)]<退出>:↙(结束命令)

　根据图 4-38 中的尺寸,重复执行偏移(OFFSET)命令,画出一系列投影连线[图 4-40 (b)]。

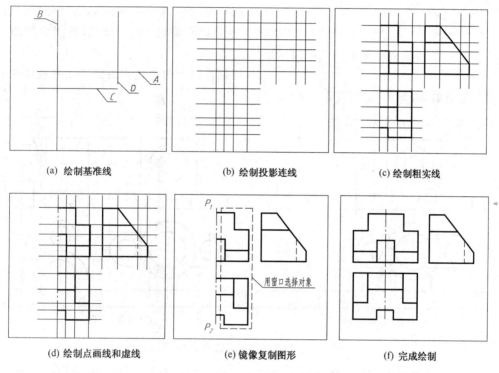

(a) 绘制基准线　　　　　　(b) 绘制投影连线　　　　　　(c) 绘制粗实线

(d) 绘制点画线和虚线　　　(e) 镜像复制图形　　　　　　(f) 完成绘制

图 4-40　绘制组合体三视图的步骤

　(3) 绘制视图中的粗实线。设置对象捕捉的捕捉类型为交点和端点(INT 和 END),并打开对象捕捉模式(单击状态条中的 按钮)。

　将"粗实线"层置为当前层,绘制图 4-40(c)中视图的粗实线。当图形对称时,可先画出对称图形的一半,最后用镜像命令镜像复制另一半图形。然后,分别把虚线层和中心线层设置为当前层,绘制视图中的虚线和点画线[图 4-40(d)]。

　(4) 关闭辅助线层,用镜像命令复制对称图形[图 4-40(e)]。

命令:_mirror

选择对象:<u>用窗口选择已画出的图形</u>[图 4-40(e)]

选择对象:↙(结束对象选择)

指定镜像线的第一点:<u>拾取 P_1 点</u>(应配合使用对象辅助工具)

指定镜像线的第二点:<u>拾取 P_2 点</u>(本例中打开正交功能)

要删除源对象吗?[是(Y)/否(N)]<N>:↙(保留源对象)

5. 保存文件

　单击菜单浏览器按钮从中选择 "另存为"工具,打开"图形另存为"对话框(图略),在文

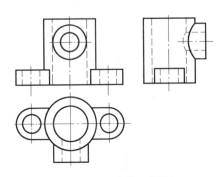

图 4-41　组合体三视图

件名编辑框中输入图名"组合体-1",单击"保存"按钮,将文件保存为图形文件(扩展名为 . dwg)。

【**例 4-2**】　绘制图 4-41 所示的组合体三视图。

1. 绘制图形

(1)用前例步骤和方法绘制主、俯视图[图 4-42(a)]。

(2)用复制命令将俯视图的对称部分复制后,再用旋转命令将图形旋转 90°,旋转后的图形如图 4-42(b)所示。

(3)用偏移命令的通过点方式画出左视图中宽度方向的投影连线,并画出左视图[图 4-42(b)]。

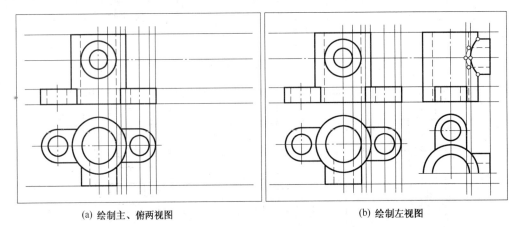

(a) 绘制主、俯两视图　　　　　　　　(b) 绘制左视图

图 4-42　绘制组合体三视图举例(二)

左视图上的相贯线可通过特殊点用圆弧命令或多段线命令绘制。左视图中与主、俯视图相同的投影可用"复制"命令完成,如左视图中大圆柱筒的投影可复制主视图中相同的部分。

2. 保存文件同例 4-1。

【**例 4-3**】　补画图 4-43(a)所示组合体的主视图。由于主视图与俯视图要保持长对正的投影关系,主视图与左视图要保持高平齐的投影关系,启用"对象捕捉追踪"绘图很方便。

(1)单击状态栏 □ 和 ∠ 按钮,打开"对象捕捉"和"对象捕捉追踪"功能,将粗实线层置为当前层,用直线命令绘制主视图的可见轮廓线。

(2)输入直线的起点如图 4-43(a),先将光标移至 A 点使其成为追踪参考点(光标只在该点上停顿片刻,不要拾取),再将光标向 B 点移动,图形中显示一条过 A 点的追踪点线。然后将光标移至 B 点使其成为第二追踪参考点(光标也是只在 B 点上停顿片刻,不要拾取),再将光标向 C 点移动,图形中显示第二条过 B 点的追踪点线,当 C 点处出现对象追踪捕捉标记"×"时,再拾取,该点即为直线的起点。

(3)如图 4-43(b),继续将光标移至 D 点停顿片刻不拾取,并将光标向 E 点移动,图形中显示过 D 点的追踪点线,当 E 点处出现对象追踪捕捉标记"×"时,再拾取,该点即为输入点 E

并画出 *CE* 直线;重复上述操作绘制出主视图的可见轮廓线。

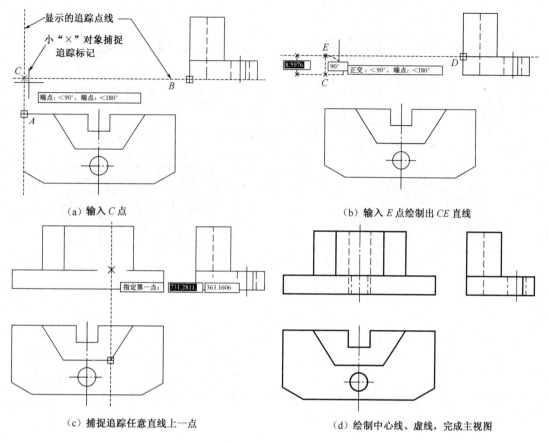

（a）输入 *C* 点　　　　　　　　　　　（b）输入 *E* 点绘制出 *CE* 直线

（c）捕捉追踪任意直线上一点　　　　（d）绘制中心线、虚线，完成主视图

图 4-43　补画主视图

（4）将点画线层置为当前层,用直线命令绘制主视图的对称中心线。

（5）将虚线层置为当前层,用直线命令绘制主视图中的虚线。

4.5　思考与上机实践

绘制图 4-44、图 4-45、图 4-46 组合体的视图,并补画第三视图(图中尺寸为参考数据,绘图时可不标注)。

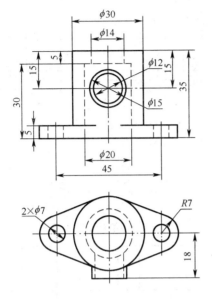

图 4-44　上机实践 1

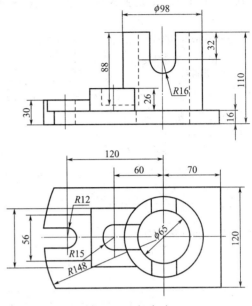

图 4-45　上机实践 2

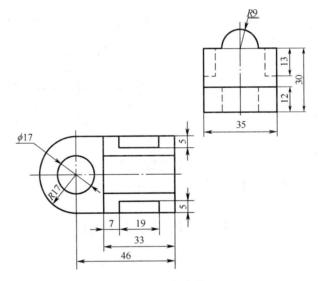

图 4-46　上机实践 3

第5章 文字注写与尺寸标注

在工程设计图样中,尺寸标注及相关的文字注释,如:技术要求、施工说明、标题栏、明细表等非图形信息都是必不可少的重要组成部分,准确的图形及正确的尺寸标注和文字注释结合才能完整地表达设计思想。本章重点介绍 AutoCAD 2013 的文字输入和编辑功能,尺寸标注及创建表格的方法和技巧。在 AutoCAD 2013 的"二维草图与注释"空间下,为便于文字注写、尺寸标注和创建表格的操作,应选择功能区的"注释"选项卡。

5.1 在图样中注写文字

在一幅设计图样中,文字的用途是多种多样的,包括尺寸标注、技术要求、施工说明、标题栏等。由于场合不同,字体字样的要求也不同。对我国用户来讲,除数字、字母、字符外,还要使用汉字。在用单行文本书写文字前,首先要设置文字样式。

5.1.1 文字样式的设置

在 AutoCAD 中,字体与文字样式是不同的概念。字体是系统事先定义好的书写字符的模式,而文字样式则是选择某一种字体并对其进行一些效果处理,同一种字体可以定义为多种文字样式。简言之,文字样式保存了字体选择及其效果设置,并且用户可以在绘图过程中实时调用。

单击功能区"常用"选项卡→"注释"面板下方的箭头→选择其中的 ![A] 工具按钮;或单击功能区"注释"选项卡→"文字"面板右下方的箭头 ![箭头],打开"文字样式"对话框,如图 5-1 所示。对话框中各选项的含义如下:

1."新建"按钮

单击该按钮,会弹出一个"新建文字样式"的对话框,如图 5-2 所示,系统默认的样式名为"样式 1"、"样式 2"……在"样式名"文本框中输入文字样式的名称(如中文或尺寸数字等),单击确定按钮,即可建立新的文字样式。新建文字样式名显示在图 5-1 所示对话框的"样式(S)"列表框中,其中"Standard"和"Annotative"是系统的默认文字样式。

2."置为当前"按钮与"删除"按钮

选中"样式(S)"列表框中的文字样式名后,单击"置为当前"按钮,或双击该样式名可将选定的文字样式置为当前样式。在绘图过程中,单击功能区"常用"选项卡→"注释"面板下方的箭头,弹出"文字样式控制"列表框,如图 5-3 所示。从中选择需要置为当前样式的文字样式名可快速将所选文字样式置为当前样式。

两次单击"样式(S)"列表框中的某一文字样式名可重新命名文字样式。

选中"样式(S)"列表框中的文字样式名后,单击"删除"按钮可删除所选文字样式。

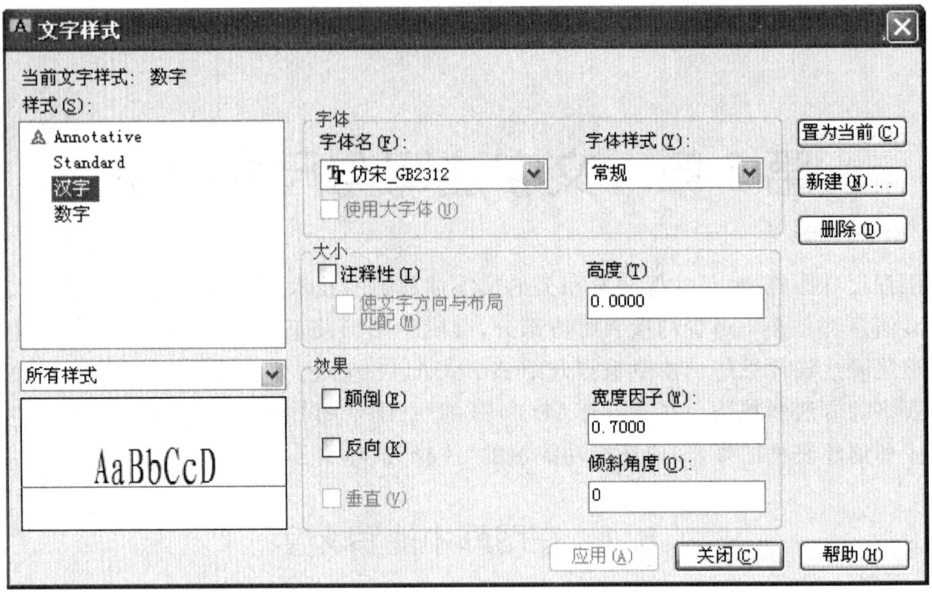

图 5-1 "文字样式"对话框

图 5-2 "新建文字样式"对话框

3. 字体

在 AutoCAD 中,有两大类字体可供用户使用。一类是 Windows 提供的 True type 字体,字体名称前有两个重叠的大写"T"符号;另一类是 AutoCAD 的形文件字体(＊.shx),字体名称前有两个重叠的大写的"A"符号。

图 5-3 "文字样式控制"列表框

　　AutoCAD 提供的符合工程制图要求的字体是："gbeitc. shx"（书写斜体的数字和字母）；
"gbenor. shx"（书写直体的数字和字母）。若选中"使用大字体"复选框，在"大字体（B）"下拉
列表框中选择"gbcbig. shx"可以在一个字体样式下既写工程数字又写长仿宋体汉字。

　　取消"使用大字体"复选框的选择，才可在"字体名（F）"下拉列表框中选择"仿宋 GB2312"
书写符合工程制图要求的长仿宋字。

　　4. 大小

　　（1）高度（T）

　　"高度"文本框用于定义文字样式的字符高度。一般情况下将此处的字符高度值设为零，
因为用字符高度值设为零的文字样式注写文字时，AutoCAD 会在命令行提示用户输入字符
高度值。若文字样式中的字符高度值采用非零值，注写文字时，AutoCAD 直接使用所设高度
值，不再提示用户输入字符高度。

　　（2）勾选"注释性（Ⅰ）"复选框，表示该文字样式具有注释性，在"样式（S）"列表框中的对
应样式名前会显示 图标。关于注释性的设置和使用参见本书 12.2。

　　5. 效果

　　（1）"宽度因子"文本框用于定义字符的高宽比系数，默认为 1，图 5-4（a）和（d）为采用不同
宽度因子时字符的效果。工程制图中常将仿宋字的宽度因子设为 0.7，其效果如图 5-4（d）
所示。

　　（2）"倾斜角度"文本框用于定义字符的倾斜方向，默认为 0，图 5-4（e）和（f）为采用不同倾
斜角度时，字符的效果。

　　（3）"颠倒（E）"、"反向（K）"、"垂直（V）"三个复选框用于确定文字的书写方向，如图 5-4
（b）、（c）、（g）所示。当文字样式中，所选字体是 Windows 提供的 Truetype 字体时，"垂直
（V）"复选框无效，需在设置文字样式时，选择字体名称前有"@"符号的字体，效果如图 5-4（g）
所示。

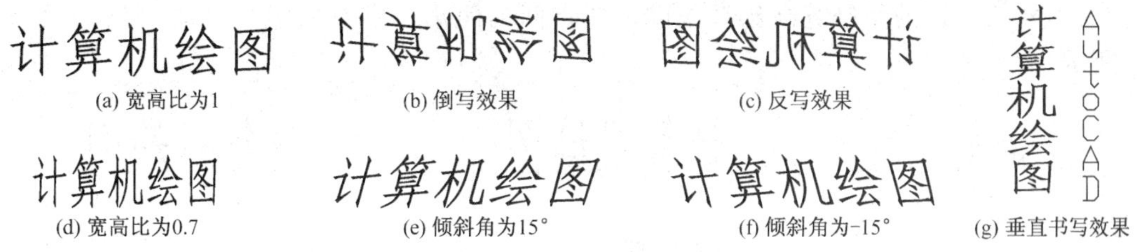

图 5-4　文本书写效果

　　设置完某一文字样式的参数后，必须单击"应用"按钮，以保存设置。通过"文字样式"对话
框左下角的预览区可以查看当前文字样式的显示效果。

　　【例 5-1】　定义符合工程制图要求的文字样式。

　　名为"数字"的文字样式（图 8-3）用于注写数字和字母；名为"汉字"的文字样式用于注写
中文。图 5-1 为"汉字"文字样式的设置。

5.1.2　单行文字输入（Dtext）命令

　　1. 功能

　　在图形文件中注写文字。所谓单行文字是指在编辑文字时只能单行编辑，即编辑时每一

行是一个对象,而注写时仍可注写多行文字。

2. 命令位置

单击功能区"常用"选项卡→"注释"→ 工具上的箭头→选择其中的 工具。

单击功能区"注释"选项卡→"文字"→ 工具上的箭头→选择其中的 工具。

3. 操作

命令:_dtext

当前文字样式:"汉字" 文字高度: 2.5000 注释性: 否

指定文字的起点或[对正(J)/样式(S)]:点↙或某选项↙(拾取一点作为文字输入的起点)

指定高度<2.5000>: 20↙ (上次命令使用的字符高度是本次命令的默认值)

指定文字的旋转角度<0>: ↙ (水平方向书写)

4. 说明

(1)此时,绘图窗口在指定的文字书写位置处显示一个长方框,通过键盘直接输入相应的文字即可。按回车键换行,移动鼠标在绘图窗口任意拾取一点均可作为新一行文字的输入起点。"指定文字的起点"是默认选项,文字的起点默认位置为图 5-7 中的"L"点。

(2)"对正(J)"选项,指定文字的对正方式,类似于用"Word"文字编辑器排版时使文字左对齐、居中、右对齐等,键入"j"回车后,会弹出相应的快捷菜单(图 5-5),命令行也有如下提示:

输入选项[对齐(A)/布满(F)/居中(C)/中间(M)/右对齐(R)/左上(TL)/中上(TC)/右上(TR)/左中(ML)/正中(MC)/右中(MR)/左下(BL)/中下(BC)/右下(BR)]:

命令行提示和快捷菜单中各选项的含义如下:

①对齐:根据命令行提示确定两点作为文字行基线的起点和终点,文字行的角度随两点间连线的方向不同而变化,字符高度按当前文本样式所设的字符宽高比系数以及两点间的距离和字符的多少自动调节,如图 5-6(a)所示。

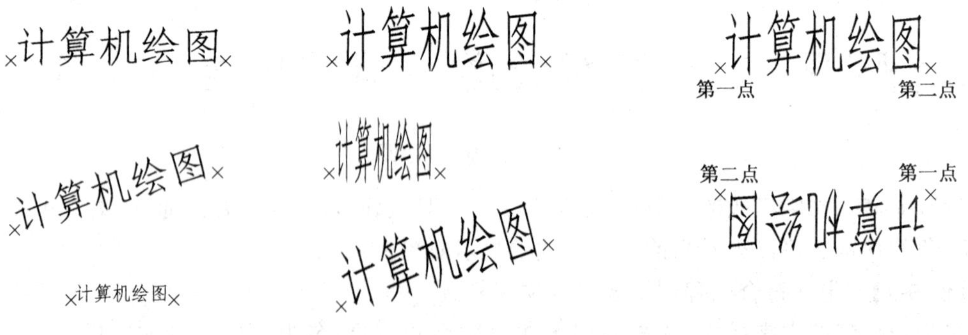

图 5-5 文字的对齐方式

(a)"对齐"选项　　　　(b)"布满"选项　　　　(c)两点先后次序的影响

图 5-6 "对齐"、"布满"选项的注写效果

②布满:根据命令行提示确定两点作为文字行基线的起点和终点,按用户输入的字符高,将输入的所有字符均匀分布在两点之间,字符的宽度随两点间的距离和字符的多少自动调节,如图 5-6(b)所示。确定两点时,先后次序不同会有不同的文字效果,如图 5-6(c)

所示。

　　③居中/中间/右对齐:输入一个点,确定文字行基线的中点或文字行的中点或文字行基线的右端点,如图 5-7 所示的"C"点、"M"点、"R"点。

　　④其他对齐方式:用户可根据选项后括号中的字母在图 5-7 中找到对应的对齐点,此处不再赘述。

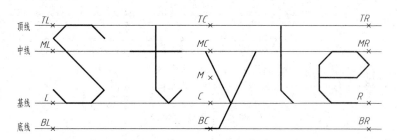

图 5-7　文本的对齐方式

　　(3)"样式(S)"选项,重新选择文字样式,后续提示为:

输入样式名或[?]<当前值>:↙或输入样式名↙或?↙

空回车采用默认的当前文字样式;键入"?"后回车,打开文本窗口显示已设置的文字样式。

5.1.3　多行文字输入(Mtext)命令

　　1. 功能

　　所谓多行文字命令就是一个在位文字编辑器,不仅可以创建和修改多行文字对象,还可将其他文本文件中的文字粘贴到 AutoCAD 的图形文件中。另外,AutoCAD 2013 允许将文字框背景设为透明,使得用户在输入文字时可看到新输入的文字是否与原有的其他对象重叠。多行文字在图形文件中所注写的整段文字是一个编辑对象,所以称为多行文字。

　　2. 命令位置

　　单击功能区"常用"选项卡→"注释" A_{文字} →工具按钮或单击功能区"注释"选项卡→"文字"

A_{多行文字} →工具按钮。

　　3. 操作

命令:_mtext

当前文字样式: "数字" 文字高度: 10 注释性: 否

指定第一角点:输入一点↙

指定对角点或[高度(H)/对正(J)/行距(L)/旋转(R)/样式(S)/宽度(W)/栏(C)]:输入一点↙或某选项↙

　　指定对角点或使用某一选项确定多行文字的书写范围后,AutoCAD 绘图窗口的功能区转换为文字编辑器,单击其中 更多 ▾ 按钮右侧的箭头→编辑器设置→显示工具栏可打开"文字格式"工具栏,如图 5-8 所示。其操作与"Word"文字编辑器类似,故不再详述。

　　4. 说明

　　(1)指定对角点(默认项),此点与指定的第一角点构成一矩形,矩形的宽度决定了多行文

图 5-8　文字编辑器

字的行宽度,多行文字的段落长度是系统根据所输字符的多少随机而定。

（2）宽度（W）选项,设置多行文字的文字行宽度。

（3）栏（C）选项,设置多行文字的分栏形式。键入"C"回车后,弹出相应的快捷菜单,命令行也有如下提示:

输入栏类型「动态（D）/静态（S）/不分栏（N）]＜动态（D）＞:

根据命令行提示可设置总栏宽、栏数、栏间距和总栏高。

（4）高度（H）、对正（J）、行距（L）、旋转（R）各选项分别用于设置:字符高度,字符的对正方式;文字行的行间距和文字行的旋转角度。

5.1.4　特殊符号的输入

对于一些不能直接从键盘上输入的特殊字符,当文字样式中设置的字体是 AutoCAD 的形文件字体（＊.shx）时,特殊字符可输入 ASCII 码生成,其定义见表 5-1。

表 5-1　特殊字符的 ASCII 码

代　码	定　义	输入举例	输出结果
％％U	文字下画线开关	％％UAutoCAD	AutoCAD
％％O	文字上画线开关	％％OAutoCAD	AutoCAD
％％C	直径符号ϕ	％％C30	ϕ 30
％％D	角度符号°	45％％D	45°
％％P	正负公差符号±	100％％P0.05	100±0.05

当文字样式中设置的字体是 Windows 提供的 True type 字体时,若用单行文字命令注写文字,使用输入法工具条中的软键盘可输入特殊符号。若用多行文字命令注写文字,则在图 5-8 所示的文字编辑器中,单击@▾"符号"按钮,在弹出的菜单中选择相应的符号选项即可。如果在该菜单中选择"其他"选项,会打开"字符映射表"（图略）,供用户输入更多种类的特殊符号。

利用图 5-8 所示"文字格式"工具栏中的 按钮可输入分数和字符的上、下标。如先输入

"2b^"字符,然后选中"b^"字符,再单击该按钮,字符形式为"2^b";先输入"2^b"字符,然后选中"^b"字符,再单击该按钮,字符形式为"2b";先输入"2/b"字符,然后选中"2/b"字符,再单击该按钮,字符形式为"$\dfrac{2}{b}$"。

5.1.5　文字的编辑和修改

单击已注写好的文字,绘图窗口显示文字修改快捷面板(图 5-9)所示。双击已注写好的文字,系统会根据不同的注写命令切换到相应的编辑模式。如双击多行文字就会切换到图5-8所示的文字编辑器下。另外,通过"特性"面板也可以修改文字的内容和特性。

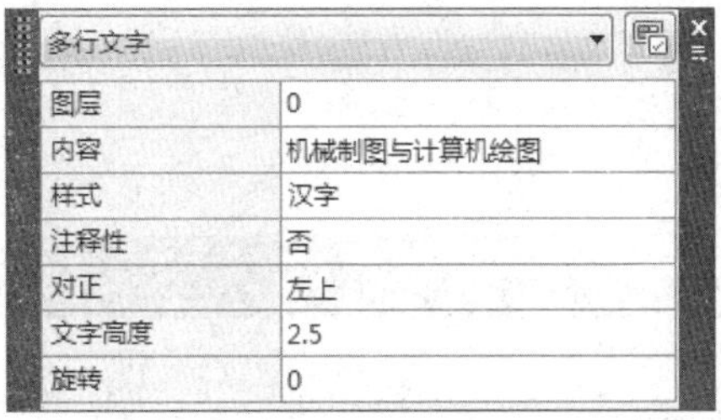

多行文字	
图层	0
内容	机械制图与计算机绘图
样式	汉字
注释性	否
对正	左上
文字高度	2.5
旋转	0

图 5-9　文字修改快捷对话框

5.2　尺寸标注样式

由于不同国家、不同部门、不同行业对尺寸标注的规定和习惯不同,因此对尺寸标注的要求也有许多差别。AutoCAD 为了满足各方面的要求,设置了相应的尺寸变量,用来控制尺寸界线、尺寸线、尺寸线起止符号及尺寸数字的外观形式,以求图中的尺寸标注能满足各个方面的要求。在 AutoCAD 中用户可控制的尺寸标注变量多达 58 个,而且尺寸标注的外观形式又是许多尺寸变量共同作用的结果。可想而知在绘图过程中,为了使尺寸标注符合图面要求,了解各尺寸变量间的内在联系及其作用结果以及相应变量的设置工作是很繁杂的。为此,AutoCAD 采用建立尺寸标注样式的方法来简化此过程,每一个尺寸标注样式都是所有尺寸变量设置的集合,都有一个尺寸标注样式名,因此建立尺寸标注样式实际上就是设置各个尺寸变量并保存这些设置。采用不同的尺寸标注样式可以标注不同外观形式的尺寸。在一个图形文件中,用户可建立多种尺寸标注样式。

5.2.1　尺寸的组成及 AutoCAD 的尺寸类型

1. 尺寸的组成

在工程图样中,一个完整的尺寸由尺寸线、尺寸界线、尺寸数字和尺寸起止符号四部分组成,如图 5-10 所示。在进行尺寸标注以及编辑、修改尺寸标注的操作时,默认情况下,AutoCAD 将尺寸线、尺寸界线、尺寸数字和尺寸起止符号四部分视为一个整体(称关联性尺寸)。

2. AutoCAD 的尺寸类型

AutoCAD 将尺寸分为线性标注、对齐标注、直径标注、半径标注、角度标注、指引型标注、基线型标注和连续型标注等多种类型,如图 5-11 所示。常用尺寸类型的工具及其在面板中的位置如图 5-12 所示。

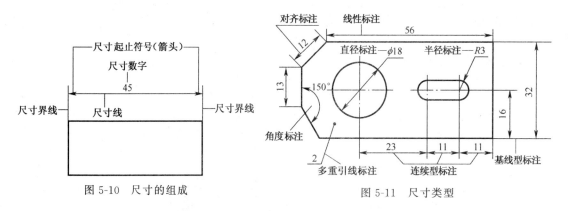

图 5-10　尺寸的组成

图 5-11　尺寸类型

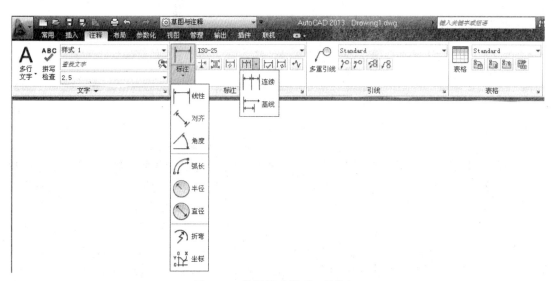

图 5-12　常用尺寸类型工具按钮

5.2.2　尺寸标注样式的设置

单击功能区"注释"选项卡→"标注"面板右下方的箭头 按钮或单击功能区"常用"选项卡→"注释"面板下方的箭头→选择其中的 工具按钮,打开"标注样式管理器"对话框,如图 5-13 所示,标注样式管理器的预览框中将实时反映标注样式的更改情况。

1."置为当前"按钮

在列表框中选择某一尺寸标注样式,然后单击"置为当前"按钮或单击鼠标右键,通过弹出的快捷菜单中的选项可将选中的尺寸标注样式置为当前或重新命名或删除。

2. 替代标注样式

为了不改变当前标注样式中的某些设置,临时创建一个替代标注样式来替代当前标注样式中的某些不便修改而又必须修改的设置。

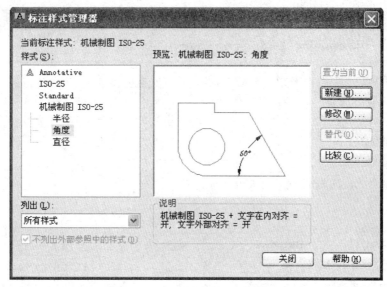

图 5-13　"标注样式管理器"对话框

3. 比较按钮

单击"比较"按钮打开"比较标注样式"对话框,用来比较两个已建立的标注样式参数设置的不同之处或查看某一标注样式的参数设置。

4. 新建、修改标注样式

单击"新建"、"修改"、"替代"按钮会分别打开"新建标注样式"、"修改标注样式"、"替代标注样式"对话框,这三个对话框仅是标题不同,对话框中的内容完全相同,因此,以"新建标注样式"对话框为例说明标注样式对话框的选项含义及操作。

单击"新建"按钮,弹出"创建新标注样式"对话框,如图 5-14 所示。在"新样式名"文本框中输入新建标注样式的名称,"副本ISO-25"是所建新样式的系统默认名称,建议修改为有一定含义的名称,本书设置为"机械制图 ISO-25"。在"基础样式"下拉列表框中选择建立新样式的基础样式,新样式的默认设置与基础样式完全相同,用户可通过修改其中的一个或几个参数建立新样式,从而减少设置标注样式的工作量。勾选"注

图 5-14　"创建新标注样式"对话框

释性"复选框使标注样式具有注释性(关于注释性请参看 12.2)。在"用于(U)"下拉列表框中选择新样式的应用范围,即新标注样式是用来标注所有类型的尺寸,还是仅用来标注某一类尺寸(如线性尺寸、直径尺寸或是角度尺寸)。

设置完以上参数后,单击"继续"按钮即进入"新建标注样式"对话框。对话框中有"线"、"符号和箭头"、"文字"、"调整"、"主单位"、"换算单位"和"公差"等 7 个选项卡,分别用于设置新标注样式的不同参数。

(1)"线"选项卡(图 5-15),用于设置"尺寸线"、"尺寸界线"的格式和特性。

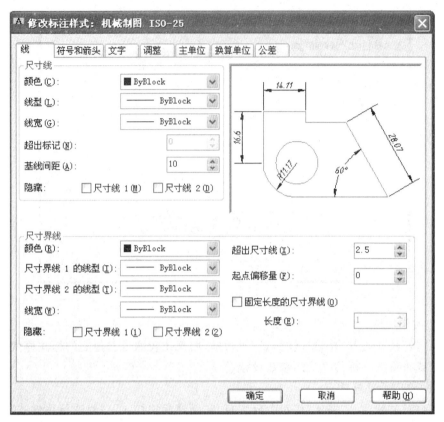

图 5-15 "线"选项卡

①尺寸线区各选项含义：

● 颜色、线型和线宽下拉列表框：默认值均为"ByBlock（随块）"，当尺寸标注的特性设为"随层"时，尺寸线、尺寸界线的颜色、线型和线宽与尺寸标注所处的图层保持一致。因此，没有特殊要求，不修改这三个下拉列表中的值。

● "基线间距"文本框：用于确定采用基线型标注时，相邻两尺寸线间的距离。如图 5-11 所示的基线型标注。

● "超出标记"文本框：用于设置尺寸线超出尺寸界线的长度。当尺寸线的起止符号选用箭头时，该项不可用。根据我国制图标准的规定，此项一般不选用。

● "隐藏"：该选项包含"尺寸线 1"和"尺寸线 2"两个复选框，分别控制是否显示第一尺寸线和第二尺寸线。以尺寸数字所在的位置为分界线，将尺寸线分为两部分，靠近第一尺寸界线一侧的尺寸线是第一尺寸线。勾选某一复选框表示隐藏相应的尺寸线，如图 5-16 所示。

②延伸线（即尺寸界线）区各选项含义：

● 颜色、延伸线 1 的线型、延伸线 2 的线型和线宽下拉列表框：作用同尺寸线。因此，一般情况下不做修改，采用默认值"ByBlock（随块）"。

● "隐藏"：包含"延伸线 1"、"延伸线 2"两个复选框，勾选某一复选框表示隐藏相应的尺寸界线，如图 5-17 所示。

● "超出尺寸线"文本框：设置尺寸界线超出尺寸线的长度，如图 5-18 所示。

● "起点偏移量"文本框：设置尺寸界线的起点位置，如图 5-19 所示。

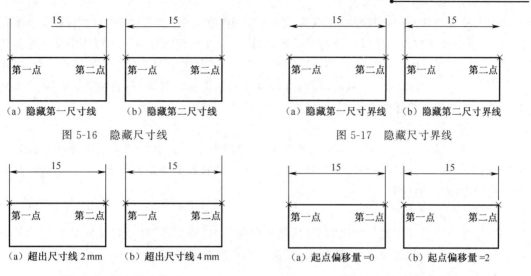

| （a）隐藏第一尺寸线 | （b）隐藏第二尺寸线 | （a）隐藏第一尺寸界线 | （b）隐藏第二尺寸界线 |

图 5-16　隐藏尺寸线　　　　　　　　　图 5-17　隐藏尺寸界线

| （a）超出尺寸线 2 mm | （b）超出尺寸线 4 mm | （a）起点偏移量 =0 | （b）起点偏移量 =2 |

图 5-18　超出尺寸线　　　　　　　　　图 5-19　起点偏移量

●"固定长度的延伸线"复选框：设置尺寸界线的长度，即"长度"文本框中的数值。勾选该复选框，尺寸界线的长度固定不变，其长度与尺寸线到尺寸界线起点的距离无关。

（2）"符号和箭头"选项卡（图 5-20）

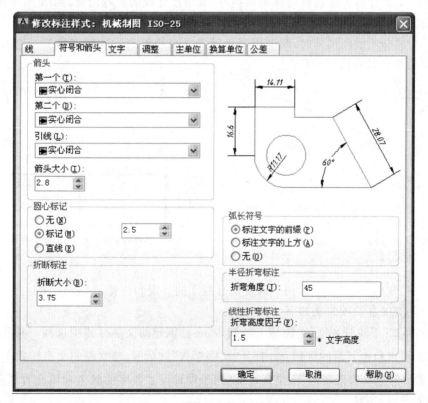

图 5-20　"符号和箭头"选项卡

"符号和箭头"选项卡分为 6 个区，各区选项含义如下：

①"箭头（尺寸线起止符号）"区：

用于设置尺寸线起止符号的形状和大小。其中"第一个"、"第二个"和"引线"3 个下拉列表,分别用于设置相应尺寸线起止符号的形状,默认是实心闭合箭头。可根据需要在相应下拉列表中选择"建筑标记"或"小点"等,若选择"用户箭头"即使用用户自定义的符号。默认"第一个"和"第二个"尺寸线起止符号的形状相同,也可根据需要设置为不同;"箭头大小"文本框用于设置尺寸线起止符号的大小,若选择符号为箭头则指箭头的长度。

②"圆心标记"区:

用于设置圆或圆弧的中心标记的类型和标记的大小。其中"无"表示不做圆心标记;"标记"是指在圆的圆心标注一个十字符号,其后文本框中的数值决定符号的大小;"直线"是以两条正交的点画线标记圆心。

③"折断标注"区:

当尺寸线或尺寸界线与图线相交时,用户可通过"打断标注"命令将交点处的尺寸线或尺寸界线断开。断开的间距值由"折断大小"文本框中的数值确定。

④"弧长符号"区:

用于确定标注弧长尺寸时,是否标注弧长符号"⌒"及其标注位置。根据我国制图标准应选"标注文字的上方"。

⑤"半径折弯标注"区:

用带折弯的尺寸线标注圆或圆弧的半径时,确定尺寸线的折弯角度,如图 5-21 所示。

⑥"线性折弯标注"区:

用折弯方式标注线性尺寸时,两个折弯角顶点之间的距离。该距离等于折弯高度因子乘以尺寸文字的高度,如图 5-22 所示。

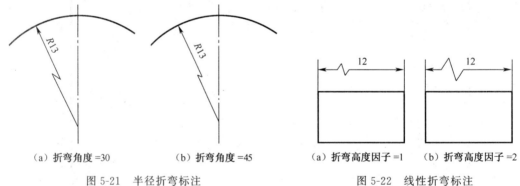

| (a) 折弯角度=30 | (b) 折弯角度=45 | (a) 折弯高度因子=1 | (b) 折弯高度因子=2 |

图 5-21　半径折弯标注　　　　　　　　图 5-22　线性折弯标注

(3)"文字"选项卡(图 5-23),用于设置尺寸数字的外观和位置。

①文字外观区各选项含义如下:

● "文字样式"下拉列表框:单击该下拉列表,在已创建的文字样式中选择一种作为尺寸文字的样式,也可以单击其后的按钮 ... ,打开"文字样式"对话框,建立新的文字样式。

● "文字颜色"和"填充颜色"下拉列表框:用于设置尺寸数字的颜色和填充背景色,如无特殊要求,一般不做修改。

● "文字高度"文本框:用于设置尺寸数字的高度。该文本框只有在"文字样式"对话框中,将尺寸数字所对应的文字样式的高度设置为 0 时才可用。

● "分数高度比例"文本框:设置分数的分子或分母的高度与文字高度的比值。当尺寸标注的主单位设置为"分数"或"建筑"格式时,该文本框才可用。

- ●"绘制文字边框"复选框:控制是否为尺寸数字添加边框。

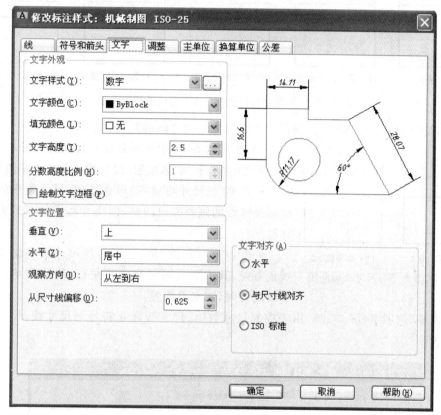

图 5-23　"文字"选项卡

②"文字位置"区中各选项含义如下:

- ●"垂直"下拉列表框:控制尺寸数字在竖直方向上与尺寸线的相对位置。该下拉列表框有"居中"、"上"、"外部"、"JIS(日本工业标准)"4 个选项,我国《技术制图》标准规定采用"居中"和"上"两种方式。其中"居中"是指尺寸数字在垂直方向上处于尺寸线的中部,而尺寸线在尺寸数字处断开,如图 5-24(a)所示。"上"是指尺寸数字位于尺寸线的上方,如图 5-24(b)所示。

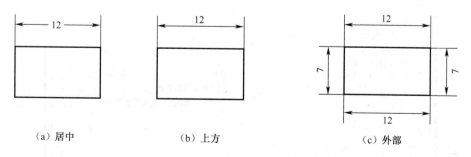

图 5-24　尺寸数字与尺寸线在垂直方向的位置关系

- ●"水平"下拉列表框:控制尺寸数字在水平方向上与尺寸线的相对位置。按我国工程制图的习惯,一般选用"居中"方式,即尺寸数字在水平方向上处于尺寸线的中间位置,如图 5-26

（a）所示；该下拉列表框有 5 个选项，如图 5-25 所示。

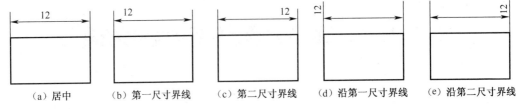

（a）居中　（b）第一尺寸界线　（c）第二尺寸界线　（d）沿第一尺寸界线　（e）沿第二尺寸界线

图 5-25　尺寸数字与尺寸线在水平方向的位置关系

● "从尺寸线偏移"文本框：控制尺寸数字与尺寸线之间的距离，如图 5-26 所示。

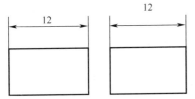

（a）偏移值 =0.5　　（b）偏移值 =2

图 5-26　尺寸数字与尺寸线的间距

③ "文字对齐"区用于控制尺寸数字的书写方向。

● 选中"水平"单选按钮，尺寸数字总是水平放置；

● 选中"与尺寸线对齐"单选按钮，尺寸数字的书写方向随尺寸线的倾斜方向调整，即尺寸数字的书写方向与尺寸线平行；

● 选中"ISO 标准"单选按钮，当尺寸数字位于尺寸界线内部时，其书写方向与尺寸线平行；尺寸数字位于尺寸界线之外时，则水平放置。

（4）"调整"选项卡（图 5-27），用于控制尺寸数字、尺寸线起止符号与尺寸线、尺寸界线间的相对位置。

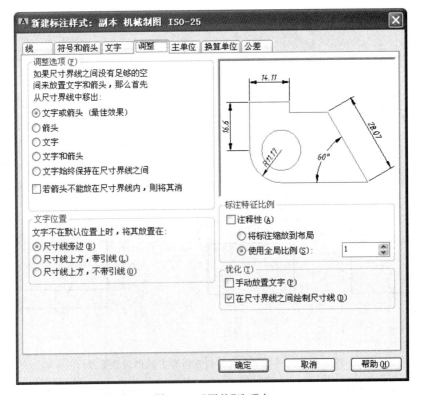

图 5-27　"调整"选项卡

①当两尺寸界线间没有足够的空间放置尺寸数字和箭头时,可利用"调整选项"区的各个选项设置尺寸数字和箭头的位置,其各选项含义如下:

●"文字或箭头(最佳效果)"单选按钮:是默认选项,由系统根据两尺寸界线间的距离,自动选择将尺寸数字和箭头放置在两尺寸界线之间,还是尺寸界线之外的最佳方案。

●"箭头"单选按钮:当两尺寸界线之间没有足够的空间放置尺寸数字和箭头时,首先将箭头移至尺寸界线之外。

●"文字"单选按钮:当两尺寸界线之间没有足够的空间放置尺寸数字和箭头时,首先将尺寸数字移至尺寸界线之外。

●"文字和箭头"单选按钮:当两尺寸界线之间没有足够的空间放置尺寸数字和箭头时,尺寸数字和箭头只要有一个不能放在尺寸界线之内,就将尺寸数字和箭头全部置于尺寸界线之外。

●"文字始终保持在延伸线之间"单选按钮:不管两尺寸界线之间的距离是否足够,尺寸数字都将放置在两尺寸界线之间。

●"若箭头不能放在延伸线内,则将其消除"复选框:选中该复选框,当两尺寸界线之间没有足够的空间放置箭头时,则不绘制箭头。

②"文字位置"区用于控制当尺寸数字不在默认位置(调整选项所设置的)时,尺寸数字的放置方式。

●"尺寸线旁边"单选按钮:默认选项,将尺寸数字置于尺寸界线之外,并与尺寸线同方向,如图 5-28(a)所示。

●"尺寸线上方,带引线"单选按钮:如图 5-28(b)所示。

●"尺寸线上方,不带引线"单选按钮:将尺寸数字置于尺寸线上方,但不添加引线,如图 5-28(c)所示。

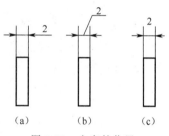

图 5-28　文字的位置

③"标注特征比例"区有两个单选按钮,其作用如下:

●"将标注缩放到布局"单选按钮:根据当前模型空间视窗与图纸空间之间的缩放关系确定比例因子。有关模型空间和图纸空间在第 10 章中介绍。

●"使用全局比例"单选按钮:为尺寸标注样式设置整体比例因子,对尺寸箭头的大小、尺寸数字的高度、尺寸界线超出尺寸线的距离、尺寸数字与尺寸线之间的间距等几何参数均有影响,但不影响尺寸标注的测量值,如图 5-29 所示。

④"优化"区有两个复选框其作用如下:

●"手动放置文字"复选框:选中该复选框,尺寸数字在水平方向的位置是由用户在标注尺寸的过程中,移动光标而确定的。

●"在延伸线之间绘制尺寸线"复选框:选中该复选框,当尺寸箭头位于尺寸界线之外时,也在两尺寸界线间绘制尺寸线,如图 5-30 所示。

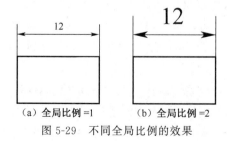

图 5-29　不同全局比例的效果

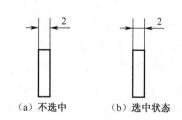

图 5-30　在延伸线之间绘制尺寸线

(5)"主单位"选项卡(图 5-31),主要分为两个区。左侧的"线性标注"区用于设置长度单位的相关参数,右侧的"角度标注"区用于设置角度单位的相关参数。

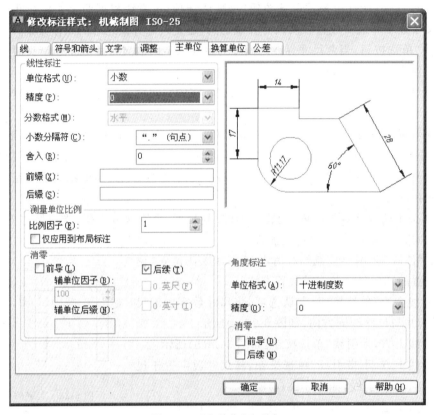

图 5-31 "主单位"选项卡

①"线性标注"区中各选项的含义如下:

● "单位格式"下拉列表:用于设置线性尺寸标注的计数制。AutoCAD 提供了小数、科学、建筑、工程、分数等计数制。其中建筑和工程是英制,其余为公制。按我国工程制图的习惯选"小数"。

● "精度"下拉列表:设置尺寸标注的精度,按我国工程制图的习惯取整数。

● "分数格式"下拉列表:设置分数的表示形式,所以只有当主单位格式设为"分数"时才可用。

● "小数分隔符"下拉列表:设置小数点的表示形式,默认是逗点",",按我国工程制图的习惯设应为句点"."形式。该选项只有当主单位格式设置为"小数"时才可用。

● "舍入"文本框:设置除角度标注外所有尺寸标注测量值的圆整规则,若舍入值为 0.25 则测量值以 0.25 为单位圆整,如 10.674 5 圆整为 10.75;若舍入值为 1.0 则测量值均取整数。

● "前缀"和"后缀"文本框:用于为尺寸数字添加前缀和后缀。如在前缀文本框中输入"%%C",则所有尺寸标注的测量值前都有一个前缀符号"ϕ"。

● "测量单位比例"区中的"比例因子"文本框:用来设置线性尺寸标注测量值与标注值的比例因子,其关系为:尺寸测量值乘以比例因子等于标注值。如比例因子等于 1 时,尺寸的标注值等于测量值,即尺寸数字就是被标注对象的实际长度。若比例因子等于 2,则尺寸的测量值乘以 2 等于其标注值。因此,该文本框的值应设为绘图比例的倒数,如绘图比例采用 2：1,则该比例因子就设置为 0.5。勾选"仅应用到布局标注"复选框,所设置的比例因子仅影响布局的尺寸标注。

　　●"消零"区中的"前导"、"后续"复选框:控制是否消除尺寸标注值的无效 0。若勾选"前导"复选框,则 0.50 显示为 .50。若"前导"、"后续"复选框都勾选,0.50 显示为 .5。"0 英尺"、"0 英寸"复选框,作用和"前导"、"后续"复选框类似,但只有当主单位格式设置为建筑和工程等英制单位时该复选框才可用。

　　②"角度标注"区各选项的含义与"线性标注"区类似,这里不再赘述。

　　(6)"换算单位"选项卡(图略)

　　AutoCAD 允许在图形中同时标注两种尺寸数值。在"换算单位"选项卡中勾选"显示换算单位"复选框,即可通过换算单位的设置在图形中同时标注两种尺寸数值。例如既标注小数单位(公制)也标注工程单位(英制),可在主单位选项卡中设置"小数",而在"换算单位"选项卡中设置"工程"。又如在主单位和换算单位选项卡中均设置"小数",但在换算单位选项卡中的"换算单位倍数"下拉列表框中将倍数因子设为 0.5,可在图形中同时标注两种不同比例的尺寸数值。由于换算单位与主单位的设置基本相同,故省略换算单位选项卡的图示。

　　(7)"公差"选项卡(图 5-32)

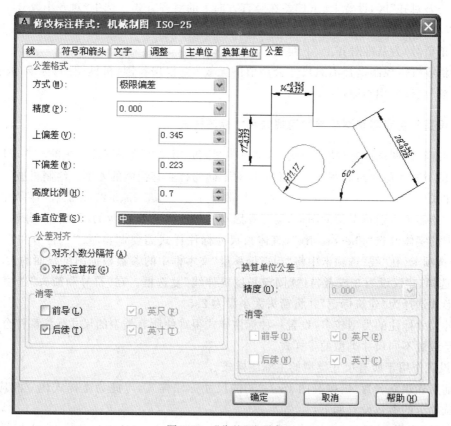

图 5-32　"公差"选项卡

"公差"选项卡主要分为两个大区,左侧区用于设置主单位的尺寸公差,右侧区用于设置换算单位的尺寸公差。这里主要介绍左侧区,其中各选项含义如下:

①"方式"下拉列表:设置尺寸公差的形式。默认形式为"无",即不标注尺寸公差。尺寸公差的标注形式见图5-33。

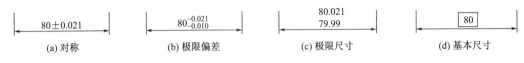

图 5-33　尺寸公差的标注形式

②"精度"下拉列表:设置尺寸公差值的精度(即小数的位数)。

③"上偏差"和"下偏差"文本框:设置尺寸公差的上、下偏差值。需要注意的是,上偏差值自动带正号,下偏差值自动带负号。若输入的下偏差为 0.005,那么实际显示的下偏差为 —0.005。如果想要使下偏差显示为 0.005,则必须在"下偏差"文本框中输入—0.005。

④"高度比例"文本框:用于设置公差数字的高度与尺寸数字的高度之比,按我国机械制图的习惯,此处数值设为 0.7。

⑤"垂直位置"下拉列表:用于设置公差数字与尺寸数字在竖直方向上的对齐方式。根据我国《机械制图》标准的规定应选择"中"对齐方式。

⑥"公差对齐"区,设置上、下偏差在竖直方向上的对齐方式。选中"对齐小数分隔符"单选按钮是以小数分隔符为基准对齐上、下偏差;选中"对齐运算符"单选按钮则是以上、下偏差的符号(即正负号)为基准对齐上、下偏差。

⑦"消零"区,控制是否消除尺寸公差值的无效 0。根据我国《机械制图》标准的规定,"前导"、"后续"复选框均不选择。

5.2.3　设置符合我国制图标准和习惯的尺寸标注样式

我国现行制图标准有《技术制图》、《机械制图》和《房屋建筑制图统一标准》,关于尺寸标注《机械制图》和《房屋建筑制图统一标准》,针对不同的行业有细微的差别。绘制机械工程图样,其文字样式(图 5-1、图 8-3)和尺寸标注样式(图 5-15、5-20、5-23、5-27、5-31、5-32)的设置可参考本书。绘制土木建筑工程的图样,需要参照本书按土木建筑行业的习惯作部分调整。如文字样式中的字体改选"gbenor.shx"(直体);尺寸标注样式需要调整"线"、"符号和箭头"、"文字"三个选项卡,在"线"选项卡中将"起点偏移量"文本框中的参数根据图纸幅面的大小在 2~10 之间选择,建议设为 3 或者勾选"固定长度延伸线"复选框。在"符号和箭头"选项卡中,需将箭头形式选择为"建筑标记"并将箭头大小设为 2.5。

另外尺寸标注的类型较多,设置一种标注样式很难使所有类型的尺寸标注都符合要求,解决办法是设置不同尺寸类型的子样式。

1. 设置作用于所有尺寸类型的主标注样式

如前所述建立名为"机械制图 ISO-25"的尺寸标注样式,以此为主样式建立相应的子样式。各选项卡的参数设置如下:

(1)"线"选项卡(图 5-15),"基线间距"文本框设置为 10,"超出尺寸线"文本框设置为 3,"起点偏移量"文本框设置为 0,其余参数不变。

(2)"符号和箭头"选项卡(图 5-20),"箭头大小"文本框设置为 2.8,"圆心标记"区选择"无",其余参数不变。

(3)"文字"选项卡(图 5-23),在"文字样式"下拉列表框中选择名为"数字"的文字样式,其余参数不变。

(4)"调整"选项卡(图 5-27),所有参数都不变。

(5)"主单位"选项卡(图 5-31),"精度"文本框设为 0;在"小数分隔符"下拉列表框中选择"句点",其余参数不变。

(6)"换算单位"和"公差"选项卡不作修改。

2. 设置直径和半径尺寸类型的子样式

在"标注样式管理器"对话框(图 5-13)中,单击"新建"按钮,在弹出的"创建新标注样式"对话框(图 5-14)中的"用于"下拉列表框中选择"直径标注"后,单击"继续"按钮,进入"新建标注样式"对话框,需调整"文字"和"调整"两个选项卡。因直径和半径是两种不同类型的尺寸,所以要分别设置两个子样式,但设置方法相同。

(1)"文字"选项卡(图 5-23):在"文字对齐"区中选择"ISO 标准"单选按钮,其余参数不变。

(2)"调整"选项卡(图 5-27):在"调整选项"区中"文字"、"箭头"、"文字和箭头"三个单选按钮任选其一;在"优化区域"勾选"手动放置位置"复选框,其余参数不变。

3. 设置角度尺寸类型的子标注样式

在"标注样式管理器"对话框(图 5-13)中,单击"新建"按钮,在弹出的"创建新标注样式"对话框(图 5-14)中的"用于"下拉列表框中选择"角度标注"后,单击"继续"按钮,进入"新建标注样式"对话框,仅调整"文字"选项卡。

在"文字"选项卡(图 5-23)的"文字对齐"区选择"水平"单选按钮,其余参数不变。

4. 设置尺寸公差的替代样式

因带有尺寸公差的尺寸在图样中出现的较少,而且标注值也不尽相同,所以常设置临时替代样式。方法是在"标注样式管理器"对话框(图 5-13)中,单击"替代"按钮,在弹出的"替代当前样式"对话框中仅调整"公差"选项卡(同图 5-32)。

(1)如果用代号形式标注非圆视图上的尺寸公差,如 $\phi40H7$,则在"主单位"选项卡(图 5-31)中的"前缀"文本框中输入"％％c"、在"后缀"文本框中输入"H7",其余参数不变。

(2)如果用尺寸偏差的形式标注非圆视图上的尺寸公差,如 $\phi21^{+0.021}_{-0}$,则在"主单位"选项卡(图 5-31)中的"前缀"文本框中输入"％％c";在"公差"选项卡(图 5-32)中的"方式"下拉列表框中选择"极限偏差";在"精度"下拉列表框中选择"0.000";在"上偏差"文本框中输入"0.021"、"下偏差"文本框中输入"0.000";在"高度"文本框中输入"0.7";在"垂直"下拉列表框中选择"中";在"公差对齐"区中选择"对齐小数分隔符"单选按钮,并勾选"消零"区的"后续"复选框,其余参数不变。

5.3　尺寸标注

建立了标注样式之后,就可以使用相应的标注命令标注尺寸。为了便于修改,应建立尺寸标注图层。另外还应充分利用对象捕捉功能,精确确定尺寸界线的起点位置,以获得精准的尺寸测量值。常用的尺寸标注的工具如图 5-12 所示。

5.3.1 线性尺寸(Dimlinear)标注命令

1. 功能

标注水平方向和竖直方向的长度尺寸(图 5-34)以及根据指定角度旋转的线性尺寸。

2. 命令位置

单击功能区"注释"选项卡→"标注"面板→⬚工具按钮。

3. 操作

命令: _dimlinear

指定第一条延伸线原点或<选择对象>: 拾取 A 点↙ 或↙(使用对象捕捉)

指定第二条延伸线原点: 拾取 C 点↙(使用对象捕捉)

指定尺寸线位置或[多行文字(M)/文字(T)/角度(A)/水平(H)/垂直(V)/旋转(R)]: 拾取 P_1 点↙ 或某选项↙

4. 说明

(1)标注尺寸时,AutoCAD 按选择尺寸界线起点的顺序确认第一条和第二条尺寸界线。

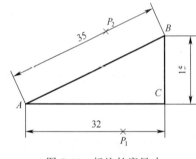

(2)在"指定第一条延伸线原点或<选择对象>:"提示下,也可以空回车,然后根据提示信息,如选择线段 AC,再指定尺寸线的位置。

(3)"多行文字(M)"和"文字(T)"选项都是用来修改尺寸的测量值。

(4)角度(A)选项,指定尺寸文字的倾斜角度,使尺寸文字与尺寸线不平行。

(5)"水平(H)"/"垂直(V)"选项用来标注水平和垂直尺寸。在实际标注尺寸的过程中,AutoCAD 能根据用

图 5-34 标注长度尺寸

户指定的尺寸线的位置,自动判断是标注水平尺寸还是标注垂直尺寸,所以该选项一般不用。

(6)"旋转(R)"选项,使尺寸线按指定的角度旋转。

5.3.2 对齐尺寸标注(Dimaligned)命令

1. 功能

标注任意两点间的距离,尺寸线的方向平行于两点连线,如图 5-35 中 AB 两点间的尺寸。提示和操作与线性尺寸标注命令基本相同。

2. 命令位置

单击功能区"注释"选项卡→"标注"面板→⬚下方的箭头→🖉工具按钮。

3. 操作

命令: _dimaligned

指定第一条延伸线原点或<选择对象>: 拾取 A 点↙ 或↙(使用对象捕捉)

指定第二条延伸线原点: 拾取 B 点↙(使用对象捕捉)

指定尺寸线位置或[多行文字(M)/文字(T)/角度(A)]: 拾取 P_2 点↙ 或某选项↙

5.3.3 角度尺寸标注(Dimangular)命令

1. 功能

标注圆弧的圆心角或两条相交直线间的夹角或圆周上任意两点间圆弧的圆心角,标注形式如图 5-35 所示。

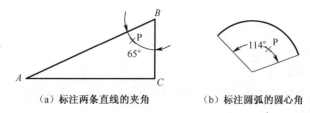

(a) 标注两条直线的夹角　　　　(b) 标注圆弧的圆心角

图 5-35　角度尺寸标注

2. 命令位置

单击功能区"注释"选项卡→"标注"面板→[图标]下方的箭头→[图标]工具按钮。

3. 操作

命令:_dimangular

选择圆弧、圆、直线或<指定顶点>:选择圆弧↙或圆↙或直线↙或↙

根据所选的标注对象不同后续提示也不同。

(1)选择直线,标注两直线间的夹角,如图 5-35(a)。后续提示:

选择第二条直线:选取第二条直线↙

指定标注弧线位置或[多行文字(M)/文字(T)/角度(A)/象限点(Q)]:拾取 P 点↙或某选项↙

(2)选择圆弧,标注圆弧的圆心角,如图 5-35(b)。后续提示:

指定标注弧线位置或[多行文字(M)/文字(T)/角度(A)/象限点(Q)]:拾取 P 点↙或某选项↙

(3)选择圆,指定圆周上的两点,标注两点间的圆心角。后续提示:

指定角的第二个端点:选择圆周上的第二点↙(该点可不在圆周上)

指定标注弧线位置或[多行文字(M)/文字(T)/角度(A)/象限点(Q)]:拾取点↙或某选项↙

(4)空回车,根据指定的三个点标注角度。后续提示:

指定角的顶点:拾取 A 点↙(可使用对象捕捉)

指定角的第一个端点:拾取 B 点↙(可使用对象捕捉)

指定角的第二个端点:拾取 C 点↙(可使用对象捕捉)

指定标注弧线位置或[多行文字(M)/文字(T)/角度(A)/象限点(Q)]:拾取点↙或某选项↙

4. 说明

各选项的含义及操作同线性尺寸标注命令的相同选项。其中不同选项"象限点(Q)"含义是:指定标注应锁定的象限。如标注图 5-35(b)所示圆弧的圆心角,选择圆弧后,光标在两尺寸界线上方时标注的角度值是 114°,光标在两尺寸界线下方时标注的角度值是 246°。如果将象限点指定在两尺寸界线的上方,即便光标在两尺寸界线的下方也标注 114°。

5.3.4　直径(Dimdiameter)与半径(Dimradius)尺寸标注命令

1. 功能

直径与半径尺寸标注命令的提示与操作相似,只是直径尺寸的尺寸文字前带有直径符号"ϕ",半径尺寸的尺寸文字前带有半径符号"R"。

2. 命令位置

单击功能区"注释"选项卡→"标注"面板→[图标]下方的箭头→[图标](直径)和[图标](半径)工具

按钮。

3. 操作

（1）直径尺寸标注

命令：_dimdiameter

选择圆弧或圆：<u>选择标注对象</u>↙

标注文字＝〈系统测量值〉

指定尺寸线位置或［多行文字(M)/文字(T)/角度(A)］：<u>拾取点</u>↙或某选项↙

（2）半径尺寸标注

命令：_dimradius

选择圆弧或圆：<u>选择标注对象</u>↙

标注文字＝〈系统测量值〉

指定尺寸线位置或［多行文字(M)/文字(T)/角度(A)］：<u>拾取点</u>↙或某选项↙

4. 说明

直径和半径尺寸的标注形式比较多。因此，在标注直径或半径尺寸时，首先应设置相应的标注子样式，设置方法见本书 5.2.3。

5.3.5 基线型尺寸标注（Dimbaseline）命令

1. 功能

基线型尺寸标注的形式如图 5-36 所示。使用基线型标注时，应首先标注一个用线性、对齐或角度尺寸命令标注的基础尺寸，如图 5-36(a)中的长度为 26 的尺寸，基线尺寸与前一尺寸共用第一条尺寸界线，尺寸线与前一尺寸线平行，尺寸线间的距离通过设置标注样式确定。方法是标注完第一个尺寸后，输入基线标注命令，依次拾取第二尺寸界线起点即可。连续两次空回车即可结束基线尺寸标注命令。

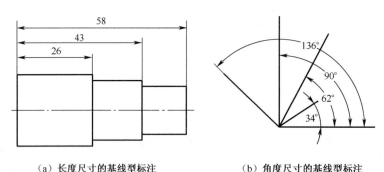

（a）长度尺寸的基线型标注　　　　　　（b）角度尺寸的基线型标注

图 5-36　基线型标注

2. 命令位置

单击功能区"注释"选项卡→"标注"面板→工具

3. 操作

命令：_dimbaseline

指定第二条延伸线原点或［放弃(U)/选择(S)］＜选择＞：↙或<u>选择第二尺寸界线起点</u>↙或某选项↙

标注文字＝〈系统测量值〉

指定第二条延伸线原点或［放弃(U)/选择(S)］＜选择＞：↙或<u>选择第二尺寸界线起点</u>↙或某选项↙

标注文字＝〈系统测量值〉

指定第二条延伸线原点或[放弃(U)/选择(S)]<选择>:↙(该提示反复出现直到空回车)

选择基准标注:↙或选择一个尺寸作为基础尺寸↙(空回车即退出基线标注命令)

4. 说明

(1)"选择(S)"选项,重新指定基线标注需要的基础尺寸。执行基线标注命令时,AutoCAD 自动将执行基线标注命令前所标注的那个线性、对齐或角度尺寸认定为基础尺寸。使用该选项可以另外选择一个线性、对齐或角度尺寸作为基础尺寸,靠近选择点一侧的尺寸界线为第一尺寸界线。

(2)角度尺寸使用基线型标注时,操作步骤和长度尺寸的基线标注类似。

5.3.6　连续型尺寸标注(Dimcontinue)命令

1. 功能

连续型尺寸标注的形式如图 5-37 所示。与基线标注相同应首先标注一个用线性、对齐或角度尺寸命令标注的基础尺寸[如图 5-37(a)中的长度为 26 的尺寸],连续尺寸以前一尺寸的第二条尺寸界线作为其第一条尺寸界线,尺寸线位置与前一尺寸线相同。

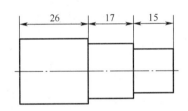

（a）长度尺寸的连续型标注　　　　（b）角度尺寸的连续型标注

图 5-37　连续型尺寸标注

2. 命令位置

单击功能区"注释"选项卡→"标注"面板→卌工具按钮。

3. 操作

命令:_dimcontinue

指定第二条延伸线原点或[放弃(U)/选择(S)]<选择>:↙或选择第二尺寸界线起点↙或某选项↙

标注文字＝〈系统测量值〉

指定第二条延伸线原点或[放弃(U)/选择(S)]<选择>:↙或选择第二尺寸界线起点↙或某选项↙

标注文字＝〈系统测量值〉

指定第二条延伸线原点或[放弃(U)/选择(S)]<选择>:↙(该提示反复出现,直到空回车)

选择连续标注:↙或选择一个尺寸作为基础尺寸↙(空回车即退出连续标注命令)

4. 说明

(1)连续型尺寸标注的过程与基线型标注类似,既可用于长度尺寸标注也可用于角度尺寸的标注。

(2)当选取了多个标注对象后,单击卌"快速标注"工具,然后在命令提示行选取相应选项(基线型、连续型)即可标注出多个标注对象间的长度型基线尺寸或连续尺寸。

5.3.7　弧长标注(Dimarc)命令

1. 功能

标注圆弧或多段线中弧线段的弧长。

2. 命令位置

单击功能区"注释"选项卡→"标注"面板→下方的箭头→工具按钮。

3. 操作

命令:_dimarc

选择弧线段或多段线圆弧段:选择一段圆弧∠

指定弧长标注位置或[多行文字(M)/文字(T)/角度(A)/部分(P)/引线(L)]:输入点∠或某选项∠

4. 说明

与前述尺寸标注命令相同选项的含义及操作此处不赘述,仅介绍两个不同选项。

(1)"部分(P)"选项,标注所选圆弧中某一部分的弧长。后续提示:

指定弧长标注的第一个点:点∠

指定弧长标注的第二个点:点∠

指定弧长标注位置或[多行文字(M)/文字(T)/角度(A)/部分(P)]:点∠或某选项∠

(2)"引线(L)"选项,当所选圆弧的圆心角大于90°时才会有此选项。选择此项后,为弧长尺寸添加一条由尺寸数字的位置指向圆弧圆心的径向尺寸线。后续提示:

指定弧长标注位置或[多行文字(M)/文字(T)/角度(A)/部分(P)/无引线(N)]:点∠

若选择"无引线(N)"选项则取消弧长尺寸的引线标注。

5.3.8 坐标标注(Dimordinate)命令

1. 功能

标注指定点相对于坐标原点的 X 坐标或 Y 坐标。

2. 命令位置

单击功能区"注释"选项卡→"标注"面板→下方的箭头→工具。

3. 操作

命令:_dimordinate

指定点坐标:点∠

指定引线端点或[X 基准(X)/Y 基准(Y)/多行文字(M)/文字(T)/角度(A)]:点∠或某选项∠

4. 说明

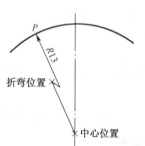

图 5-38　折弯半径标注示意

(1)X 基准:标注选定点相对于坐标原点的 X 坐标。

(2)Y 基准:标注选定点相对于坐标原点的 Y 坐标。

(3)其他选项的含义及操作同前述尺寸标注命令的相同选项。

5.3.9 折弯半径标注(Dimjogged)命令

1. 功能

标注形式如图 5-38 所示。

2. 命令位置

单击功能区"注释"选项卡→"标注"面板→下方的箭头→工具按钮。

3. 操作

命令：_dimjogged

选择圆弧或圆：选择一个圆弧或圆↙

指定图示中心位置：输入一点↙

标注文字＝〈系统测量值〉

指定尺寸线位置或［多行文字(M)/文字(T)/角度(A)］：点 P↙

指定折弯位置：输入一点↙

5.3.10　等距标注(Dimspace)命令

1. 功能

将一组间距不等，按基线方式标注的长度尺寸或角度尺寸转换为基线型标注，或将一组不在一条线上，连续方式标注的长度尺寸或角度尺寸转换为连续型标注，如图 5-39 所示。

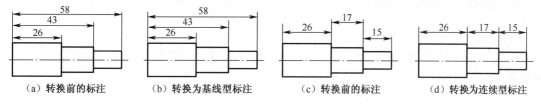

（a）转换前的标注　　（b）转换为基线型标注　　（c）转换前的标注　　（d）转换为连续型标注

图 5-39　等距标注命令

2. 命令位置

单击功能区"注释"选项卡→"标注"面板→⬚工具按钮。

3. 操作

命令：_dimspace

选择基准标注：选择长度为 58 的尺寸↙

选择要产生间距的标注：依次选中其余两个尺寸↙

选择要产生间距的标注：↙(此提示反复出现，直到用空回车响应)

输入值或［自动(A)］＜自动＞：↙或输入尺寸线之间的距离↙

4. 说明

(1)在"输入值或［自动(A)］＜自动＞："提示下，当输入的相邻两尺寸线的间距值为零时，所选中的一组尺寸转换为连续型尺寸标注。自动指间距采用标注样式中的设置参数。

(2)"基准标注"尺寸的位置保持不变，其余尺寸均以基准标注尺寸为参照调整各自的位置。所以，一般情况下，应选取最外层的尺寸作为基准标注尺寸。

5.3.11　折弯线性标注(Dimjogline)命令

1. 功能

在长度尺寸的尺寸线上添加折弯部分，如图 5-40 所示。

2. 命令位置

单击功能区"注释"选项卡→""标注面板→⎁工具按钮。

3. 操作

命令：_dimjogline

选择要添加折弯的标注或［删除(R)］：选择一个已标注的长度尺寸↙

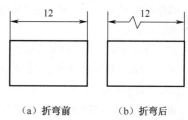

（a）折弯前　　（b）折弯后

图 5-40　线性尺寸折弯标注

指定折弯位置(或按 ENTER 键):输入一点↙ 或↙

4. 说明

(1)以空回车响应"指定折弯位置"的提示,选择尺寸时的选择点作为折弯位置。

(2)该命令只对长度尺寸("线性标注"和"对齐标注"命令标注的尺寸)有效。折弯的大小是在设置尺寸标注样式时确定的。

5.4 尺寸的编辑和修改

通过"特性"面板也可以编辑和修改尺寸标注。双击需编辑的尺寸,或选中需编辑的尺寸后再单击鼠标右键,在弹出的快捷菜单中选择"特性"选项打开"特性"面板。"特性"面板的使用参见 4.3.8。本节仅介绍"编辑标注"、"编辑标注文字"、"标注更新"等 4 条命令。

5.4.1 编辑标注(Dimedit)命令

1. 功能

使尺寸界线倾斜(图 5-41)或修改尺寸文字、恢复尺寸文字的定义位置、改变尺寸文字的倾斜角度。

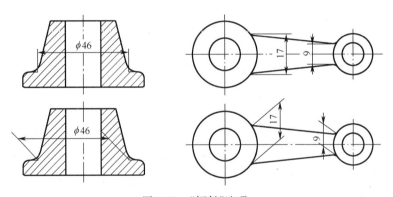

图 5-41 "倾斜"选项

2. 命令位置

单击功能区"注释"选项卡→"标注"面板下方的向下箭头→ H 工具按钮。

3. 操作

命令:_dimedit

输入标注编辑类型[默认(H)/新建(N)/旋转(R)/倾斜(O)]<默认>:o

选择对象:选择需要倾斜尺寸界线的尺寸↙

选择对象:↙

输入倾斜角度(按 ENTER 表示无):输入尺寸界线的倾斜角度↙ 或↙

命令:单击右键通过快捷菜单输入"重复 DIMEDIT(R)"命令

命令:_DIMEDIT

输入标注编辑类型[默认(H)/新建(N)/旋转(R)/倾斜(O)]<默认>:↙ 或某选项↙

4. 说明

(1)单击 H 工具输入的是"编辑标注"命令中的"倾斜"选项,所以命令行提示直接跳到"倾斜"选项下,待命令结束后,空回车或单击鼠标右键通过快捷菜单选择重复的 dimedit 命令,需根据提示选择提示中的相关选项。

(2)"默认"选项,使已经改变了位置的尺寸文字恢复到尺寸标注样式定义的位置。

(3)"新建"选项,修改已标注尺寸的尺寸数值。选择该选项后,显示"文字格式"文字编辑器,用来修改尺寸数值,输入新的尺寸数值后,选择需要修改的尺寸对象即可。

(4)"旋转"选项,使尺寸文字按指定的角度旋转。根据提示先设置旋转角度,再选择要修改的尺寸对象。

(5)"倾斜"选项,使尺寸界线按指定的角度倾斜。根据提示先选择要倾斜的尺寸对象,再设置倾斜角度。

5.4.2　编辑标注文字(Dimtedit)命令

1. 功能

编辑、修改尺寸文字相对于尺寸线的位置和倾斜角度。

2. 命令位置

单击功能区"注释"选项卡→"标注"面板下方的箭头→工具按钮,四个工具按钮分别对应于"角度(A)"、"左对齐(L)"、"居中(C)"、"右对齐(R)"四个选项。

3. 操作

命令:_dimtedit

选择标注:选择某一尺寸↙

为标注文字指定新位置或[左对齐(L)/右对齐(R)/居中(C)/默认(H)/角度(A)]:点↙或某选项↙

5.4.3　标注更新(Dimstyle)命令

1. 功能

将所选尺寸的尺寸变量按当前标注样式的设置更改。还可通过提示中的选项变换当前标注样式。

2. 命令位置

单击功能区"注释"选项卡→"标注"面板→工具按钮。

3. 操作

命令:_dimstyle

当前标注样式:ISO-25　注释性:否

输入标注样式选项[注释性(AN)/保存(S)/恢复(R)/状态(ST)/变量(V)/应用(A)/?]<恢复>:↙或某选项↙

4. 说明

(1)"注释性"选项,创建注释性标注样式。后续提示为:

创建注释性标注样式[是(Y)/否(N)]<是>:↙或否↙(空回车)

输入新标注样式名或[?]:输入新标注样式的名称↙

输入标注样式选项[注释性(AN)/保存(S)/恢复(R)/状态(ST)/变量(V)/应用(A)/?]<恢复>:↙或某选项↙(该提示反复出现)

(2)"保存"选项,将当前尺寸变量的设置作为新标注样式命名保存。后续提示要求输入新标注样式名。

（3）"恢复"选项，可将某一标注样式设为当前标注样式，或选择某一尺寸将该尺寸使用的标注样式作为当前标注样式。

（4）"状态"选项，执行该选项，系统切换到文本窗口，以显示各尺寸变量及其当前设置。

（5）"变量"选项，执行该选项，系统切换到文本窗口，以显示指定尺寸标注样式或指定的尺寸对象的各尺寸变量及其当前设置。

5.4.4　替代（Dimoverride）命令

1. 功能

临时修改与当前尺寸标注相关的尺寸变量并按修改后的变量值修改所选尺寸，而且不影响当前标注样式中尺寸变量的设置。

2. 命令位置

单击功能区"注释"选项卡→"标注"面板下方的向下箭头→⬐工具按钮。

3. 操作

命令：DIMOVERRIDE
输入要替代的标注变量名或［清除替代（C）］：输入需修改的尺寸变量名↙
输入标注变量的新值＜1.2500＞：输入新变量值↙
输入要替代的标注变量名：↙
选择对象：选择尺寸对象↙

5.5　多重引线

工程图样中的多重引线一般由箭头、引线、基线、文字（或块）四部分组成，如图 5-42 所示。

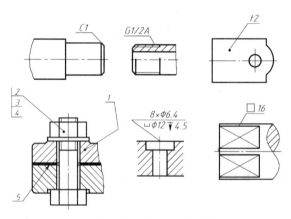

图 5-42　多重引线在工程图样中的应用

标注多重引线之前也要像标注尺寸一样，应首先设置多重引线样式。单击功能区"注释"选项卡→"引线"面板右下方的箭头 ◥；或单击功能区"常用"选项卡→"注释"面板下方的向下箭头→ 🔧工具按钮，打开"多重引线样式管理器"对话框，如图 5-43 所示。在列表框中选择某一多重引线样式后，单击鼠标右键，在弹出的快捷菜单中选择相应的选项可将选中的表格样式置为当前、重新命名或删除。多重引线样式管理器的预览框中将实时反映标注样式的更改情况。单击"新建"、"修改"按钮均打开"修改多重引线样式"对话框，对话框中各选项的含义与操作如下。

5.5.1　新建或修改多重引线样式

单击"新建"按钮，弹出"创建新多重引线样式"对话框（图略），在"新样式名"文本框中输入新建多重引线样式的名称，"副本 Standard"是所建新样式的系统默认名称，建议修改为有一定

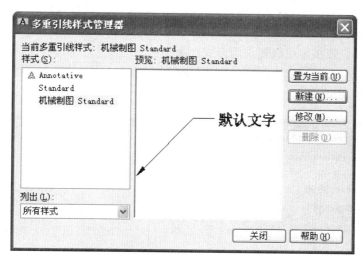

图 5-43　多重引线样式管理器对话框

含义的名称，本书设置为"机械制图 Standard"。"基础样式"的含义同尺寸标注样式。勾选"注释性"复选框使标注样式具有注释性(关于注释性请参看 12.2)。

单击"修改"按钮即进入"修改多重引线样式"对话框。对话框中有"引线格式"、"引线结构"、"内容"3 个选项卡。

1."引线格式"选项卡(图 5-44)

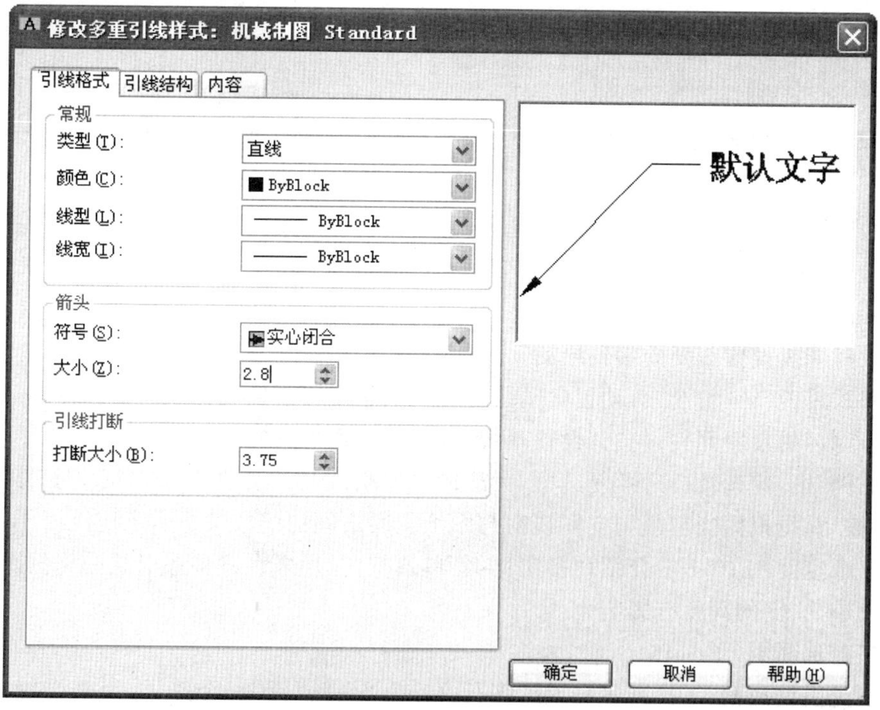

图 5-44　修改多重引线样式"引线格式"对话框

(1)"常规"区，在"类型"下拉列表框中选择设置多重引线的类型，其中包含"直线"、"样条曲线"、"无"三个选项；颜色、线型和线宽下拉列表框中的默认值均为"ByBlock(随块)"，当多重引线的特性设为"随层"时,多重引线的箭头、引线、基线、文字的颜色、线型和线宽与引线所处的图层保持一致。因此,没有特殊要求,不修改这三个下拉列表中的值。

(2)"箭头"区,设置多重引线箭头的形式和大小。

(3)"引线打断"区,控制用打断标注命令打断多重引线时的断开间距。

2."引线结构"选项卡(图5-45)

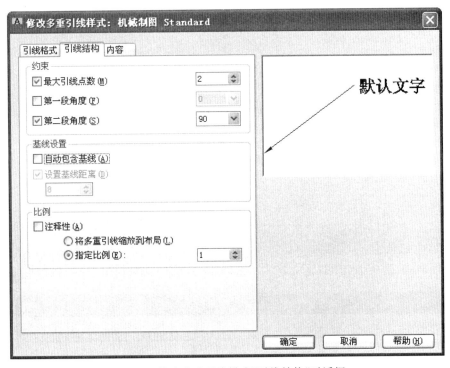

图5-45　修改多重引线样式"引线结构"对话框

(1)"约束"区,其中"最大引线点数"复选框,用来设置组成多重引线折线段的顶点数,勾选该复选框后,在其右侧的列表框中选择;"第一段角度"和"第二段角度"复选框,用来设置多重引线的第一段(即有箭头的引线段)和第二段的角度。勾选复选框并设置了角度,引线的第一段和第二段只能按设置角度的倍数绘制。

(2)"基线设置"区,勾选"自动包含基线"复选框,基线属于多重引线文字内容的一部分,与"最大引线点数"的设置无关;勾选"设置基线距离"复选框可设置基线的长度。

(3)"比例"区,勾选"注释性"复选框,标注的多重引线是注释性对象;"将多重引线缩放到布局"单选按钮,指根据当前模型空间视窗与图纸空间之间的缩放关系确定比例因子。有关模型空间和图纸空间在10.1中介绍;"指定比例"单选按钮,用来设置多重引线的比例因子,对引线箭头的大小、文字的高度有影响。

3."内容"选项卡(图5-46)

(1)"多重引线类型"下拉列表框,有"多行文字"、"块"、"无"三个选项,用来设置多重引线文字内容的类型,该选项卡的内容随此列表框中的选项不同而变化。图5-46是选择"多行文字"时,选项卡的内容。

(2)"文字选项"区:用来设置引线文字的外观。单击"默认文字"文本框右侧的按钮,即打

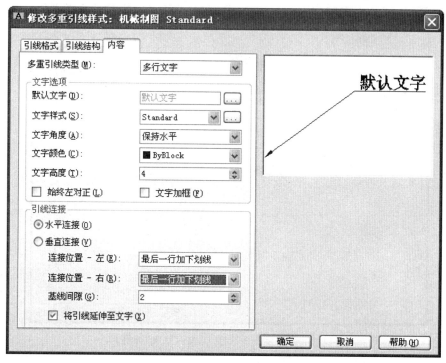

图 5-46 修改多重引线样式"内容"(多行文字)对话框

开多行文字编辑器输入默认文字,并显示在"默认文字"文本框中。输入默认文字后,使用多重引线命令标注多重引线时,命令行会增加提示:

　　覆盖默认文字[是(Y)/否(N)]〈否〉:

确认是否在多重引线标注中使用默认文字。其他选项与文字样式的设置相同。

(3)"引线连接"区,"连接位置-左(右)"下拉列表框:共有 9 种选项,控制引线文字在引线的左(右)侧时,引线文字与基线的相对位置,如图 5-47(a)所示;"基线间隙":选项,控制引线文字与基线之间的距离,如图 5-47(b)所示。

图 5-47 多重引线的文字与基线的相对位置

4."内容(块)"选项卡

"多重引线类型"下拉列表框:选择"块"时,"内容"选项卡如图 5-48 所示。

(1)"源块"下拉列表框:用来设置"块"的内容,若选择"用户块"选项可使用自己定义的块。

(2)"附着"下拉列表框:控制"块"附着到多重引线的方式。有"插入点"和"中心范围"两个选项。机械制图中,装配图的序号选"插入点"选项;土木建筑制图中的详图符号选"中心范围"选项。

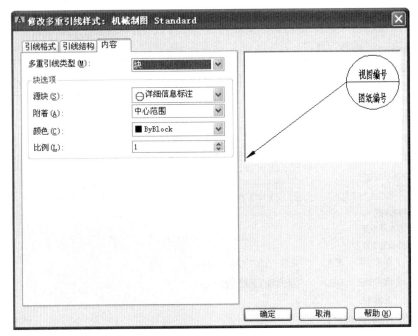

图 5-48　修改多重引线样式"内容"(块)选项卡

5.5.2　多重引线标注(Mleader)命令

1. 功能

标注多重引线。

2. 命令位置

单击功能区"常用"选项卡→"注释"面板或"注释"选项卡→"引线"面板→ 工具按钮。

3. 操作

命令:_mleader
指定引线箭头的位置或[引线基线优先(L)/内容优先(C)/选项(O)]<选项>:拾取点↙或某选项↙
指定下一点:拾取点↙
指定引线基线的位置:拾取点↙

4. 说明

(1)"指定引线箭头的位置"选项,是默认选项,指定箭头的起点,即先画引线,然后根据多重引线样式的设置,输入引线和基线的端点后,系统自动打开多行文字编辑器,供用户输入引线所需的文字内容。

(2)"引线基线优先"选项,先画基线,后画引线,指定基线起点后,上下、左右移动光标确定引线连接在基线的哪一端,然后根据多重引线样式的设置,输入引线的端点后,系统自动打开多行文字编辑器,供用户输入引线所需的文字内容。

(3)"内容优先"选项,先输入文字内容,同时确定基线位置,上下、左右移动光标确定基线在文字内容的哪一侧,最后根据多重引线样式的设置画引线。

(4)"选项",可对多重引线样式的设置作临时修改,后续提示:

输入选项[引线类型(L)/引线基线(A)/内容类型(C)/最大节点数(M)/第一个角度(F)/第二个角度

(S)/退出选项(X)]＜退出选项＞:

5.5.3　添加、删除多重引线命令

1. 功能

为已标注好的多重引线添加引线(图 5-49),或删除某条引线。

图 5-49　添加多重引线

2. 命令位置

单击功能区"常用"选项卡→"注释"面板 按钮右侧的箭头→ 或单击功能区"注释"选项卡→"引线"面板→ (添加)/ (删除)工具按钮。

3. 操作

命令:执行添加引线的命令,提示为:

选择多重引线:<u>选择引线标注</u>↙

选择新引线线段的下一个点或[删除引线(R)]:<u>输入点</u>↙或 <u>R</u>↙

指定引线箭头的位置:<u>输入箭头的起点</u>↙

命令:执行删除引线的命令,提示为:

选择多重引线:<u>选择引线标注</u>↙

指定要删除的引线或[添加引线(A)]:

4. 说明

选择某一多重引线后,后续的提示反复出现,所以可以添加或删除多条引线。

5.5.4　对齐多重引线(Mleaderalign)命令

1. 功能

使标注的多个多重引线按指定的方式分布。

2. 命令位置

单击功能区"常用"选项卡→"注释"面板 按钮右侧的箭头→ 或单击"注释"选项卡→"引线"面板→ 工具按钮。

3. 操作

命令:_mleaderalign

选择多重引线:<u>选择多重引线</u>↙(提示反复出现直到用空回车响应)

当前模式:使用当前间距

选择要对齐到的多重引线或[选项(O)]:<u>选择某一多重引线</u>↙或 <u>O</u>↙

指定方向:<u>点</u>↙或<u>输入角度值</u>↙

4. 说明

(1)选择了要对齐的多重引线后,后续的提示为"指定方向",此时,移动光标在选择的多重引线间会显示连接多重引线的皮筋,到合适位置后拾取即可。也可输入某一角度指示多重引线的对齐方向。

(2)"选项"的下一级提示:

输入选项[分布(D)/使引线线段平行(P)/指定间距(S)/使用当前间距(U)]＜使用当前间距＞:

输入的选项不同,后续提示也不同,下面仅说明各选项的含义。

①"分布"选项:指定两点,使所选多重引线的文字内容按两点间距离,等距离分布,如图

5-50(b)所示。

②"使引线线段平行"选项：使所选多重引线的初段引线相互平行，如图 5-50(c)所示。

③"指定间距"选项：指定一个间距值后，使所选的两个或几个多重引线的文字内容按指定的间距分布，如图 5-50(d)所示。

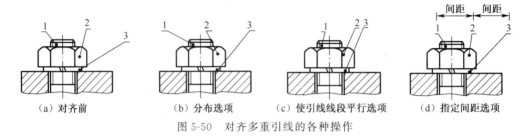

（a）对齐前　　　　（b）分布选项　　　（c）使引线线段平行选项　　（d）指定间距选项

图 5-50　对齐多重引线的各种操作

④"使用当前间距"选项：使所选的两个多重引线的文字内容按指定的间距分布，如图 5-51 所示。

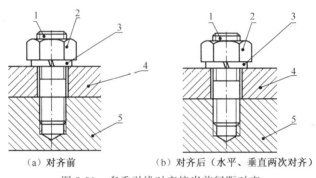

（a）对齐前　　　　　　　（b）对齐后（水平、垂直两次对齐）

图 5-51　多重引线对齐按当前间距对齐

5.5.5　合并多重引线（Mleadercollect）命令

1. 功能

所选多重引线的文字内容必须是块，使多个多重引线的块集中在同一条基线上，如图 5-52 所示。

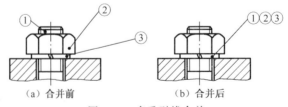

（a）合并前　　　　　　　（b）合并后

图 5-52　多重引线合并

2. 命令位置

单击功能区"常用"选项卡→"注释"面板 按钮右侧的箭头→ 或单击功能区"注释"选项卡→"引线"面板→ 工具按钮。

3. 操作

命令：_mleadercollect

选择多重引线:

指定收集的多重引线位置或[垂直(V)/水平(H)/缠绕(W)]<当前选项>:<u>输入点↙或某选项↙</u>(输入一点即指定了合并位置)

5.5.6 组合体三视图尺寸标注举例

以图 5-53 所示的三视图为例,说明组合体三视图的尺寸标注过程。

1. 建立尺寸标注样式

参照本章 5.2.3"设置符合机械制图国家标准的标注样式"的内容,分别建立"机械制图 ISO-25"主标注样式和"直径、半径、角度"三个子标注样式。

2. 标注尺寸

单击功能区"注释"选项卡→"标注"面板中的→"样式"工具栏,将"机械制图 ISO-25"标注样式置为当前标注样式。

首先标注图中所有的线性尺寸,再标注直径和半径尺寸。

3. 修改尺寸

主视图中的"$\phi 30$、$\phi 16$ 和 $\phi 20$"均按线性尺寸标注(即尺寸数字前不带前缀符号"ϕ"),修改方法如下。

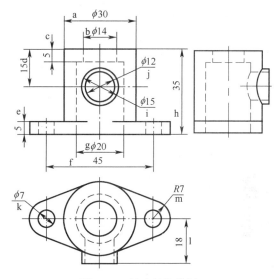

图 5-53 尺寸标注举例

单击应标注为 $\phi 30$ 实则标注为 30 的尺寸,在打开的"快捷特性"面板中的"文字替代"文本框中输入"％％C30"[图 5-54(a)],即可将尺寸数值修改为"$\phi 30$"。若"特性"窗口是打开的单击应标注为"$\phi 30$"的尺寸,在弹出的"特性"窗口中拖动其左侧的滚动条至"主单位"面板,在"标注前缀"文本框中输入"％％C"[图 5-54(b)],也可将尺寸数值修改为"$\phi 30$"。若双击应标注为"$\phi 30$"的尺寸,会弹出"文本编辑器",将尺寸数值直接修改为"$\phi 30$"即可。

(a)快捷"特性"对话框　　　　　　　　　　　(b)"特性"面板

图 5-54 添加前缀符号"ϕ"

5.6 绘 制 表 格

在 AutoCAD 2013 中不必用直线命令绘制表格，可以使用表格命令在图形中插入表格，还可以将 Microsoft Excel 或其他应用程序的表格通过复制、粘贴插入到 AutoCAD 图形中。此外，还可将 AutoCAD 中的表格数据输出到 Microsoft Excel 或其他应用程序中。本节介绍 AutoCAD 设置表格样式、插入表格、编辑修改表格的相关命令。

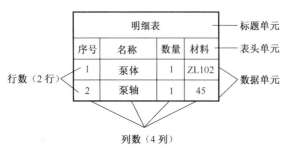

图 5-55　表格的各部分名称

在 AutoCAD 中创建表格前应先设置表格样式，以确定表格的基本属性（如行数、列数、单元格的对齐方式等），AutoCAD 的表格形式和各部分名称，如图 5-55 所示。

5.6.1　设置表格样式

单击功能区"注释"选项卡→"表格"面板右下方的箭头 ，或单击功能区"常用"选项卡→"注释"面板下方的箭头→ 工具按钮，打开"表格样式"对话框，如图 5-56 所示。其中的预览框中将实时反映表格样式的更改情况。在列表框中选择某一表格样式后单击鼠标右键，在弹出的快捷菜单中选择相应的选项可将选中的表格样式置为当前、重新命名或删除。

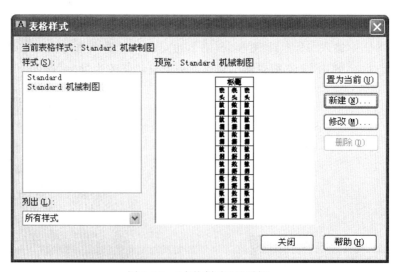

图 5-56　"表格样式"对话框

1. 新建表格样式

单击"新建"按钮，弹出"创建新的表格样式"对话框（图略），在"新样式名"文本框中输入新建表格样式的名称，"Standard 副本"是所建新样式的系统默认名称，建议修改为有一定含义的名称,本书设置为"Standard 机械制图"。"基础样式"的含义同尺寸标注样式。单击"继续"按钮进入"新表格样式"对话框,如图 5-57 所示。

图 5-57　"新建表格样式"对话框

(1)"起始表格"区,单击 按钮,可选取一个已有的与新表格的形式接近的表格作为创建新表格样式的起始表格,这样用户仅对起始表格稍作修改即可创建新表格样式,从而减少设置表格样式的工作量。若要重新指定起始表格必须单击 按钮,删除先选的起始表格才能重新指定新的起始表格。

(2)"表格方向"下拉列表框,选择"向下"选项,表格的标题单元行和表头单元行在表格的上方;选择"向上"选项,表格的标题单元行和表头单元行在表格的下方。

(3)"单元样式"区中的下拉列表框,有"数据"、"标题"、"表头"三个选项,分别用来设置表格单元的格式。

(4)"常规"选项卡

①"特性"区:用来设置表格单元的填充颜色、对齐(文字对齐方式)等特性。

②"页边距"区:用来设置表格单元中的文字与表格单元边框的距离。

(5)"文字"选项卡,设置表格单元中的文字样式、高度、颜色和旋转角度等特性。

(6)"边框"选项卡,用于设置表格边框的显示特性,如边框的线宽、线型、颜色和间距等特性。

2. 将表格样式置为当前以及修改表格样式

在样式列表中选择某一表格样式,然后单击"修改"按钮打开与"新建表格样式"对话框仅是标题不同其中内容完全相同的"修改表格样式"对话框;单击"置为当前"按钮,将所选表格样式置为当前。

5.6.2 创建表格

单击功能区"注释"选项卡→"表格"面板的 ▦ 工具按钮或单击功能区"常用"选项卡→"注释"面板的 ▦ 工具按钮,打开"插入表格"对话框,如图 5-58 所示。

1."表格样式"下拉列表框

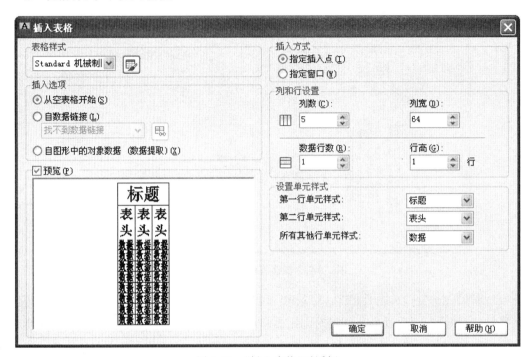

图 5-58 "插入表格"对话框

单击下拉列表框,从中选择置为当前的表格样式,也可以单击列表框右侧的 ▨ 按钮,创建新的表格样式。

2."插入选项"区

选择"从空表格开始"单选按钮创建一个空白表格;选择"自数据链接"单选按钮,通过从外部导入的数据来创建表格;选择"自图形中的对象数据"单选按钮,从输出到表格或外部文件的图形中提取数据创建表格。

3."插入方式"区

选择"指定插入点"单选按钮,在绘图窗口中指定一点作为插入点,插入固定大小的表格;选择"指定窗口"单选按钮,在绘图窗口中,拖动表格的边框可创建任意大小的表格。

4."行和列设置"区

设置表格的行数、列数、行高和列宽。带有标题和表头的表格最少应该有三行;以毫米为单位设置"列宽";而"行高"则由文字高度和页边距综合决定,文字高度和页边距在表格样式中设置。

5."设置单元样式"区

创建表格样式时,若不选择起始表格,该对话框中才有此区,用来设置新表格的单元格式。图 5-58 显示的是默认情况,即第一行单元样式选择"标题"选项,第二行单元样式选择"表头"

选项,所有其他行单元样式选择"数据"选项。若表格不需要标题和表头,则第一行单元样式和第二行单元样式都应选择"数据"选项。

创建表格样式时,若选择了起始表格,该对话框中的此区为"表格选项",用来设置新表格中将保留起始表格的哪些特性,通过"标签单元文字"、"数据单元文字"、"块"、"保留单元样式替代"、"数据链接"、"字段"、"公式"七个复选框设置需保留的表格特性。

5.6.3 表格的编辑与修改

编辑表格时,首先要选择表格或单元。单击表格中的任意一条表格线即可选中整个表格;单击表格某一单元的空白处可以选择该单元;选择某一单元后,按住【Shift】键单击另一单元,可同时选中以这两个单元为对角点的所有单元;在单元内按住鼠标左键移动,当松开鼠标左键时,光标带动的虚线框所掠过的单元均被选中。

表格	▼
图层	0
表格样式	Standard
方向	向下
表格宽度	306.3644
表格高度	29

图 5-59 表格快捷特性对话框

1. 编辑修改表格

单击表格中的任意一条表格线选中整个表格,同时打开"快捷特性"面板,可修改的内容如图 5-59 所示。

2. 编辑修改表格单元

单击表格某一单元的空白处选择该单元,AutoCAD 绘图窗口的功能区转换为"表格单元"编辑器(图 5-60),可完成表格编辑的各种操作,如插入行(列)、删除行(列)、合并单元格等。具体操作与"Word"中的表格编辑类似,故此处不再详述。

图 5-60 表格单元编辑器

3. 编辑修改表格数据

双击表格某一单元的空白处,AutoCAD 绘图窗口的功能区转换为"文字"编辑器(图 5-8),可完成表格数据的各种编辑操作。

另外利用夹点和右键快捷菜单也可编辑和修改表格。

5.6.4 创建工程图样中的标题栏

以图 5-61 所示的标题栏为例,演示在 AutoCAD 中创建表格的一般过程。

1. 定义表格的文字样式

单击功能区"常用"选项卡→"注释"面板下方的箭头→ 工具按钮,打开"文字样式"对话

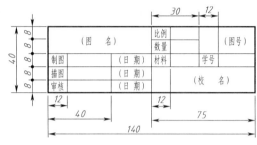

图 5-61　标题栏

框,设置标题栏的文字样式,方法请参考本章 5.1 中的例 5-1。

2. 创建表格样式

单击功能区"常用"选项卡→"注释"面板下方的箭头→工具按钮,创建名为"标题栏"的表格样式。在"新建表格样式"对话框的"常规"选项卡中,设置"对齐"下拉列表框的参数为"正中",文本框页边距的水平和竖直间距值均设置为"0"(才能调整行高和列宽),如图 5-57 所示。在"文字"选项卡中,将"文字样式"设置为"汉字"。其他参数不作修改。

3. 创建表格

单击功能区"常用"选项卡→"注释"面板工具,打开"插入表格"对话框,在其中"表格样式"下拉列表框中将名为"标题栏"的表格样式置为当前样式,"列数"设为 6,"列宽"设为 12(图 5-61 中标题栏的最小列宽),"行数"设为 3(加上标题行和表头行共 5 行),"行高"设为 1。在"设置单元样式"区,将"第一行单元样式"、"第二行单元样式"和"所有其他行单元样式"均设为"数据"。单击"确定"按钮后,在绘图窗口创建了图 5-62 所示的表格。

4. 修改表格参数

(1)调整行高,选中整个表格后,单击鼠标右键,在弹出的快捷菜单中选择"均匀调整行大小选项",使表格的各行高度相等;在打开的快捷"特性"对话框中,查看"表格高度"是否是 40。

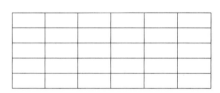

图 5-62　标题栏的初始形式

(2)调整各列的宽度,第一列的列宽符合要求,因此从第二列开始调整列宽度。双击表格中的任意一条表格线,打开"特性"面板,由于选中的是整个表格,所以按下【Esc】键退出表格的选择。然后单击第二列任意单元的空白处选中该单元,在"特性"面板中将"单元宽度"设为 28;依次单击需要修改单元列宽的任意单元,按图 5-62 所给的相应参数调整各列的列宽。调整完毕的表格如图 5-63 所示。

(3)合并部分单元,在第一行、第一列的表格单元内按下鼠标左键不放,拖动鼠标光标至第二行、第三列的表格单元再放开鼠标左键,表格中左上角的 6 个表格单元均被选中,然后单击"表格单元"编辑器中的按钮,在弹出的快捷菜单中选择"合并

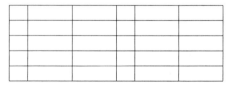

图 5-63　调整了行高和列宽的标题栏

全部"选项,即将所选的 6 个表格单元合并。合并完成后的表格如图 5-64 所示。

(4)输入表格数据(即标题栏中的文字),双击要添加文字信息的表格单元,AutoCAD 绘图窗口的功能区转换为"文字"编辑器(图 5-8),用来输入表格单元中的相应文字信息,最终完成图 5-61 所示的标题栏。

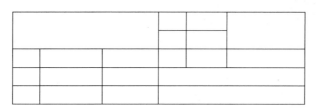

图 5-64　合并后的表格

5.7　思考与上机实践

1. 绘制图 5-65、图 5-66 所示的视图并标注尺寸。

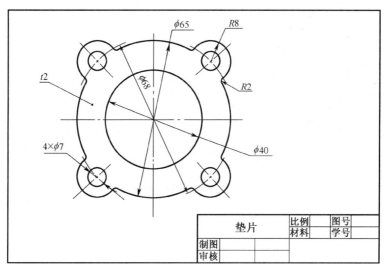

图 5-65　上机实践 1

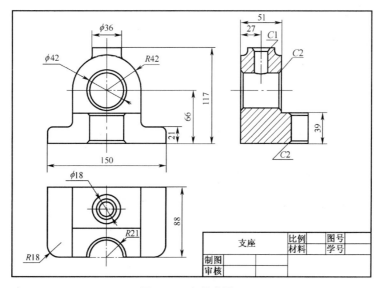

图 5-66　上机实践 2

2. 绘制图 5-67 所示的视图并补画其左视图及标注尺寸。

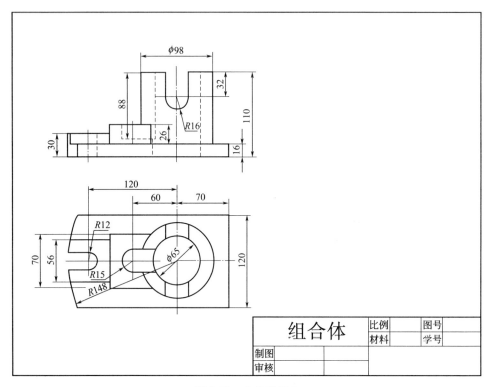

图 5-67 上机实践 3

第6章 绘制剖视图和断面图

6.1 多段线的绘制

6.1.1 多段线（Pline）命令

1. 功能

多段线是由直线段和圆弧段组成的逐段相连的单一对象，可以整体编辑，也可以分段编辑。既可以有统一线宽，也可以有不同线宽，而且同一线段也可以有不同的线宽，如图 6-1 所示。用"矩形"、"正多边形"和"圆环"等命令绘制的图形都属于多段线对象。

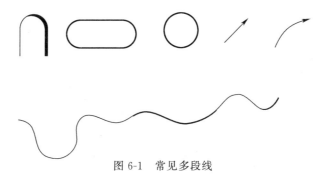

图 6-1 常见多段线

2. 命令位置

单击功能区"常用"选项卡→"绘图"面板中的 ⤴ 工具按钮。

3. 操作

命令:_pline

指定起点:<u>输入点</u>✓ （指定多段线的起点）

当前线宽为 0.0000

指定下一个点或[圆弧（A）/半宽（H）/长度（L）/放弃（U）/宽度（W）]:<u>输入点✓或某选项✓</u>

指定下一点或[圆弧（A）/闭合（C）/半宽（H）/长度（L）/放弃（U）/宽度（W）]:<u>输入点✓或某选项✓</u>

4. 说明

（1）"指定下一个点"为默认选项，该提示反复出现，类似于"直线"命令。

（2）"半宽（H）"选项，指定多段线的起点半宽和端点半宽，如图 6-2（a）所示，即多段线的宽度是输入值的 2 倍。后续提示为：

指定起点半宽<2.5000>:<u>输入起点半宽✓</u> （起点半宽将作为端点半宽的默认值）

指定端点半宽<2.5000>:<u>输入端点半宽✓</u> （端点半宽将作为下一段线的起点半宽默认值）

（3）"长度（L）"选项，按指定的长度绘制直线段。若前一段线是直线，按指定长度绘制前段直线的延长线；若前一段线是圆弧，则按指定长度绘制前段圆弧端点的切线。

（4）"放弃（U）"选项，取消上一次操作。

（5）"宽度（W）"选项，指定多段线的起点宽度和端点宽度。后续提示为：

指定起点宽度<10.0000>:输入起点宽度↙ （起点宽度将作为端点宽度的默认值）

指定端点宽度<10.0000>:输入端点宽度↙ （端点宽度将作为下一段线的起点宽度默认值）

起点宽度和端点宽度不同时，绘制锥度线段，如图 6-2（b）所示。通过 FILL 命令设置具有宽度的多段线填充与否，若设置为"开（ON）"（默认设置），多段线按宽度填充（图 6-2），否则不填充。

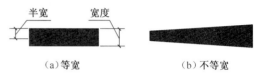

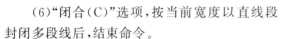

（a）等宽　　　　　　（b）不等宽

图 6-2　多段线的宽度

（6）"闭合（C）"选项，按当前宽度以直线段封闭多段线后，结束命令。

（7）"圆弧（A）"选项，由绘制直线方式切换到绘制圆弧方式。后续提示为：

指定圆弧的端点或［角度（A）/圆心（CE）/闭合（CL）/方向（D）/半宽（H）/直线（L）/半径（R）/第二个点（S）/放弃（U）/宽度（W）］:

各选项含义如下：

①"指定圆弧的端点"为默认选项。绘制与前一段线段（直线或圆弧）相切的圆弧。

②"角度（A）"：指定圆弧的圆心角。画弧方向取决于圆心角的正或负，后续提示与"圆弧"命令的相应选项相同。

③"圆心（CE）"：指定圆弧的圆心位置。

④"闭合（CL）"：按当前宽度以圆弧段封闭多段线后，结束命令。

⑤"方向（D）"：以当前点的切线方向绘制圆弧。后续提示同"圆弧"命令的相同选项。

⑥"半宽（H）"：设置圆弧起点的半宽和端点的半宽。

⑦"直线（L）"：切换到绘制直线方式。

⑧"半径（R）"：指定圆弧的半径。后续提示同"圆弧"命令的相同选项。

⑨"第二个点（S）"：相当于采用"圆弧"命令中的三点方式绘制圆弧。

⑩"放弃（U）"：取消上一次操作。

⑪"宽度（W）"：设置圆弧的起点宽度和端点宽度。

6.1.2　多段线编辑（Pedit）命令

1. 功能

针对多段线的特性编辑和修改多段线。如：将"直线"或"圆弧"命令绘制的线段转换为多段线；修改整条多段线的宽度或单独修改其中某一段的宽度；将多段线转换为一条拟合曲线或样条曲线等。

2. 命令位置

单击功能区"常用"选项卡→"修改"面板中的向下箭头→ ✍ 工具按钮。

3. 操作

命令:_pedit

选择多段线或［多条（M）］:选择对象↙ 或 M↙

若所选对象是多段线直接到"输入选项"提示下。若所选对象不是多段线则有以下提示：

选定的对象不是多段线

是否将其转换为多段线？ <Y>↙ 或 N↙

以空回车响应,所选对象转换为多段线到"输入选项"提示下。以"N"响应,所选对象作废,命令行提示用户重新选择对象。

输入选项[闭合(C)/合并(J)/宽度(W)/编辑顶点(E)/拟合(F)/样条曲线(S)/非曲线化(D)/线型生成(L)/反转(R)/放弃(U)]:

4. 说明

(1)"闭合(C)"选项,使所选多段线闭合,如图 6-3 所示。如果所选多段线是闭合的,则该选项变为"打开(O)"可将所选闭合多段线打开。

(2)"合并(J)"选项,将选中的非闭合多段线与其他对象(可以是直线、圆弧、多段线)合并成一条多段线,要连接的各相邻对象必须首尾相连,即共享一个端点。

(3)"宽度(W)"选项,为所选的整条多段线指定统一的宽度,如图 6-4 所示。

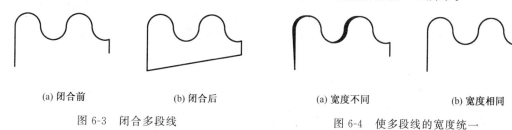

| (a) 闭合前 | (b) 闭合后 | (a) 宽度不同 | (b) 宽度相同 |

图 6-3　闭合多段线　　　　　　　　图 6-4　使多段线的宽度统一

(4)"编辑顶点(E)"选项,编辑多段线的顶点。选择该选项后,在多段线的第一个顶点处(起点)有"×"标记,后续提示为:

输入顶点编辑选项[下一个(N)/上一个(P)/打断(B)/插入(I)/移动(M)/重生成(R)/拉直(S)/切向(T)/宽度(W)/退出(X)]<N>:某选项↙

各选项含义如下:

①"下一个(N)"选项:将"×"标记移到下一个顶点处,即下一顶点为当前编辑顶点。

②"上一个(P)"选项:将"×"标记移到上一个顶点处。

③"打断(B)"选项:打断多段线,此时当前编辑顶点为第一断点,后续提示:

输入选项[下一个(N)/上一个(P)/执行(G)/退出(X)]<N>:

提示中的"下一个(N)"和"上一个(P)"选项用来选择第二断点,选择第二断点后,选择"执行(G)"选项,第一断点与第二断点之间的线段即删除;若不选择第二断点即选择"执行(G)"选项,则多段线在第一断点处("×标记处")断开。

④"插入(I)"选项:在当前编辑的顶点后面插入一个新的顶点,后续提示要求输入新顶点的位置,但新顶点只能插在当前编辑顶点与其后一顶点之间。

⑤"移动(M)"选项:将当前编辑顶点移至指定的新位置。

⑥"重生成(R)"选项:使经过编辑的多段线做一次重新生成,常在"宽度"选项之后使用。

⑦"拉直(S)"选项:将指定的两顶点间的线段拉直,即指定的两顶点间的所有顶点均被删除。此时当前编辑顶点为第一拉直点,后续提示与选项含义同"打断(B)"选项。若不选择第二拉直点直接选择"执行(G)"选项,则第一拉直点之后的线段均被拉直。

⑧"切向(T)"选项:重新指定当前编辑顶点的切线方向,以改变曲线拟合时圆弧的方向,从而得到较为理想的拟合曲线。此选项对样条曲线无效。

⑨"宽度(W)"选项:改变当前编辑顶点之后的一段线段的起点宽度和端点宽度。

⑩"退出(X)"选项:退出顶点编辑。

（5）"拟合（F）"选项，用双圆弧曲线拟合所选的多段线，生成光滑的拟合曲线，如图 6-5 所示。

（6）"样条曲线（S）"选项，用样条曲线拟合所选的多段线，生成光滑的样条曲线，如图 6-6 所示。

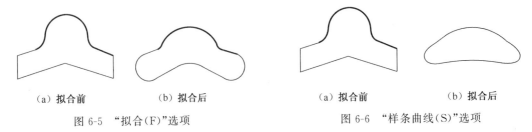

（a）拟合前　　　　（b）拟合后　　　　　　　　（a）拟合前　　　　（b）拟合后

图 6-5　"拟合（F）"选项　　　　　　　图 6-6　"样条曲线（S）"选项

（7）"非曲线化（D）"选项，将未经拟合及已经拟合后的多段线中的圆弧段变为直线段，如图 6-7 所示。

（8）"线型生成（L）"选项，控制非连续线型在多段线各个顶点处的显示状态。其后续提示只有两个选项"开（ON）"/"关（OFF）"，默认值为"关（OFF）"非连续线型在多段线各个顶点处一定是线段转折。图 6-8 是非连续线型多段线的两种显示状态的比较。

（9）"放弃（U）"选项：取消进入多段线编辑命令后所做的上一次操作。

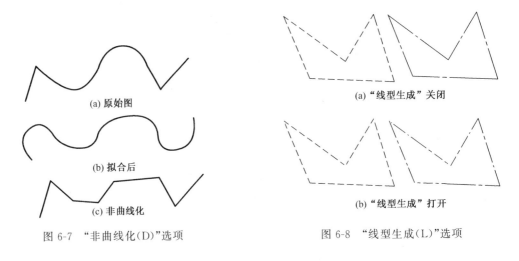

(a) 原始图

(b) 拟合后

(c) 非曲线化

图 6-7　"非曲线化（D）"选项

(a) "线型生成"关闭

(b) "线型生成"打开

图 6-8　"线型生成（L）"选项

6.2　绘制和编辑样条曲线

6.2.1　样条曲线（Spline）命令

1. 功能

样条曲线是通过输入一系列数据点绘制一条光滑曲线，称非一致有理 B 样条曲线（即 NURBS 曲线）。常用于绘制不规则的曲线。工程制图的应用中常用它绘制波浪线。该命令还可将一条以样条曲线拟合的多段线转换为 NURBS 曲线。

2. 命令位置

单击功能区"常用"选项卡→"绘图"面板中的箭头→ 〜 工具按钮。

　　3. 操作

命令:_spline

指定第一个点或[对象(O)]:<u>输入一点</u>↙或 <u>o</u>↙　　（以"O"响应,选择一条样条曲线拟合的多段线,并将其转换为 NURBS 曲线)

　　指定下一点:<u>输入一点</u>↙

　　指定下一点或[闭合(C)/拟合公差(F)]<起点切向>:<u>输入一点</u>↙或↙或某选项↙(空回车到下一级提示)

　　指定起点切向:<u>输入一点</u>↙　　（指示样条曲线起点的切线方向）

　　指定端点切向:<u>输入一点</u>↙　　（指示样条曲线端点的切线方向）

　　4. 说明

　　（1）"指定下一个点",指定样条曲线的数据点。直到以空回车响应,结束数据点的输入。后续提示要求指示样条曲线起点和端点的切线方向,如图 6-9(b)所示。

　　（2）"闭合(C)"选项,封闭样条曲线,后续提示为:

　　指定切向:<u>输入一点</u>↙　　（指示样条曲线起点同时也是端点的切线方向）

　　（3）"拟合公差(F)"选项,设置样条曲线的拟合公差,即绘制样条曲线时,绘制样条曲线的拾取点与实际样条曲线的数据点之间所允许的最大偏移距离。拟合公差不影响样条曲线的起点和端点位置。后续提示为:

　　指定拟合公差<0.0000>:<u>10</u>↙

　　默认值为 0,表示拾取点和实际样条曲线的数据点重合,若拟合公差大于 0,系统会根据拟合公差和输入的数据点重新生成样条曲线,如图 6-9(e)、(f)所示。

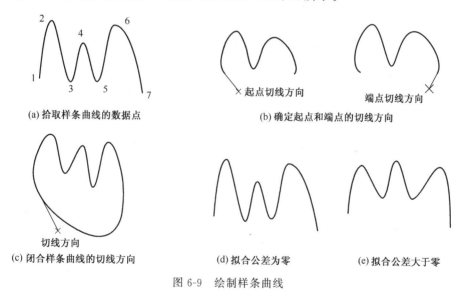

(a) 拾取样条曲线的数据点　　　　　(b) 确定起点和端点的切线方向

(c) 闭合样条曲线的切线方向　　　(d) 拟合公差为零　　　　(e) 拟合公差大于零

图 6-9　绘制样条曲线

6.2.2　编辑样条曲线（Splinedit）命令

　　1. 功能

针对 NURBS 样条曲线的特点编辑和修改样条曲线。如修改样条曲线的拟合公差、优化样条曲线的控制点、将样条曲线转换为多段线等。

　　2. 命令位置

单击功能区"常用"选项卡→"修改"面板中的向下箭头→▧工具按钮。

3. 操作

命令：_splinedit

选择样条曲线：选择一条样条曲线↙　（所选样条曲线上显示的夹点而非数据点,选择以样条曲线拟合的多段线也可）

输入选项[拟合数据(F)/闭合(C)/移动顶点(M)/优化(R)/反转(E)/转换为多段线(P)/放弃(U)]

各选项含义如下：

(1)"拟合数据(F)"选项,编辑样条曲线的各拟合点。若选择的是经样条曲线拟合的多段线则无此选项,因多段线没有样条曲线的拟合数据。后续提示为：

输入拟合数据选项

[添加(A)/闭合(C)/删除(D)/移动(M)/清理(P)/相切(T)/公差(L)/退出(X)]<退出>：

①"添加(A)"选项,为样条曲线添加新的数据点,如图 6-10(b)所示,后续提示：

指定控制点<退出>：单击要编辑的数据点↙或↙

指定新点<退出>：拾取一点↙或↙　（作为新点的位置,但只能添加在所选数据点之后）

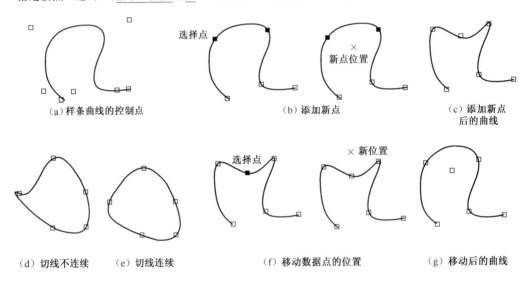

（a）样条曲线的控制点　　　（b）添加新点　　　（c）添加新点后的曲线

（d）切线不连续　　（e）切线连续　　　（f）移动数据点的位置　　（g）移动后的曲线

图 6-10　样条曲线显示夹点

②"闭合(C)"选项,闭合开式的样条曲线。如果所选样条曲线是闭合的,则选项变为"打开(O)"可将所选闭合样条曲线打开。

③"删除(D)"选项,从样条曲线中删除选中的数据点。

④"移动(M)"选项,移动样条曲线中数据点的位置,如图 6-10(f)所示。

⑤"清理(P)"选项,从图形数据库中删除样条曲线的拟合数据。执行此选项后,返回主提示下,而且主提示中不再出现"拟合数据(F)"选项。

⑥"相切(T)"选项,修改样条曲线起点和端点的切线方向。

⑦"公差(L)"选项,重新设置样条曲线的拟合公差值。

(2)"闭合(C)"选项,与"拟合数据(F)"选项中的"闭合(C)"选项相同,但执行此选项后,返回主提示下,而且主提示中不再出现"拟合数据(F)"选项。

(3)"移动顶点(M)"选项,与"拟合数据(F)"选项中的"移动(M)"选项相同,但执行此选项后,返回主提示下,而且主提示中不再出现"拟合数据(F)"选项。

（4）"优化（R）"选项，对样条曲线的控制点进行细化操作，后续提示为：

输入优化选项[添加控制点（A）/提高阶数（E）/权值（W）/退出（X）]<退出>：

各选项含义如下：

①"添加控制点（A）"选项，增加样条曲线中的控制点，后续提示为：

在样条曲线上指定点<退出>：在样条曲线上拾取一点✓

拾取点即为添加的新控制点，新控制点添加在影响此部分样条曲线的两控制点之间。

②"提高阶数（E）"选项，控制样条曲线的阶数，阶数越高控制点越多，样条曲线越光滑，AutoCAD 允许的最大阶数是 26。

③"权值（W）"选项，改变样条曲线上某一控制点的权值，权值越大该点的数据点就越接近其控制点，所以改变样条曲线上某一控制点的权值，可以调整样条曲线的弯曲程度。

（5）"反转（E）"选项，反转样条曲线的方向，即起点变成终点，终点变成起点，多用于第三方应用程序。

（6）"放弃（U）"选项，取消上一次所做的编辑操作。

（7）"退出（X）"选项，退出"样条曲线编辑"命令。

6.3　图案填充与剖面符号

6.3.1　图案填充（Bhatch）命令

1. 功能

在指定的封闭区域内填充选定的图案符号。用图案填充的方法，形象地表示或区分各个区域的范围和特征以及表示或区别构成物体的材料范围等，广泛地应用于包括工程制图在内的各个图示领域中。

2. 命令位置

单击功能区"常用"选项卡→"绘图"面板中的 ▨▾ 工具按钮，绘图区的功能区会出现"图案填充创建"选项卡，如图 6-11 所示。

图 6-11　"图案填充和渐变色"对话框

3. 图案填充创建选项卡

"图案填充创建"选项卡中各选项含义如下：

（1）边界面板

用于选择图案填充的边界。

①单击"拾取点"按钮，切换到绘图窗口，用户以拾取点的方式指定填充区域的边界。命令行有提示：

BATCH 拾取内部点或[选择对象（S）/设置（T）]：拾取一点↓或某选项↓

在需要填充的区域内任意拾取一点，AutoCAD 会自动搜索封闭区域的边界，搜索到的边界将以虚线显示。用该方式搜索边界时，若边界不封闭，则会出现"边界定义错误"警告对话框。

②单击"选择"按钮，切换到绘图窗口，用户以选择对象的方式指定填充边界。但所选图形对象必须构成封闭且独立的区域，否则将不能填充或填充不正确。选中的对象以虚线显示。

③单击"删除"按钮，从已定义的填充边界中删除某些边界对象（包括孤岛），但不能删除外部边界。

④单击"重新创建"按钮，根据选中图案填充边界外围重新创建一个多段线边界或面域。此按钮在创建图案填充时不可用，只能在编辑图案填充时使用。

⑤单击边界面板的向下箭头有两个下拉列表框"不保留边界"和"当前视口"。填充图案时，AutoCAD 会根据用户定义的填充区域临时生成一个边界。"不保留边界"是默认选项，所以图案填充操作完成后，系统自动删除这些临时边界。"保留边界——多段线"是指保留边界的对象是"多段线"，"保留边界——面域"是指保留边界的对象是"面域"。"当前视口"下拉列表框，使用当前视窗中的所有可见对象来定义边界。

（2）图案面板

单击图案面板右侧滚动条下方的向下箭头（图 6-11）可展开"图案面板"（图 6-12），拉动其右侧的滚动条可逐步显示 AutoCAD 图案库中所有预定义的"图案"，用户可在其中选择填充图案。

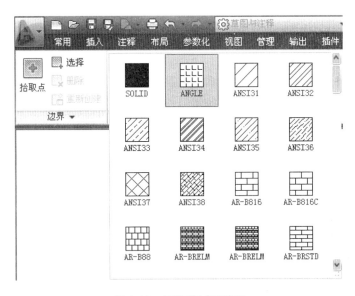

图 6-12　展开"图案面板"

（3）特性面板

用来设置图案填充的效果，如填充图案的旋转角度、比例因子、透明度和图案类型。

通过"图案"下拉列表框可设置图案的类型，有"图案"、"实体"、"渐变色"和"用户定义"4个选项，"图案面板"中显示的图案由该列表框的选项类型确定。选择某一类型后，该类型即为默认类型，系统的初始默认类型为"图案"类型。

图案下拉列表框下方的 2 个列表框用来选择图案填充和渐变色的颜色。

（4）原点面板

控制填充图案生成的起始位置。默认状态下，所有填充图案的原点均以当前 UCS 的原点为对齐点。但某些图案如砖块图案，在填充时则需与填充边界的某一点对齐，如图 6-13 所示。

①单击"设定原点"按钮，在绘图窗口拾取一点作为图案填充原点。

②单击边界面板的向下箭头有"左下"、"右下"、"右上"、"左上"、"中点"和"使用当前原点"等选项，各选项的填充效果如图 6-13 所示。其中的"存储为默认原点"选项可将设定的原点存储为默认的图案填充原点。

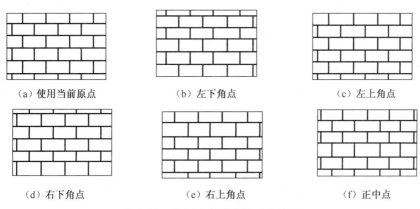

(a) 使用当前原点　　　　(b) 左下角点　　　　(c) 左上角点

(d) 右下角点　　　　(e) 右上角点　　　　(f) 正中点

图 6-13　改变图案填充原点的效果

（5）选项面板

①选中"关联"选项，已填充的图案会随填充边界的更改自动更新，如图 6-14（b）所示。图 6-14（c）所示是图案填充不关联的情况。

②选中"注释性"选项，填充的图案具有注释性（注释性的含义参考本书 12.2）。

③"特性匹配"选项使用户可选择图形中已有的填充图案作为当前填充图案。单击"特性匹配"选项的向下箭头，选择"使用当前原点"按钮，返回绘图窗口，当前填充图案继承所选对象的图案及其角度、比例、关联等特性，但不包括填充原点；选择"用源图案填充原点"按钮，返回绘图窗口，当前填充图案继承所选对象的图案及其角度、比例、关联包括填充原点等所有特性。在 AutoCAD 2013 中还可根据命令行提示修改所继承的特性。

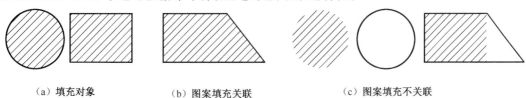

(a) 填充对象　　　　(b) 图案填充关联　　　　(c) 图案填充不关联

图 6-14　图案填充的关联性

④单击选项面板的向下箭头，其中：

a."允许的间隙"选项，其默认值为 0，即不允许将未封闭的边界作为填充边界；若将"0"设为某一允许值（0-5 000），则 AutoCAD 允许将实际并未封闭的边界作为填充边界，可以忽略的不封闭的最大间隙为所设定的允许值。

b."创建独立的图案填充"选项，在一次命令下，用一种图案填充所选择的多个填充区域时，控制各个填充区域中的图案对象是否各自独立。编辑填充图案时，独立填充图案与不独立填充图案的不同效果,如图 6-15 所示。

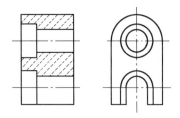 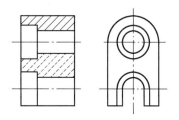

（a）不选"创建独立的图案填充"选项　　　　（b）选择"创建独立的图案填充"选项

图 6-15　创建独立的图案填充

c."外部孤岛检测"下拉列表框,用来确定当用户定义的填充边界内存在孤岛时,图案的填充方式。AutoCAD 将用户定义的填充边界内的封闭区域（封闭图形或字符串外框）称为孤岛。AutoCAD 2013 对孤岛的填充方式有"普通"、"外部"、"忽略"、"无"4 种选择（图 6-16）。选择某一方式后,该方式即为默认方式,系统的初始默认方式为"外部孤岛检测"方式。

图 6-16　展开的"外部孤岛检测"下拉列表

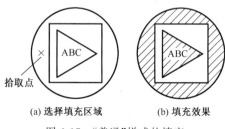

拾取点

（a）选择填充区域　　（b）填充效果

图 6-17　"普通"样式的填充

当填充图案的边界有若干层时,如图 6-17（a）有 4 层,用"拾取点"的方式定义填充边界后,AutoCAD 会自动确定包围该点的封闭区域及其中孤岛。若选择"普通"方式则从外部边界向内填充,遇到孤岛则不填充,直到遇到孤岛中的孤岛再填充,即在交替的区域中填充,如图 6-17（b）所示。若选择"外部"方式也是从外部边界向内填充,遇到孤岛即停止填充,即仅填充最外部边界;若选择"忽略"方式则忽略孤岛,按外部边界填充整个闭合区域;若选择"无"方式则不考虑孤岛的存在,包围拾取点的封闭区域即为填充区域,如图6-16所示。

d."置于边界之后"下拉列表框,用来指定图案填充的绘图次序,有"不指定"、"后置"、"前置"、"置于边界之后"、"置于边界之前"5个选项。

⑤单击选项面板的右侧的箭头,弹出"图案填充和渐变色"对话框,默认状态下对话框不展开,单击对话框右下角的 按钮,展开对话框的其他选项,如图6-18所示。因该对话框与AutoCAD 2013之前版本的"图案填充和渐变色"对话框相同,故老用户亦可用此对话框做图案填充操作,其选项含义和用法恕不赘述。

4. 渐变色填充

单击功能区"常用"选项卡→"绘图"面板中 右侧的向下箭头→ 工具按钮,或在"图案填充创建"选项卡的特性面板中通过"图案"下拉列表框,将图案类型设置为"渐变色",则"图案填充创建"选项卡"图案"面板中显示"渐变色"填充图案(图略)。选项卡中的其他面板及其选项基本无变化,且填充操作与前述相同,故不详述。

图6-18 "图案填充和渐变色"对话框

6.3.2 编辑图案填充(Hatchedit)命令

1. 功能

已填充的图案是一个整体,因此用"编辑图案"命令可修改已填充的图案及其特性。

2. 命令位置

单击功能区"常用"选项卡→"修改"面板中的 工具按钮。

3. 操作

命令:_hatchedit

选择图案填充对象:选择某一已填充的图案↙

即打开"图案填充编辑"对话框,如图 6-18 所示。对话框中正常显示的选项才可用,各选项的含义及使用方法与图案填充相同。

双击某一已填充的图案转换到"图案填充创建"选项卡(图 6-11),并显示"图案填充"快捷修改面板使用户可对所选的图案填充实施编辑操作。

6.3.3 绘制剖面符号

【例 6-1】 为图 6-19(a)所示的杯形基础填充钢筋混凝土的材料图例。

由于 AutoCAD 的预定义图案库中没有"钢筋混凝土"的图案,所以先选择"ANSI31"图案做填充,然后再选择"AR-CONC"图案做填充,效果如图 6-19(c)所示。

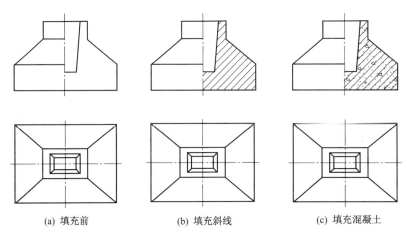

(a) 填充前   (b) 填充斜线   (c) 填充混凝土

图 6-19   钢筋混凝土符号的填充

【例 6-2】 为图 6-20 所示的机件填充剖面符号。

由于需要填充的区域有 3 处,而且根据制图标准的规定,这 3 处的剖面符号应方向相同间隔一致,所以最好在一次命令下填充。但是为了便于编辑图案,在"图案填充创建"选项卡(图 6-11)中,单击"选项"面板的向下箭头,选择其中的"创建独立的图案填充"选项,可使同时填充的 3 处剖面符号分别是独立的对象。

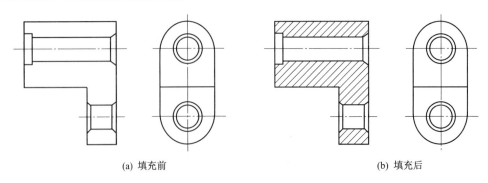

(a) 填充前   (b) 填充后

图 6-20   使多处填充图案是独立对象

【例 6-3】 为图 6-21 所示的机件填充剖面符号。

尺寸标注在图形之内,根据制图标准规定,图中的尺寸数字不能被任何图线通过,所以首先标注尺寸然后填充图案。填充图案时,采用"拾取点"方式选择填充边界,AutoCAD 会自动确定包围该点的封闭区域(包括字符串外框),同时自动确定出对应的孤岛,文字与图形边界一样默认为孤岛。填充效果如图 6-21 所示。

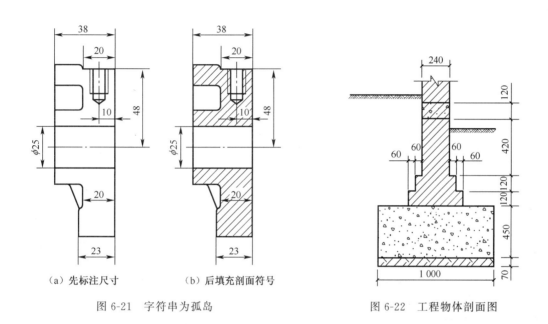

（a）先标注尺寸　　（b）后填充剖面符号

图 6-21　字符串为孤岛

图 6-22　工程物体剖面图

6.4　思考与上机实践

1. 绘制图 6-22 所示工程物体的剖面图。
2. 绘制图 6-23 所示机件的剖视图。

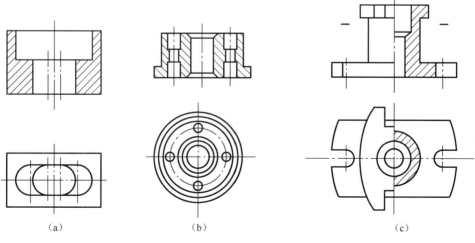

（a）　　　　　　　　（b）　　　　　　　　（c）

图 6-23　绘制机件剖视图

3. 绘制图 6-24 所示的装配图。

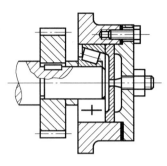

图 6-24　绘制装配图

第7章 块、属性、外部引用和 AutoCAD 设计中心

块是 AutoCAD 中的一个重要内容。在绘制图形时,如果图形中有大量相同的内容或者所绘制的图形与已有的图形文件相同,则可以将需要重复绘制的一组图形定义成块,绘图时可以直接调用已定义好的块,从而提高绘图效率。用户也可以将已有的图形文件以参照的形式插入到当前图形中(即外部引用)或是通过 AutoCAD 设计中心浏览、查找、预览、使用或管理 AutoCAD 图形、块、外部参照等不同的资源文件。

7.1 AutoCAD 的块

块是一个或多个对象的集合,常用于绘制重复的图形和符号,块具有许多优点。

1. 提高绘图效率

在工程制图中,常有一些需重复绘制的图形和符号,如螺纹连接及其连接件、机械制图中的表面结构符号、土木建筑制图中的标高符号等等。将这些重复出现的图形和符号定义成块,绘图时可以根据需要将块以不同的大小、方向多次插入到图中的任一位置,从而避免了大量的重复性工作,提高绘图效率和质量。

2. 节省存储空间

AutoCAD 的图形文件要保存图形中所有对象的相关信息,如对象的类型、位置、图层、线型及颜色以及几何参数等,这些信息要占用存储空间。显然图形中对象越多占用的存储空间就越大,如果将相同的图形对象定义成块,绘图时插入图形中,系统只需保存与块的定义和插入相关的信息(如块名、插入点坐标及插入比例等),从而节省存储空间,加快图形重新生成的速度。所以块的定义越复杂,插入的次数越多,这一特点的优越性就越明显。

3. 便于修改图形

对象集合一旦定义为块插入图形中,AutoCAD 即将块作为一个单一对象来处理,选择对象时选中块中的任何一个对象整个块都会被选中。另外,块的修改非常方便。在设计过程中,工程图样的修改是不可避免的。如果需要修改的内容是插入图中的某个块,只需修改块定义,插入图形中的相应的块内容会自动更新。若使用 AutoCAD 的动态块,修改更方便。

4. 添加属性

有些块除图形内容外还需要文字信息,如机械制图中的表面结构符号、土木建筑制图中的标高符号等。在 AutoCAD 中这些从属于块的文字信息称属性,是块的一个组成部分。定义块之前应首先定义属性(即确定属性值),属性值可随着块的每一次插入而改变。此外,用户还可控制块中属性的可见性,并可提取块中属性的数据信息,将它们写入数据文件传送到数据库中。

7.1.1 创建块（Block）命令

1. 功能

将图形中的一部分或全部定义为块。

2. 命令位置

单击功能区"插入"选项卡→"块定义"面板→工具按钮。

3. 各选项含义

打开块定义对话框，如图 7-1 所示，对话框中主要选项的含义如下：

图 7-1 "块定义"对话框

（1）"名称"文本框，输入和编辑块的名称，块名最多可使用 255 个字符。单击文本框右侧的箭头可列出当前图形文件中所有的块名。

（2）"基点"区，设置块的插入基点位置。用户可以直接在 X、Y、Z 文本框中输入，也可以单击"拾取点"按钮，切换到绘图窗口指定基点。若勾选"在屏幕上指定"复选框，就必须在关闭对话框后，根据命令行提示在绘图窗口指定基点。

块上或块外的任意一点都可以作为基点，为了使块的插入方便、快捷，应根据图形特点和绘图需要选择基点，一般选在块的对称中心、左下角或其他有特征的点。

（3）"对象"区，确定组成块的对象。

① "在屏幕上指定"复选框：其含义与"基点"区的"在屏幕上指定"复选框相同。

② 单击"选择对象"按钮：切换到绘图窗口选择组成块的对象。

③ 单击"快速选择"按钮：弹出"快速选择"对话框，用于设置选择对象的过滤条件。

④ 选中"保留"单选按钮：创建块后，组成块的各源对象仍保留在绘图窗口。

⑤ 选择"转换为块"单选按钮：创建块后，保留组成块的源对象并把它们转换成块。

⑥ 选择"删除"单选按钮：创建块后，删除组成块的源对象。

(4)"方式"区，设置块的显示状态。

①"注释性"复选框：勾选该复选框，创建的块具有注释性(参见本书 12.2)。

②"按同一比例缩放"复选框：勾选该复选框，块插入时按统一比例缩放；否则块插入时，各个坐标轴方向可采用不同的缩放比例。

③"允许分解"复选框：勾选该复选框，块插入后可以分解为组成块的基本对象。

(5)"设置"区：设置块的插入单位和超链接。

①"块单位"下拉列表框：从下拉列表框中选择块插入时的缩放单位。

② 单击"超链接"按钮：打开"插入超链接"对话框(图略)，通过该对话框可以插入某个超链接文档。

(6)"说明"文本框，用来输入当前块的相关描述信息。

(7)"在块编辑器中打开"复选框，勾选该复选框，块定义完成后，可以在块编辑器中打开、编辑当前块定义。

4. 说明

(1)如果新块名与已定义的块重名，系统将弹出警告对话框，用户可根据具体情况选择是否重新定义块。但块一经重新定义，图形中所有的块参照都会使用新定义。

(2)AutoCAD 允许块嵌套，即块中可以包含其他块，块的嵌套层数不限。但块与所嵌套的块不能重名。

【例 7-1】　在 AutoCAD 中，将图 7-2 所示的图形定义成块"A1"。

(1)绘制图 7-2 所示的图形。

(2)单击功能区"插入"选项卡→"块定义"面板→ 工具按钮，打开"块定义"对话框。

(3)在"名称"文本框中输入块名"A1"；在"基点"区中单击 按钮，在绘图窗口拾取图 7-2 中的圆心点，即将其确定为插入基点；在"对象"区选择"保留"单选按钮，再单击 按钮，切换到绘图窗口，用窗口选择方式选择图 7-2 中的所有对象(中心线除外)，然后单击鼠标右键返回"块定义"对话框；在"块单位"下拉列表中选择"毫米"选项，将单位设置为毫米；单击"确定"按钮完成块的定义。

图 7-2　定义块

注意：使用"块"命令创建的块只能由块所在的图形使用，而不能由其他图形使用。如果希望在其他图形中也使用该块，则需要用"存储块"(WBLOCK)命令保存块。

7.1.2　插　入　块

1. 插入(Insert)命令

单击功能区"插入"选项卡→"块"面板→ 工具按钮，打开插入对话框，如图 7-3 所示。"插入"对话框主要选项的含义如下：

(1)"名称"下拉列表框，选择要插入块的名称。若单击其后的"浏览"按钮，打开"选择图形文件"对话框，可在其中选择已保存的块和图形文件。

(2)"插入点"区，确定块的插入点位置。可直接在 X、Y、Z 文本框中输入点的坐标，也可勾选"在屏幕上指定"复选框，关闭对话框后根据命令行提示在绘图窗口指定基点。

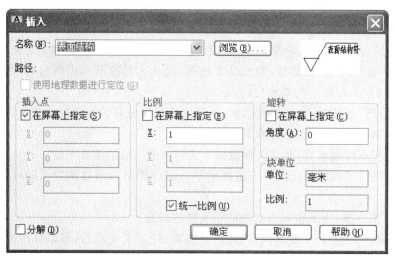

图 7-3 "插入"对话框

（3）"比例"选项区，用于设置块的插入比例。可直接在 X、Y、Z 文本框中输入块在 X、Y、Z 三个方向的比例；也可以勾选"在屏幕上指定"复选框，根据命令行提示在绘图窗口指定。此外，勾选该区域中的"统一比例"复选框，块插入时 X、Y、Z 各个方向均按统一比例缩放。

（4）"旋转"区，设置块插入时的旋转角度。可直接在"角度"文本框中输入角度值，也可勾选"在屏幕上指定"复选框，关闭对话框后根据命令行提示在绘图窗口指定旋转角度。

（5）"分解"复选框，勾选该复选框，块插入后即分解为组成块的基本对象。

2. 将文件名直接拖入绘图窗口

在 Windows 资源管理器或任一文件夹中选中某一图形文件（＊.dwg），并将该文件名拖至绘图窗口，然后根据命令行的提示，指定插入点、缩放比例和旋转角度，即可将所选图形文件作为块插入当前图形文件中。

3. 使用设计中心插入块

选择菜单栏→工具→选项板→设计中心命令，打开"设计中心"选项板（图略），在其中找到需要的图形文件，双击该文件或将文件直接拖至绘图窗口，然后根据命令行的提示，指定插入点、缩放比例和旋转角度即可。

【例 7-2】 将例 7-1 中创建的"A1"块插入到图 7-4 所示的图形中。

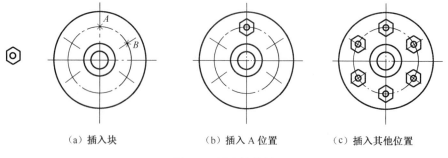

（a）插入块   （b）插入 A 位置   （c）插入其他位置

图 7-4   插入块举例

（1）单击功能区"插入"选项卡→"块"面板→"插入" 工具按钮，打开"插入"对话框。

（2）在"名称"下拉列表框中选择"A1"；在"插入点"区勾选"在屏幕上指定"复选框；在"比例"区勾选"统一比例"复选框，并在 X 文本框中输入 1；单击"确定"按钮，关闭"插入"对话框，根据命令行提示在绘图窗口中拾取点 A，插入效果如图 7-4（b）所示。

（3）重复上述步骤，插入块 A1，但某些位置需要指定插入的旋转角度，如插入到 B 位置时，应指定旋转角度为 30°，最后效果如图 7-4（c）所示。

7.1.3　存储块（WBlock）命令

1. 功能

用"创建块"命令定义的块（称内部块）只能在块所在的图形中调用，不能直接被其他图形调用，必须用"存储块"命令将块保存为一个图形文件（称外部块），通过"插入"命令可在任何图形文件中调用。

2. 命令位置

单击功能区"插入"选项卡"块定义"面板创建块右侧的箭头→工具按钮。

3. 操作

打开"写块"对话框，如图 7-5 所示。对话框各选项的含义如下：

（1）"源"区，设置组成块的对象来源。

①"块"单选按钮：将当前图形文件中已定义的块存储为图形文件，在其右侧的下拉列表框中选择块名。

②"整个图形"单选按钮：将当前图形文件以块的形式存储为图形文件，基点是当前图形文件的坐标原点。

图 7-5　"写块"对话框

③"对象"单选按钮：将当前图形文件中选定的对象存储为图形文件。选择该单选按钮时，用户应在"对象"区选择组成块的对象，在"基点"区确定块的插入基点。

（2）"目标"区，设置块存储为图形文件的保存路径和名称。

①"文件名和路径"文本框：确定块存储为图形文件的保存路径和名称。也可单击其后的按钮，通过"浏览图形文件"对话框确定块存储为图形文件的保存路径和名称。

②"插入单位"下拉列表框，确定块插入时的缩放单位。

7.1.4　基点（Base）命令

1. 功能

将某一图形文件作为块插入时，AutoCAD 将图形文件的坐标原点作为默认的插入基点，有时会给作图带来不便，"基点"命令可为图形文件重新指定插入基点。

2. 命令位置

单击功能区"插入"选项卡→"块定义"面板下方的箭头→ 🖳 工具按钮。

3. 操作

命令:'_base 输入基点<0.0000,0.0000,0.0000>:**点**↙(指定基点)

7.1.5 块与图层的关系

1. 块中 0 层上的对象将改变特性

组成块的对象可以在不同的图层上。块插入时,块中 0 层上的对象插入当前层,继承当前层的颜色、线型、线宽等特性。

2. 块中的冻结图层

若当前图形文件中没有与块一一对应的层,则当前图形文件中将增加相应的图层,其层名、特性均保持不变,因此块中的冻结图层插入后仍然冻结。若只是层名相同,其他特性(如线型、颜色等)不同,块中的对象插入同名图层,特性随当前图形文件中的同名图层,如:块中的"图层 2"冻结,而当前图形文件中的同名图层是解冻状态,块插入后,块中"图层 2"上的对象也是解冻状态。

7.2 块 的 属 性

属性是附属于块的文字信息,是块的组成部分,如果块=图形对象+属性,用户在插入块时可修改属性值。一个块中可以包含多个属性,属性有以下特点。

1. 属性的组成

属性由属性标记和属性值两部分组成。如把"表面结构符号"定义为属性标记,而具体的表面结构参数值(如 Ra1.6)就是属性值。

2. 属性是特殊的文字对象

属性是特殊的附属于块定义中的文字对象,定义块之前须先定义属性,以规定属性标记、属性值等,然后将图形对象和属性一起定义为块。属性定义后以属性标记显示在图形中,属性虽然是文字对象,但与一般的文字对象不同,属性值可以随块的插入改变,而块中的普通文字对象不能改变。

3. 属性值的变量性质

插入带有属性的块时,若属性值定义为变量,AutoCAD 以用户定义的属性提示符,提示用户输入相应的属性值。因此,同一个块插入图形中的不同位置,可以有不同的属性值。若属性值定义为常量则无此提示。

4. 属性的编辑、修改和属性提取

在定义块之前可用 AutoCAD 的普通命令修改属性,属性随块插入后,需用专门的属性修改命令修改属性。属性显示的可见性也可修改。还可以单独提取属性值并写入数据文件供统计、制表。

7.2.1 定义属性(Attdef)命令

1. 功能

设置属性标记、属性值、属性提示、属性显示的可见性以及在块中的位置。

2. 命令位置

单击功能区→"插入"选项卡→"块定义"面板→✎工具按钮。

3. 各选项含义

打开"属性定义"对话框,如图 7-6 所示。其中各选项的含义如下:

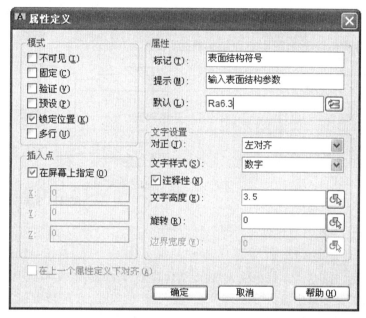

图 7-6　"属性定义"对话框

(1)"模式"区,设置属性的模式。

①"不可见"复选框:勾选该复选框,属性随块插入图形后不显示其属性值,即属性不可见,否则会在块中显示其属性值。

②"固定"复选框:勾选该复选框表示属性值为常量,否则是变量,插入块时可改变属性值。

③"验证"复选框:用于验证所输入的属性值是否正确,一般不选此项即不验证。

④"预置"复选框:勾选该复选框,系统将属性默认值预置成实际的属性值,属性随块插入时,不再要求用户输入新的属性值,相当于属性值为常量。

⑤"锁定位置"复选框:勾选该复选框,块插入后其中属性的位置固定不能编辑、修改。

⑥"多行"复选框:勾选该复选框就可用多行文字标注属性值。

(2)"属性"区,定义块的属性。

①"标记"文本框:用于输入属性的标记,相当于属性名。

②"提示"文本框:用于输入插入块时系统在命令提示行显示的提示信息。

③"默认"文本框:可在文本框中输入属性的默认值,也可单击文本框右侧的◱按钮打开"字段"对话框(图略),插入一个字段作为属性默认值的部分或全部。

(3)"插入点"区,设置属性值文字位置的插入点。用户可直接在 X、Y、Z 文本框中输入点的坐标,也可以勾选"在屏幕上指定"复选框,待设置完成后单击"确定"按钮关闭对话框,在绘图窗口拾取一点作为属性值文字位置的插入点。

(4)"文字设置"区,设置属性值文字的对正方式、文字样式、文字的高度和旋转角度等。

（5）"在上一个属性定义下对齐"复选框，勾选该复选框，在一个块中定义多个属性时，使当前定义的属性与上一个已定义的属性的对正方式、文字样式、字高和旋转角度相同，而且另起一行排列在上一个属性的下方。

4. 说明

单击对话框中的"确定"按钮只完成一个属性定义，重复"定义属性"命令可为块定义多个属性。

【**例 7-3**】 用属性块绘制图中表面结构符号，如图 7-7 所示。

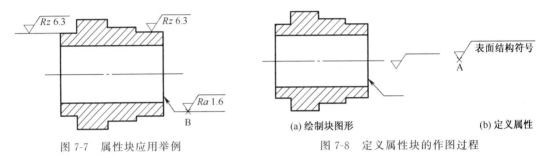

图 7-7　属性块应用举例　　　　图 7-8　定义属性块的作图过程

（1）绘制图 7-7 中表面结构符号如图 7-8(a)所示。

（2）单击功能区选项板→"插入"选项卡→"块定义"面板→ <svg>✎</svg> 按钮，打开"属性定义"对话框。在"属性"区的"标记"文本框中输入"表面结构符号"，在"提示"文本框中输入"输入表面结构参数"，在"默认"文本框中输入"Ra6.3"；在"插入点"区勾选"在屏幕上指定"复选框；在"文字设置"区，选择"文字样式"为"数字"，在"文字高度"文本框中输入 3.5，其他选项采用默认设置，单击"确定"按钮，返回绘图窗口。

（3）在表面结构符号适当位置拾取一点，确定属性的插入点位置，此时，图中属性的定义位置显示该属性的标记，如图 7-8(b)所示。

（4）单击功能区→"插入"选项卡→"块定义"面板→ <svg>⊡</svg> 工具按钮，打开"块定义"对话框。在"名称"文本框中输入块的名称"表面结构"；在"基点"选项区中单击"拾取点"按钮，在绘图窗口拾取图 7-8(b)中表面结构符号的 A 点，确定基点位置；在"对象"区域中选择"删除"单选按钮，再单击 <svg>⊞</svg> "选择对象"按钮，切换到绘图窗口，使用窗口选择方式选择图 7-8(b)中所有对象，按回车键返回"块定义"对话框，单击确定按钮。

（5）单击功能区→"插入"选项卡→"块"面板→ <svg>⊡</svg> 按钮，打开"插入"对话框。在"名称"下拉列表框选择"表面结构"；在"插入点"区勾选"在屏幕上指定"复选框；在"缩放比例"区勾选"统一比例"复选框，并在 X 文本框中输入 1；单击"确定"按钮，在绘图窗口图形的适当位置拾取插入点（如 B 点），在命令行的"请输入表面结构参数＜Rz6.3＞："提示下输入相应的参数（如 Ra1.6），按回车键完成一次属性块的插入。

（6）重复（5）的操作，完成其他表面结构符号的标注，结果如图 7-7 所示。

7.2.2　属性的编辑和修改

1. 编辑属性定义（Ddedit）命令

（1）功能

在块定义之前,修改属性定义的标记、提示和默认值。

双击需要修改的属性,打开"编辑属性定义"对话框,如图 7-9 所示。直接在相应的文本框中修改属性的标记、提示和默认值。因为,在块定义之前,属性定义还不是块的附属,仍是单独的文字信息,所以还可用"文字编辑"命令修改。

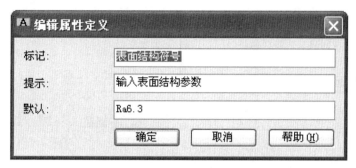

图 7-9 "编辑属性定义"对话框

2. 单个编辑属性(Eattedit)命令

(1)功能

编辑已随块插入图中的属性默认值、文字样式和特性。

(2)命令位置

单击功能区→"插入"选项卡→"块"面板→ ✎ 右侧的箭头→ ✎ 单↑工具按钮。

(3)操作

命令:_eattedit

选择块:选择带有属性的块✎

单击需要编辑的块或直接双击需要编的块均可打开"增强属性编辑器"对话框,如图 7-10 所示。3 个选项卡的功能分述如下:

①"属性"选项卡,显示块中每个属性的标记、提示和默认值,但只能修改选中属性的默认值,而不能修改其标记和提示。在列表框中选择某一属性后,在"值"文本框中显示该属性对应的属性默认值供用户修改。

②"文字选项"选项卡,用于修改属性文字样式,如图 7-11 所示。

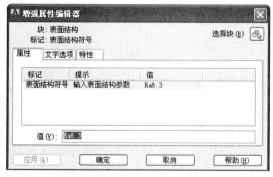

图 7-10 "增强属性编辑器"对话框的
"属性"选项卡

图 7-11 "文字选项"选项卡

图 7-12 "特性"选项卡

③"特性"选项卡,用于修改属性的图层及其线宽、线型、颜色及打印样式等特性参数,如图 7-12 所示。

3. 多个编辑属性(Attedit)命令

(1)功能

单独或全局编辑当前图形文件中所有块中的属性。

(2)命令位置

单击功能区→"插入"选项卡→"块"面板→ 编辑属性 右侧箭头→ 多个 工具按钮。

(3)操作

命令:_attedit

是否一次编辑一个属性?[是(Y)/否(N)]<Y>:↙或 N↙

①以空回车响应,表示要逐个编辑块的属性,后续提示如下:

输入块名定义<*>:↙或带有通配符(? 或 *)的块名或局部块名↙(空回车即选中所有的块)

输入属性标记定义<*>:↙或带有通配符(? 或 *)的属性标记↙(空回车即选中所有的属性)

输入属性值定义<*>:↙或带有通配符(? 或 *)的属性值↙(空回车即选中所有的属性值)

选择属性:选择要编辑属性↙(此提示反复出现,直至空回车,结束选择对象)

输入选项[值(V)/位置(P)/高度(H)/样式(S)/图层(L)/颜色(C)/下一个(N)]<下一个>:↙或某选项↙

可修改的内容如提示所示,此处不赘述。

②以"N"响应,一次可编辑一个或多个属性,可见属性与不可见属性均可,但只能修改属性值,而且只能用一个字符串替换另一个字符串。后续提示:

正在执行属性值的全局编辑。

是否仅编辑屏幕可见的属性?[是(Y)/否(N)]<Y>:↙或 N↙

输入块名定义<*>:↙或带有通配符(? 或 *)的块名或局部块名↙(空回车即选中所有的块)

输入属性标记定义<*>:↙或带有通配符(? 或 *)的属性标记↙(空回车即选中所有的属性)

输入属性值定义<*>:↙或带有通配符(? 或 *)的属性值↙(空回车即选中所有的属性值)

选择属性:选择要编辑属性↙(此提示反复出现,直至空回车,结束选择对象)

输入要修改的字符串:输入需要修改的属性字符串↙

输入新字符串:输入新的属性字符串↙

4. 块属性管理器(Battman)命令

(1)功能

管理当前图形中块的属性定义,可以在块中编辑属性定义、删除块中的属性,还可更改插入块时系统提示用户输入属性值的顺序。相对于"单个"和"全局"属性编辑命令,其功能更强。

(2)命令位置

单击功能区"插入"选项卡→"块定义"面板→ 工具按钮。

(3)各选项含义

图形中须包含带有属性的块,即可打开"块属性管理器"对话框,如图 7-13 所示。各选项含义如下：

图 7-13　"块属性管理器"对话框

①单击 选择块 (L) 按钮：返回绘图窗口选择带属性的块。

②"块"下拉列表框：列出当前图形中带有属性的所有块定义，供用户选择要修改属性的块。

③"属性"列表框：显示所选块中每个属性的"标记"、"提示"、"默认值"和"模式"。

④单击 同步 按钮：根据当前定义的属性特性更新所有选中的块参照。但不会影响每个块中赋给的属性值。

⑤"上移"按钮：在提示序列的早期阶段移动所选属性的标记。属性值

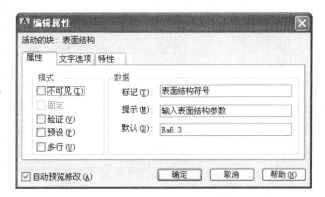

图 7-14　"编辑属性"对话框

为常量时，该按钮不可用。

⑥"下移"按钮：在提示序列的后期阶段移动所选属性的标记。属性值为常量时，该按钮不可用。

⑦单击 编辑 (E)... 按钮：打开"编辑属性"对话框，如图 7-14 所示。该对话框中各选项功能与"增强属性编辑器"对话框（图 7-10）中各选项功能类似，从中可以修改属性的定义、文字样式和特性。

⑧单击 设置 (S)... 按钮，打开"块属性设置"对话框，如图 7-15 所示。用户可以自定义"块属性管理器"列表框中属性信息的显示方式。

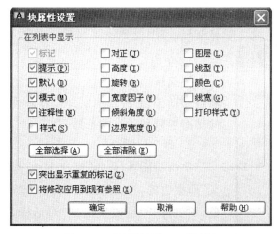

图 7-15　"块属性设置"对话框

⑨"删除"按钮，从块定义中删除选定的属性。如果在选择"删除"按钮之前，已在"块属性设置"对话框（图 7-15）中勾选了"将修改应用到现有参照"复选框，将删除当前图形中所有块参照的属性。对于仅有一个属性的块，该按钮不可用。

7.2.3 属性显示(Attdisp)命令

1. 功能

控制当前图形块参照中属性显示的可见性。当改变了属性的显示状态后,图形会自动重新生成(除非变量 REGENAUTO 关闭)。

2. 命令位置

单击功能区→"插入"选项卡→"块"面板下方的箭头→ （保留显示）或 （全部显示）或 （全部隐藏）工具按钮。

3. 各选项含义

(1) （保留显示）按钮,按属性定义时所选择的显示模式(可见或不可见)显示属性。

(2) （全部显示）按钮,忽略属性定义时所选择的显示模式,使所有属性均可见。

(3) （全部隐藏）按钮,忽略属性定义时所选择的显示模式,使所有属性均不可见。

7.3 动　态　块

包含了参数以及与参数相关联的动作等自定义特性的块,称作动态块。动态块具有灵活性和智能性,使得用户在绘图过程中,可以根据需要轻松、自如地更改图形中的块参照,可以通过自定义夹点或自定义特性来操作动态块中的几何图形,达到调整块的目的,而不必重新定义块或者插入块。在工程制图中,常用 AutoCAD 的动态块建设标准件库和图形符号库。

动态块中的参数定义了块的自定义特性,并为块中的几何图形指定变动的位置、距离和角度,与参数相关联的动作定义了块中几何图形如何变动,即变动的动作。所以一个块要成为动态块必须至少包含一个参数以及一个与该参数相关联的动作。将动作添加到块中必须使其与对应参数和几何图形相关联。

图 7-16　"编辑块定义"对话框

7.3.1 块编辑器(Bedit)命令

1. 功能

块编辑器是创建块、为块添加动态参数和动作、修改块的定义以及修改块的动态参数和动作的工具。

2. 命令位置

单击功能区"插入"选项卡→"块定义"面板中的 工具按钮,或双击块对象,均可打开"编辑块定义"对话框,如图 7-16 所示。

3. 说明

对话框左侧的列表框中列出了当前图形中已定义的块,从中选择要编辑的块(如选择 A1),选中的块显示在右侧预览框中,单击确定按钮打开块编辑器,进入块编辑模式,同时打开块编辑器选项卡,功能区显示块编辑器选项板,并在块图形上显示用户坐标系图标(原点在所选块的基点),如图 7-17 所示。若选择列表框中的"〈当前图形〉",则将当前图形保存为动态块;在"要创建或编辑的块"文本框中输入新块名,就可用块编辑器创建块。

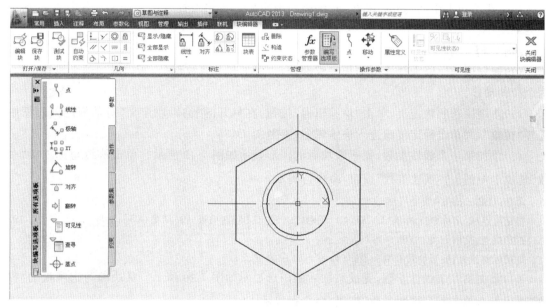

图 7-17　块编辑器

在块编辑器中,用户可编辑和修改块中对象的形状、大小,编辑完成后,单击"关闭"按钮,弹出图 7-18 所示的对话框,选择"将更改保存到 A1(S)",则会关闭块编辑器,并确认对块定义的修改。插入当前图形中的块参照会自动进行相应的修改。

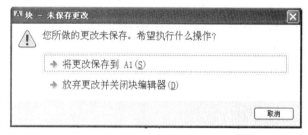

图 7-18　块编辑后保存提示对话框

7.3.2　创建动态块的步骤

在块编辑器中为块添加动态参数以及与该参数相关联的动作,步骤如下:

1. 规划动态块的内容

根据块及块在图形中的使用情况,设计动态参数及与该参数相关联的动作。例如六角头螺栓插入图形中,经常需要根据绘制图形的要求改变其螺杆长度,所以将其动态参数设为"线性",相关联的动作设为"拉伸"。

2. 绘制几何图形

几何图形可在绘图区事先画好,也可在块编辑器中绘制,还可使用当前图形中现有的几何图形或块定义。

3. 添加参数和关联动作

根据规划为块添加参数和关联动作。若添加多个参数和动作时需注意添加的顺序和设置正确的关联。如创建包含若干对象的动态块,其中一些对象关联了拉伸动作,同时还要使所有对象绕同一基点旋转。此时应当在添加了其他所有参数和动作之后再添加旋转动作,而且旋转动作必须与块定义中的所有对象(几何图形、参数、动作)相关联。

4. 保存块

单击块编辑器中的"保存块"按钮,关闭块编辑器。再将块插入图形中并测试该块的动态参数和动作。

【例 7-4】 为"螺栓"块添加拉伸动作。

(1)规划内容。因为螺栓可加长螺纹部分,也可加长非螺纹部分,所以添加两个线性参数,两个拉伸动作。

(2)使用原有的块定义,单击"块编辑器"按钮,在打开的"编辑块定义"对话框的列表框中选择"螺栓",并单击确定按钮进入块编辑器(参考图 7-17)。

(3)添加第一个线性参数,完成添加后的图形显示如图 7-19 所示。单击块编写选项板"参数"选项卡中的 ⊏⊐"线性参数"按钮,命令行提示:

命令:_BParameter 线性
指定起点或[名称(N)/标签(L)/链(C)/说明(D)/基点(B)/选项板(P)/值集(V)]:拾取 *A* 点↙(图 7-19)
指定端点:拾取 *B* 点↙(图 7-19)
指定标签位置:适当位置拾取一点↙(如图 7-19 中的 *P* 点)

(4)添加第二个线性参数,完成添加后的图形显示如图 7-20 所示。从块编写选项板的"参数"选项卡上单击 ⊏⊐"线性参数"按钮,命令行提示:

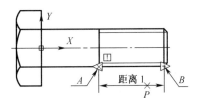

图 7-19　添加第一个线性参数

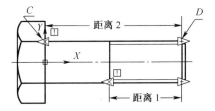

图 7-20　添加第二个线性参数

命令:_BParameter 线性
指定起点或[名称(N)/标签(L)/链(C)/说明(D)/基点(B)/选项板(P)/值集(V)]:拾取 *C* 点↙
指定端点:拾取 *D* 点↙
指定标签位置:适当位置拾取一点↙

(5)为第一个线性参数关联拉伸动作,使"螺栓"插入图形后可以随意拉伸螺栓的螺纹部分。完成动作关联后的图形显示如图 7-21 所示。单击块编写选项板"动作"选项卡上 ▨"拉伸"按钮,命令行提示:

命令:_BActionTool 拉伸
选择参数:选择参数距离 1↙(图 7-21)
指定要与动作关联的参数点或输入[起点(T)/第二点(S)]<第二点>:拾取 *A* 点↙(图 7-21)
指定拉伸框架的第一个角点或[圈交(CP)]:拾取图 7-21(a)虚线框的左上角点↙
指定对角点:拾取虚线框的右下角点↙(输入该点后才形成虚线框)
指定要拉伸的对象选择对象:拾取阴影矩形框的右下角点↙(只能用交叉窗口)。所谓阴影是屏幕显示状态

指定对角点:拾取阴影矩形框的左上角点↙

选择对象:↙(空回车结束命令)

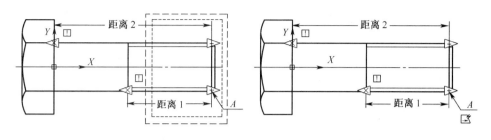

（a）关联拉伸动作　　　　　　　　　　　　　（b）完成添加动作

图 7-21　关联第一个拉伸动作

（6）为第二个线性参数关联拉伸动作，使"螺栓"插入图形后可以随意拉伸螺栓的非螺纹部分。完成动作关联后的图形显示如图 7-22 所示。操作与（5）相同。

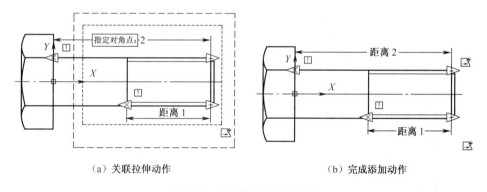

（a）关联拉伸动作　　　　　　　　　　　　　（b）完成添加动作

图 7-22　关联第二个拉伸动作

（7）单击块编辑器中的"保存块"按钮，然后关闭块编辑器。

（8）将块插入图形中并测试该块的动态参数和动作。选中插入图形的块，螺栓图形上显示拉伸夹点，单击右下夹点，然后移动鼠标可随意拉伸螺栓的螺纹部分，如图 7-23 所示。单击右上夹点，然后移动鼠标可随意拉伸螺栓的非螺纹部分。

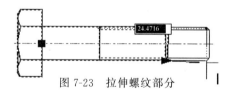

图 7-23　拉伸螺纹部分

7.4　外　部　参　照

外部参照与块有相似之处，它们的主要区别是：块或图形文件以块的形式一旦插入当前图形中，就永久性地成为当前图形的一部分。而图形文件（称参照图形）若以外部参照方式插入到当前图形（称为主图形）后，参照图形的信息并不直接加入到主图形中，主图形只是记录与参照关系相关的信息，如：参照图形文件的名称、路径等。

对主图形的操作不会改变参照图形文件的内容。但是当外部参照图形文件修改后，再次打开带有外部参照的主图形文件时，AutoCAD 会自动根据参照关系将最新的外部参照图形文件调入内存并在当前的主图形中显示出来。

7.4.1 附着外部参照(Xattach)命令

1. 功能

将外部参照图形文件插入到当前图形中。

2. 命令位置

单击功能区→"插入"选项卡→"参照"面板→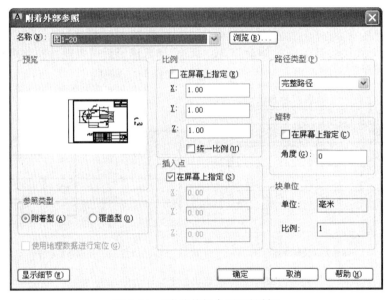"附着"工具按钮。从打开的"选择参照文件"对话框(图略)中选择参照文件后，即打开"附着外部参照"对话框(图 7-24)。

图 7-24 "附着外部参照"对话框

从图 7-24 可以看出，在图形中插入外部参照与插入块的方法相同，只是在"外部参照"对话框中多了几个特殊选项，其含义如下：

(1)"参照类型"区，确定外部参照的类型，有"附着型"和"覆盖型"两种。选中"附着型"单选按钮，会显示嵌套参照中的嵌套内容。选中"覆盖型"单选按钮，则不显示嵌套参照中的嵌套内容。

(2)"路径类型"下拉列表，有"完整路径"、"相对路径"和"无路径"3 个选项。

①使用"完整路径"附着外部参照，外部参照文件的精确位置将保存到主图形中，但灵活性最小。即如果移动图形文件夹，AutoCAD 就不能将使用完整路径附着的外部参照带入主图形中显示。

②使用"相对路径"附着外部参照，保存外部参照相对于主图形的位置。此选项的灵活性最大。如果移动图形文件夹，只要此外部参照相对于主图形的位置不发生变化，AutoCAD 仍可以将使用相对路径附着的外部参照带入主图形中显示。

③使用"无路径"附着外部参照，AutoCAD 会在主图形所在的文件夹中查找外部参照。所以，当外部参照文件与主图形文件位于同一个文件夹时，此选项非常有用。

7.4.2 部分参照（Xclip）命令

1. 功能

若当前图形中只需要参照外部图形的某一部分时，可在当前图形中为外部参照图形规定一个边界，则外部参照图形在当前图形中只显示边界以内的部分，称部分参照。

2. 命令位置

单击功能区→"插入"选项卡→"参照"面板→🗐工具按钮。

3. 操作

命令：_xclip

选择要剪裁的对象：选择外部参照图形↙

输入剪裁选项［开（ON）/关（OFF）/剪裁深度（C）/删除（D）/生成多段线（P）/新建边界（N）］＜新建边界＞：↙或某选项↙

外部模式-边界外的对象将被隐藏。

此提示中的各选项用于设置裁剪边界的形式，其含义如下：

（1）"开（ON）"选项，只显示参照图形中剪切边界内的图形，隐藏边界外的图形。

（2）"关（OFF）"选项，忽略剪切边界，显示整个外部参照图形。

（3）"剪裁深度（C）"选项，在三维图形中，对参照的图形设置剪切面。

（4）"删除（D）"选项，删除已定义的剪切边界。

（5）"生成多段线（P）"选项，沿剪切边界自动生成一条多段线。

（6）"新建边界（N）"选项，当前图形中没有已定义的边界时定义新边界。后续提示：

指定剪裁边界或选择反向选项：

［选择多段线（S）/多边形（P）/矩形（R）/反向剪裁（I）］＜矩形＞：↙或某选项↙

此提示中的各选项用于设置裁剪边界，其含义如下：

①"选择多段线（S）"，使用选定的多段线定义边界。此多段线可以是开式的，但必须由直线段组成并且不能自相交，所创建的边界平面与多段线所在的平面平行。

②"多边形（P）"，通过指定多边形的顶点定义一个多边形边界。此剪裁边界平行于当前 UCS 的 XY 平面。

③"矩形（R）"，通过指定矩形的对角点定义一个矩形边界。此剪裁边界平行于当前 UCS 的 XY 平面。

④"反向剪裁（I）"，用与剪裁边界的模式设置相反的模式，隐藏裁剪边界外或边界内的对象。默认状态下，边界外的对象将被隐藏，即外部模式。

7.5 AutoCAD 的设计中心

AutoCAD 设计中心（AutoCAD Design Center，简称 ADC）是 AutoCAD 为用户提供的一个直观且高效的管理图形文件的工具，它与 Windows 的资源管理器类似。

单击功能区"视图"选项卡→"选项板"面板 ▦ "设计中心"工具按钮，打开"设计中心"窗口，如图 7-25 所示。

使用 AutoCAD 设计中心可以完成如下工作：

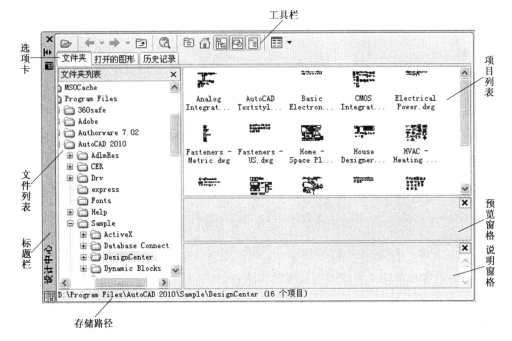

图 7-25 "设计中心"窗口的"文件夹"选项卡

1. 为频繁访问的图形、文件夹和 Web 站点创建快捷方式。

2. 根据不同的查询条件在本地计算机和网络上查找图形文件,找到后可以将它们直接加载到当前图形文件的绘图窗口或设计中心。

3. 浏览不同的图形文件,包括当前打开的图形和 Web 站点上的图形库。

4. 查看块、图层及图形文件中的其他有名设置并将其插入到当前图形文件中。

5. 通过控制显示方式来控制设计中心控制板的显示效果,还可以在控制板中显示与图形文件相关的描述信息和预览图像。

本节重点介绍设计中心的观察图形信息功能、查找功能和使用设计中心的图形功能。

7.5.1 观察图形信息

通过 AutoCAD 设计中心窗口(图 7-25)包含的工具按钮和选项卡,观察图形信息。

1. 设计中心窗口各选项卡的功能

(1)"文件夹"选项卡(图 7-25),在文件夹列表框中,以树状图的形式显示设计中心的资源,选中某一文件夹,右侧的项目列表框中即显示该文件夹的内容。

(2)"打开的图形"选项卡,如图 7-26 所示,打开的图形列表框中,以树状图的形式显示在当前 AutoCAD 环境中打开的所有图形文件,包括最小化的图形。选中某一图形文件,右侧的项目列表框中显示该图形的相关设置,如图层、线型、文字样式、块及尺寸样式等。

(3)"历史记录"选项卡(图略),显示最近访问过的文件,包括这些文件的完整路径。

2. 设计中心窗口中各工具按钮的功能

工具栏主要由 11 个按钮组成,当设计中心的选项卡不同时,工具栏会有所不同。与 Windows 的资源管理器中形式、功能相同的按钮,此处不再赘述。

图 7-26 "打开的图形"选项卡

（1）搜索按钮

单击该按钮打开"搜索"对话框（图 7-28），用于指定搜索条件以及搜索满足条件的对象，如：图形、块、填充图案和外部参照等。

（2）收藏夹按钮

单击该按钮，在设计中心打开 AutoCAD 收藏夹，与图 7-25 所示类同。将指定的图形文件保存到收藏夹中，就可通过收藏夹快速访问其中的文件。在设计中心中可向"收藏夹"中添加和删除项目，方法是：在文件列表框或项目列表框的项目上单击鼠标右键，弹出的右键快捷菜单，如选择快捷菜单中的"添加到收藏夹"选项，将选中的项目添加到收藏夹中；若选择快捷菜单中的"组织收藏夹"选项后，再按下键盘上的【Delete】键或单击快捷菜单中的"删除"选项，将选中的项目从收藏夹中删除。

（3）主页按钮

单击该按钮，可以打开设计中心的主页（图 7-25）。主页的最下一行显示设计中心的主页路径。

（4）树状图切换按钮

关闭或打开文件列表的树状图显示，图 7-25 为打开文件列表的树状图显示，图 7-27 为关闭文件夹列表的树状图显示。

（5）预览按钮

切换设计中心预览窗格的打开与关闭状态。可用拖动方式改变预览窗格的大小。

（6）说明按钮

切换设计中心说明窗格的打开与关闭状态。打开说明窗格后，单击文件夹中的图形文件，如果该图形文件包含有文字描述信息，则在说明窗格中显示图形文件的文字描述信息。可用拖动方式改变说明窗格的大小。

（7）视图按钮

有"大图标"、"小图标"、"列表"和"详细信息"四种显示格式，单击按钮右侧的箭头，从弹出的菜单中选择一种显示格式。

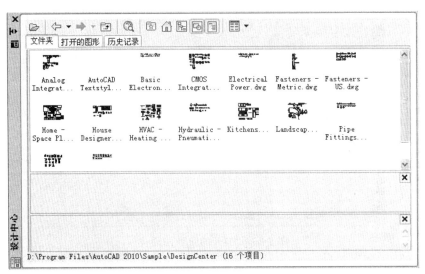

图 7-27　关闭文件列表的树状图显示

7.5.2　在"设计中心"中查找内容

单击设计中心的  按钮，打开"搜索"对话框，如图 7‑28 所示。可搜索的内容有图形、块、图层及尺寸样式、外部参照等。对话框中各选项含义如下：

图 7-28　"搜索"对话框

1．"于"下拉列表框

显示搜索路径，单击"浏览"按钮可重新指定搜索路径。如果勾选"包含子文件夹"复选框，可将搜索范围扩大到当前搜索路径中的所有子文件夹。

2．"搜索"下拉列表框

用于确定搜索对象，可以搜索的对象如图 7-28 所示。在"搜索"下拉列表中选择的对象不同，对话框中显示的选项卡也不同。例如，选择"图形"选项，"搜索"对话框中包含"图形"、"修改日期"、"高级"3 个选项卡，每个选项卡中都可设置不同的搜索条件。

3."图形"选项卡

包含"搜索文字"和"位于字段"两个下拉列表，用户可按"文件名"、"标题"、"主题"、"作者"或"关键字"设置搜索条件，如图 7-28 所示。

4."修改日期"选项卡

对话框内容如图 7-29 所示，通过图形文件创建日期，上一次修改的日期以及指定日期范围等设置搜索条件。

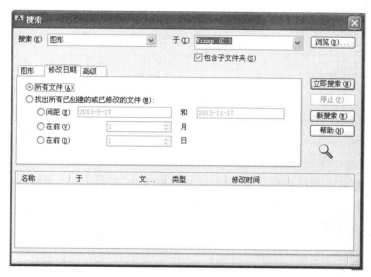

图 7-29　"修改日期"选项卡

5."高级"选项卡

对话框内容如图 7-30 所示。可输入文字进行搜索，或根据包含特定文字的块名、属性标记、图形说明等搜索。还可指定查找文件的大小，例如，在"大小"下拉列表中选择"至少"选项，并在其后的文本框中输入 50，则表示搜索大小为 50KB 以上的文件。

设置好搜索条件后，单击"立即搜索"按钮。在搜索过程中可以单击"停止"按钮中断搜索操作。单击"新搜索"按钮，即清除所设置的搜索条件，以便重新设置搜索条件。

查找到了符合条件的项目后，将在对话框下部显示出搜索结果列表。在搜索结果列表中选择所需项目可将其插入到当前图形中。

7.5.3　使用设计中心的图形

利用 AutoCAD 的设计中心，可以在当前图形中插入块，引用光栅图像及外部参照，在图形之间复制块、复制图层、线型、文字样式、标注样式以及用户自定义的内容等。

1．插入块

（1）插入块时自动换算插入比例

在设计中心窗口中选择要插入的块名，按住鼠标左键，将其拖至当前绘图窗口的插入位置时再释放鼠标。系统将根据"选项"对话框（参见 12.4）的"用户系统配置"选项卡中所确定的单位,自动换算块的插入比例。

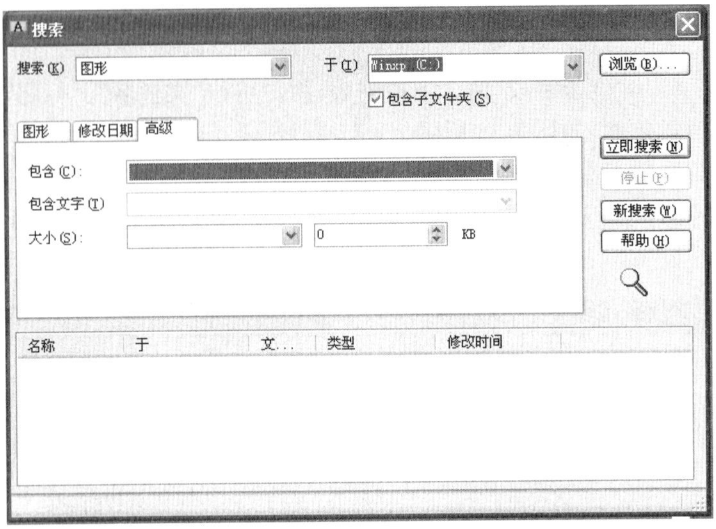

图 7-30　"高级"选项卡

（2）在插入时确定插入点、插入比例和旋转角度

在设计中心窗口中选择要插入的块名,按住鼠标右键将其拖到绘图窗口后释放鼠标,此时弹出右键快捷菜单,从中选择"插入块"命令,打开"插入"对话框（图 7-3）,在对话框中确定插入点、插入比例及旋转角度。

2. 引用外部参照

从 AutoCAD 设计中心窗口中选择外部参照的图形文件名,按住鼠标右键将其拖到绘图窗口后释放,在弹出的快捷菜单中选择"附着为外部参照"命令,打开"附着外部参照"对话框（图 7-24）,在对话框中,确定插入点、插入比例及旋转角度。

3. 在图形中复制图层、线型、文字样式、尺寸样式、布局及块等

在绘图过程中,一般将具有相同特征的对象放在同一个图层上。利用 AutoCAD 设计中心,可以将图形文件中的图层复制到新的图形文件中。这样一方面节省了时间,另一方面也保持了不同图形文件结构的一致性。

在 AutoCAD 设计中心窗口中,选择一个或多个图层名,然后将它们拖到打开的图形文件的绘图窗口后释放,即可将图层从一个图形文件复制到另一个图形文件。

复制线型、文字样式、尺寸样式、布局及块的方法与图层的复制方法相同。

7.6　思考与上机实践

1. 将图 7-31 所示标准件制成动态块,动态内容请读者自行设计。

图 7-31　将标准件制成动态块

2. 将图 7-32 所示"窗"图例制成动态块。

3. 将机械制图中的表面结构符号和建筑制图中的标高符号制成带属性的块。

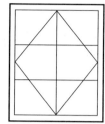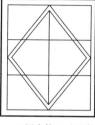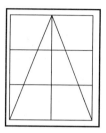

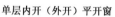

单层内开（外开）平开窗　　　双层内外开平开窗　　　单层外开上悬窗

图 7-32　将"窗"图例制成动态块

第8章 用 AutoCAD 的二维命令绘制工程图样

本章将通过一些综合实例介绍使用 AutoCAD 绘制用户自定义样板图、机械工程图（零件图、装配图）、土木工程图的方法和技巧，巩固所学知识，提高实际绘图能力。

8.1 制作样板图

一幅完整的工程图样包括图形、尺寸标注、技术要求和施工要求说明以及图幅大小、标题栏等多项内容。由于表达的需要，图形中的线条有线型和线宽的要求，标注的符号也因代表的含义不同而不同。在 AutoCAD 中绘制工程图样时，这些内容和要求是通过设置图层、线型、文字样式、标注样式等"有名"设置以及图形界限、单位等绘图环境参数的设置共同完成的。这些设置过程往往比较繁杂，但又是绘制一幅完整的工程图样不可或缺的基础工作。为了方便绘图，提高工作效率，将这些绘制工程图样的基本作图和通用设置创建成一幅基础图样称用户自定义样板图。样板图的绘制应遵守如下准则：

1. 确定文字样式、标注样式等"有名"设置中的参数要严格遵守国家标准的有关规定。
2. 图形中的非连续线型要使用标准线型。
3. 设置适当的图形界限、可注释对象的注释比例等，以便于绘图操作和图样输出。

【例 8-1】 按《机械制图》国家标准，创建 A3 图幅的样板图。

（1）建立图形文件

单击"快速访问工具栏"→[图标]按钮，打开"选择样板"对话框，单击"打开"按钮右侧的箭头在展开的下拉列表中选择"无样板打开-公制（M）"，如图 8-1 所示。

（2）设置图形界限和图形单位及其精度

参考本书 3.1.1 和 3.1.2 设置图形界限和图形单位及其精度的各项参数。

（3）设置对象特性和图层

图层的数量一般是根据所绘制图形的复杂程度以及图样的类别来设置的。如绘制机械图样中的零件图，通常设置作图线、粗实线、虚线、点画线、标注、符号、图案等图层，如图 8-2 所示。由于在功能区的"图层控制"下拉列表中不显示图层的线型，故以线型名为图层命名。

若装配图是由各个零件图拼装绘制的，建议零件图中粗实线、细实线、虚线、点画线、图案层分视图设置，如主视图-粗实线、主视图-虚线、主视图-点画线、主视图-图案，俯视图-粗实线、俯视图-虚线、俯视图-点画线、俯视图-图案等，这样虽然图层数量较多，但是便于绘制装配图时，根据需要有选择的冻结某一部分图层。粗实线层的线宽设为"0.5"，其他图层的线宽均设为"0.25"。为便于图形文件共享，所有线宽不采用默认值，不在"0"层中作图（"0"层中的对象在块插入时是浮动的）。

对象特性应采用默认设置即"ByLayer"（随层），以便通过图层管理图形中不同对象的特性。设置图层的步骤参考本书 4.1.3。

图 8-1 新建文件命令初步设计绘图环境

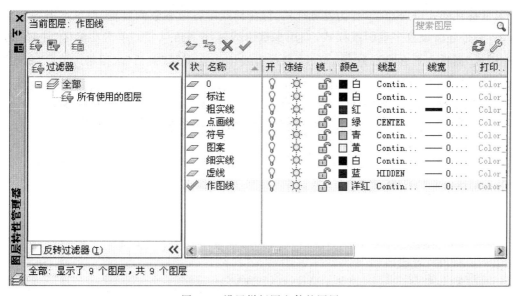

图 8-2 设置样板图文件的图层

不同的图层设置不同的颜色可以使图形层次分明,但用黑白打印机打印图样时,除"白"色外,其他颜色的打印效果都不理想,即颜色偏浅且是点阵。建议:在打印之前将所有图层的颜色修改为"白"色,有一个前提是对象特性均采用"ByLayer"(随层)的默认设置。

(4)设置文字样式

用 AutoCAD 绘制工程图样,通常要设置至少两种文字样式,分别用于尺寸标注、技术要求和一般注释、标题栏中的文字等。但若将字体设为"gbeitc.shx",并选择使用大字体,大字体设为"gbcbig.shx",而且将文字高度设为 0.000 0,只要一种文字样式就可在图形中注写和标注大小不同的汉字和数字。样板图中文字样式的设置,如图 8-3 所示。文字样式的设置方法参考本书 5.1.1。

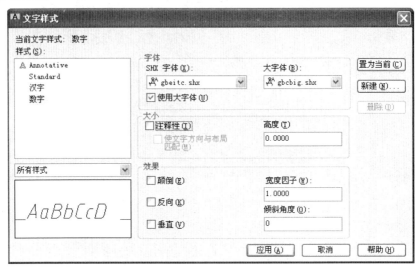

图 8-3 文字样式设置

(5) 设置尺寸标注样式

尺寸标注样式以 ISO-25 作为基础样式,标注样式中各项参数的设置,参见本书 5.2.2 和 5.2.3。另外还需设置多重引线样式,如用多重引线标注倒角尺寸。单击功能区"注释"选项卡→"引线"面板右下方的箭头 ，打开"多重引线样式管理器"对话框(图略),单击"新建"按钮,打开"创建新多重引线样式"对话框(图略),在"新样式名"文本框中输入新建多重引线样式的名称为"倒角标注 Standard",按下"确定"按钮,又打开"修改多重引线样式"对话框。在"修改

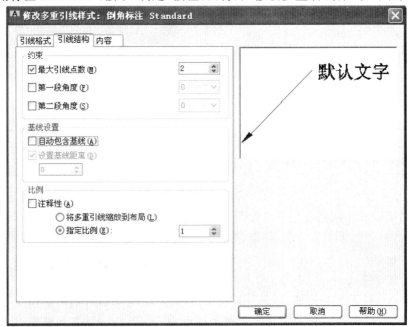

图 8-4 多重引线样式"引线结构"选项卡的设置

多重引线样式"对话框的"引线格式"选项卡(图略)中,将箭头改为"无";在"引线结构"选项卡中,将"最大引线点数"设为"2",不选"自动包含基线"复选框。其他设置不变,如图 8-4 所示;在"内容"选项卡中,文字样式修改为"数字"文字样式;"引线连接"选择"水平连接单选按钮","连接位置-左"选"最后一行加下划线","基线间隙"设为 0,其他设置不变,如图 8-5 所示。

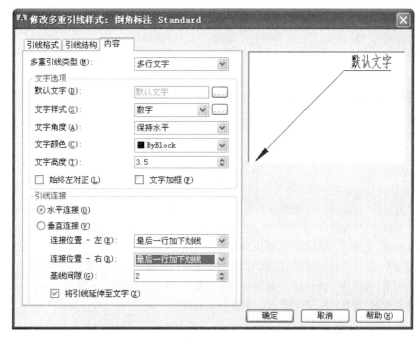

图 8-5　多重引线样式"内容"选项卡的设置

(6) 绘制图幅线和图框线

AutoCAD 的图形界限的边界线不能在绘图窗口显示出来,为了便于打印输出时选择打印范围,所以首先绘制图幅线,然后根据图框的形式(如带装订边或不带装订边)要求绘制图框线。用"矩形"或"直线"命令均可绘制图幅和图框。

①将"细实线"层设为当前图层,用"矩形"命令绘制图幅。

命令:_rectang

指定第一个角点或[倒角(C)/标高(E)/圆角(F)/厚度(T)/宽度(W)]:0,0↙

指定另一个角点或[面积(A)/尺寸(D)/旋转(R)]:420,297↙

②单击功能区"视图"选项卡→"导航"面板中 🔍范围 ▾ 右侧的箭头→🔍工具按钮,执行"全部"缩放命令,使图形按所设图形边界显示。

③将"粗实线"层设为当前层,绘制图框线(图 8-6)。过程如下:

命令:_offset

当前设置:删除源=否　图层=源　OFFSETGAPTYPE=0

指定偏移距离或[通过(T)/删除(E)/图层(L)]<5.0000>:l↙(选择图层(L)选项)

输入偏移对象的图层选项[当前(C)/源(S)]<源>:c↙(将偏移对象复制到当前层)

指定偏移距离或[通过(T)/删除(E)/图层(L)]<5.0000>:5↙(图幅线与图框线间的距离)

选择要偏移的对象,或[退出(E)/放弃(U)]<退出>:选择图幅线框↙

指定要偏移的那一侧上的点,或[退出(E)/多个(M)/放弃(U)]<退出>:在图幅线框内拾取一点↙

选择要偏移的对象,或[退出(E)/放弃(U)]<退出>:↙(结束命令)

命令:offset(重复执行偏移命令)

当前设置:删除源=否　图层=当前　OFFSETGAPTYPE=0

指定偏移距离或[通过(T)/删除(E)/图层(L)]<5.0000>:25↙(装订边的距离)

选择要偏移的对象,或[退出(E)/放弃(U)]<退出>:选择图幅线框↙

指定要偏移的那一侧上的点,或[退出(E)/多个(M)/放弃(U)]<退出>:在图幅线框内拾取一点↙

选择要偏移的对象,或[退出(E)/放弃(U)]<退出>:↙(结束命令)

命令:_explode(执行分解命令)

选择对象:选择两个小的图框线↙

选择对象:找到2个,总计2个↙(退出分解命令,所选对象被分解)

命令:_erase

选择对象:选择图8-6(a)中的虚线↙

选择对象:找到4个,总计4个↙

命令:_fillet

当前设置:模式=修剪,半径=0.0000

选择第一个对象或[放弃(U)/多段线(P)/半径(R)/修剪(T)/多个(M)]:m↙(选择多个选项)

选择第一个对象或[放弃(U)/多段线(P)/半径(R)/修剪(T)/多个(M)]:图8-6(b)中的 A 点↙

选择第二个对象,或按住 Shift 键选择要应用角点的对象:图8-6(b)中的 B 点↙

选择第一个对象或[放弃(U)/多段线(P)/半径(R)/修剪(T)/多个(M)]:图8-6(b)中的 C 点↙

选择第二个对象,或按住 Shift 键选择要应用角点的对象:图8-6(b)中的 D 点↙

选择第一个对象或[放弃(U)/多段线(P)/半径(R)/修剪(T)/多个(M)]:↙(结束命令)

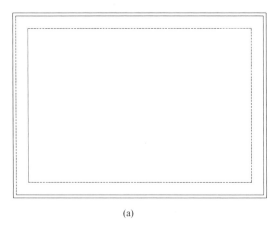

(a)

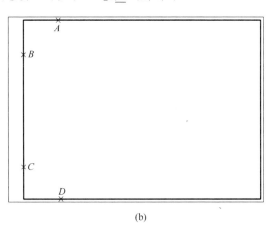

(b)

图8-6　绘制图幅、图框

（7）绘制标题栏

标题栏一般位于图框的右下角,在 AutoCAD 中用"表格"命令绘制。绘制方法和步骤以及标题栏格式参见本书5.6.4。

（8）保存样板图

单击"菜单浏览器"按钮,在弹出的菜单中单击"另存为"右侧的箭头,在下一级菜单中选择"图形样板"选项,打开如图8-7所示的"图形另存为"对话框,在"文件名"文本框中输入文件名"A3",单击"保存"按钮,即打开"样板选项"对话框,在"说明"区域中输入对样板图形的描述和说明,如图8-8所示,若无需要说明的内容,此区域可为"空",按"确定"按钮即可。

图 8-7　保存样板图

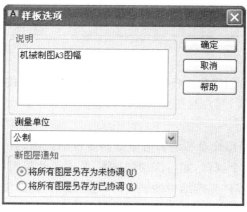

图 8-8　"样板选项"对话框

8.2　绘制机械工程图

机械工程图样主要有零件图和装配图两种。零件图和装配图是设计部门提交给生产部门的重要技术文件。零件图是制造、加工和检验零件的依据,装配图是机器或部件在设计、装配、安装、检修、使用等工作过程中必不可少的技术文件。

8.2.1　绘制零件图

以绘制图 8-9 所示零件图为例,说明用 AutoCAD 二维命令绘制零件图的方法和过程。

1. 使用样板文件建立新的图形文件

单击"快速访问工具栏"的"新建"按钮,打开"选择样板文件"对话框,在文件列表中选择

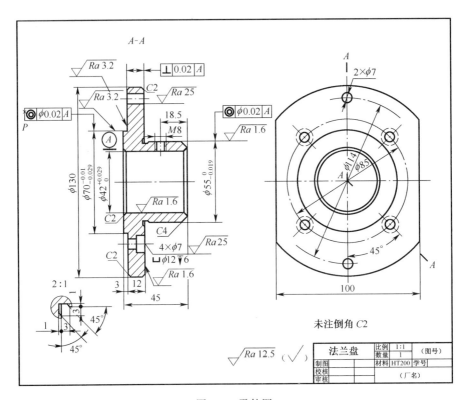

图 8-9　零件图

"A3"样板图文件(在 8.1 中创建的样板图文件),然后单击"打开"按钮。创建的新图形文件继承样板图文件中的所有设置,并在绘图窗口显示已绘制的图框和标题栏。

2. 绘制零件的视图

用 AutoCAD 的二维绘图命令和编辑命令绘制零件的视图,首先要根据零件图的结构特点制定表达方案,如选择几个视图,如何添加剖视图、断面图及其剖切位置、投射方向以及采用哪些简化画法等。并考虑零件工艺结构的表达,如过渡线、铸造圆角、拔模斜度等。

3. 标注尺寸及尺寸公差

零件图中一般尺寸标注的方法与前面章节所述相同,但是标注带有尺寸公差的尺寸需设置一个临时替代样式。具体方法在本书 5.2.3 中有详细的介绍。

4. 标注形位公差(Tolerance)

以图 8-9 中左侧同轴度的形位公差标注为例,说明形位公差的标注方法。单击功能区"注释"选项卡→标注面板下方箭头→⊞1工具按钮,打开"形位公差"对话框(图 8-10)。

(1)"符号"区,显示或设置形位公差的符号。单击其下方的小黑方块,打开"特征符号"对话框(图 8-11),在其中选择需要的形位公差符号即可。

(2)"公差 1"区,设置形位公差数值及数值前的直径符号 φ 和材料状态符号等参数。在相应的文本框中可输入公差数值,本例输入"0.02";单击文本框左侧的小黑块,其中将显示"φ"符号;单击文本框右侧的小黑块,系统弹出图 8-12 所示的"附加符号"对话框,用户可从中选择需要的材料标记,本例无此项选择。

(3)"公差 2"区,设置形位公差 2 的有关参数,本例中该区域的参数均设为空。

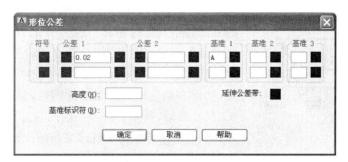

图 8-10　"形位公差"对话框

图 8-11　"特征符号"对话框

图 8-12　"附加符号"对话框

（4）"基准 1"、"基准 2"、"基准 3"区：设置基准的有关参数，用户可在其文本框中输入相应的基准代号，本例在"基准 1"文本框中输入 A，其他两文本框均设为空。

设置完各参数后，单击"确定"按钮，命令行有以下提示：

输入公差的位置：P 点↙（确定形位公差框图的标注位置）

给出标注位置后，在指定位置显示图 8-9 中的形位公差框图。

（5）标注基准符号Ⓐ。需事先将基准符号定义为"属性块"，基准符号中的字母用属性定义，标注时在图中插入相应的块。块及属性的定义及插入方法见本书 7.1 和 7.2。

5. 注写表面结构符号

用 AutoCAD 标注表面结构时，应事先将表面结构符号及参数定义为"属性块"，然后用插入命令插入到指定位置。方法参见本书 7.2 中的例 7-3。

6. 注写技术要求和标题栏

工程图样中的一些技术要求和其他相关说明，通常使用多行文字命令注写。

标题栏是用 AutoCAD 2013 的表格命令绘制，因此，双击标题栏表格中的某一单元，即弹出文本编辑器，输入该单元的内容后，按下"确定"按钮关闭文本编辑器。用同样方法逐个填写其他单元的文字内容。

8.2.2　绘制装配图

画装配图时，装配图中的尺寸标注、技术要求和标题栏的画法与零件图的绘制过程相同，装配图中的明细表用表格命令绘制，装配图中的序号及其指引线，用"多重引线"命令绘制。装配图中的视图可以像绘制零件图的视图一样，用二维绘图命令和编辑命令绘制。也可以根据已绘制好的零件图拼画。

以图 8-13 所示的装配图为例，说明拼画装配图的具体过程和方法（组成该部件的所有零件图均已完成，如图 8-14 所示）。

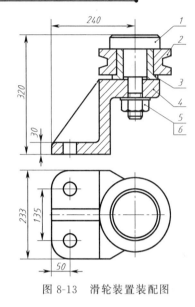

图 8-13　滑轮装置装配图

（1）组成该部件装配图的所有零件图均已完成，需要的标准件也已通过制作"动态块"的方法准备就绪。按装配关系的要求，用"基点"命令在零件图中定义插入基点，并关闭、虚线、标注、符号及装配图不需要的视图所在的图层，如图 8-14。因此绘制零件图时，最好将零件的各个视图、尺寸标注、技术要求等不同内容分层放置。

（2）使用样板图文件建立新的图形文件。首先用 IN-SERT 命令插入装配线上的基础零件（本例为零件 4），然后依次插入其他零件拼成装配图，本例的顺序为零件 4、零件 3（插入时旋转 90°）、零件 2（同前）、零件 1（同前），然后是垫圈和螺母等标准件（由"动态块"组成的标准件库调入）。若装配图零件比较多，而且不止一条装配线时，应首先建立专用图层，在专用图层上绘制定位线，然后再依次插入各零件，装配图拼装好后，冻结专用图层。

（3）用"分解"命令分解作为块插入的各零件视图，并擦去多余线条。

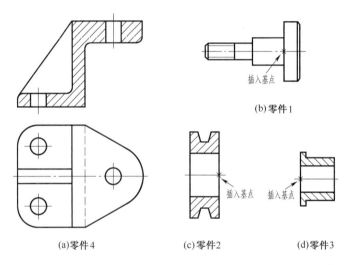

（a）零件4　　　　（c）零件2　　　　（d）零件3

图 8-14　拼装装配图的零件图

（4）将标注设为当前层标注装配图所必需的尺寸，如图 8-13 所示。

（5）用多重引线命令绘制装配图中的序号及其指引线。

①设置多重引线样式。执行多重引线样式命令，以样板图中的"倒角标注 Standard"多重引线样式作为基础样式，建立名为"装配图序号 Standard"的多重引线样式。在"修改多重引线样式"对话框的"引线格式"选项卡中，将箭头符号改为"小点"，"大小"改为"1"；"引线结构"选项卡的设置不变；在"内容"选项卡（图 8-15）中，在"多重引线类型（M）"下拉列表框中选"块"选项；"源块（s）"下拉列表中选"圆"选项；"附着（A）"下拉列表中选"插入点"选项；"比例"设为0.3，其他设置不变。

②用多重引线标注零件序号。将"装配图序号 Standard"的多重引线样式置为当前。

单击 按钮执行多重引线命令，标注零件序号及其指引线。然后单击 按钮，执行多

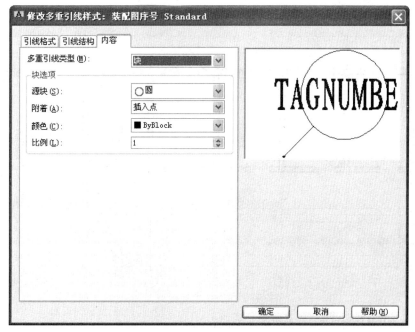

图 8-15　"修改多重引线样式"对话框"内容"选项卡

重引线对齐命令,使标注的零件序号符合制图标准的要求,如图 8-13 所示。

（6）绘制和填写明细栏,仍然用 AutoCAD 2013 的表格命令绘制并填写。也可在 Excel 中制表后,通过文本编辑器插入图中。

8.3　绘制建筑工程图

建筑工程图主要有总平面图和建筑施工图、结构施工图、设备施工图等。以图 8-16 所示的建筑平面图为例,说明绘图的方法和过程,以及创建样板图、标注样式等与机械图样的区别。

8.3.1　建立样板图

本章 8.1 是按《机械制图》国家标准创建的"A3"样板图,本节根据《建筑制图标准统一规定》创建符合建筑工程图绘图习惯的"A3"样板图。但以前一个样板图为蓝本创建新的样板图。建立图形文件及设置图形界限和图形单位同前,所以从设置图层开始。

1. 建立图形文件

方法和过程与例 8-1 相同。

2. 设置图形界限和图形单位及精度

图 8-16 所示的建筑施工平面图用 A3 图幅绘制,但绘图比例是 1：100,所以图形界限的设置扩大 100 倍,其他同前。执行"图形界限"命令,命令行提示。

命令:'_limits

重新设置模型空间界限:

指定左下角点或[开(ON)/关(OFF)]<0.0000,0.0000>:↙

指定右上角点<420.0000,297.0000>:42000,29700↙

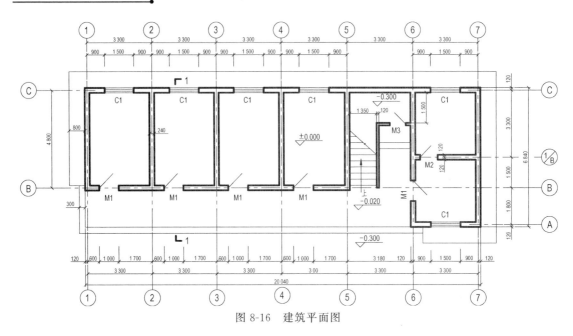

图 8-16　建筑平面图

使用缩放命令使绘图窗口按设定的图形边界显示。

命令:'_zoom

指定窗口的角点,输入比例因子(nX 或 nXP),或者

[全部(A)/中心(C)/动态(D)/范围(E)/上一个(P)/比例(S)/窗口(W)/对象(O)]<实时>:_all

3.设置对象特性和图层

图层的数量一般是根据所绘制图形的复杂程度以及图样的类别来设置的。如绘制建筑施工图,图层设置如图 8-17 所示。以图的结构特点和线型特点为图层命名。

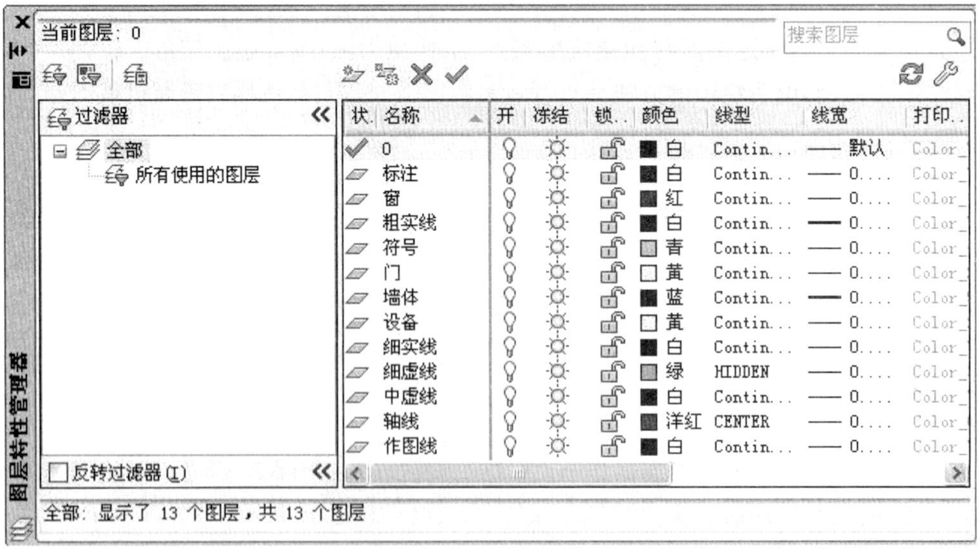

图 8-17　设置图层

粗实线和墙体层的线宽设为"0.5",门的中虚线层的线宽设为"0.25",其他图层的线宽均设为"0.15"。因为"0"层中的对象在块插入时是浮动的,所以不在"0"层中作图。

对象特性应采用默认设置即"ByLayer"(随层),以便通过图层管理图形中不同对象的特性。设置图层的步骤参考本书 4.1.3。

不同的图层设置不同的颜色可以使图形层次分明,但用黑白打印机输出图样时,除"白"色外,其他颜色的打印效果都是颜色偏浅且是点阵。建议:在打印之前将所有图层的颜色修改为"白"色,有一个前提是对象特性均采用"ByLayer"(随层)的默认设置。

4. 设置文字样式

建筑工程图样,将字体文件设为"gbenor. shx",并选择使用大字体,大字体的文件为"gbcbig. shx"。将文字高度设为 0.000 0。只要一种文字样式就可在图形中注写和标注大小不同的汉字和数字。样板图中文字样式的设置参考图 8-3,因图形按 1:100 的比例打印,所以应勾选"注释性"复选框。

5. 设置尺寸标注样式

尺寸标注样式以 ISO-25 作为基础样式,建立名为"建筑制图 ISO-25"的标注样式,参照本书按土木建筑行业的制图标准和习惯作部分调整。在尺寸标注样式的"线"选项卡中将"起点偏移量"文本框中的参数设为 4。在"符号和箭头"选项卡中,需将箭头形式选择为"建筑标记"并将箭头大小设为 3。在"文字"选项卡中,将文字样式修改为"建筑制图字体样式"。在"调整"选项卡中,勾选"注释性"复选框,并将状态行的注释性比例修改为 1:100 。

6. 设置多线样式

建筑工程图中的墙体常用 AutoCAD 的多线绘制。多线是以多条平行线组成的复合线,其中的每条线称作多线的图元(或线元素)。这些图元可以有不同的线型和颜色,各条平行线间的距离也可控制。设置方法见 8.3.2。绘制平面图要设置两个多线样式,一个画墙体(等距的三条线,中间一条是点画线),一个是画窗户(等距的四条细实线)。

绘制图幅、图框、标题栏以及保存样板图文件的方法与[例 8-1]相同。

8.3.2　绘制图形

绘图前应分析图形,理出绘图步骤。还要注意切换当前层,绘图过程中应使用对象捕捉准确定位。以图 8-16 所示建筑施工图的平面图为例。

1. 使用样板文件建立新的图形文件

单击"快速访问工具栏"的"新建"按钮,打开"选择样板文件"对话框,在文件列表中选择"A3"样板图文件(在 8.3.1 中创建的样板图文件),然后单击"打开"按钮。创建的新图形文件继承样板图文件中的所有设置,并在绘图窗口显示已绘制的图框和标题栏。

2. 绘制定位轴线

将"轴线"层置为当前层,用"直线"和"偏移"命令画出平面图中所有的定位轴线。将轴线编号创建成属性块插入图中。用"偏移"和"修剪"命令按图中尺寸定位窗洞、门洞。

3. 绘制平面图的墙体、窗户图例

将"墙体"层置为当前层,将"建筑墙体"多线样式置为当前样式。用"多线"命令绘制留出窗洞的墙体。将"窗"层置为当前层,"窗户"多线样式置为当前样式。用"多线"命令绘制窗户图例。用多线编辑命令修剪多线与多线连接处。

4. 绘制平面图中门、卫生设备的图例及细节

门、卫生设备、楼梯的图例已事先用"动态块"组成图例库,现在只是用"插入"命令调用。

将"细实线"层置为当前层,绘制室外散水。

5. 标注

将"符号"层置为当前层,用"插入"命令标注标高符号、剖切符号,用"图案填充"命令绘制断面的材料图例。用"表格"命令绘制和填写门、窗表、标题栏。

6. 标注尺寸和说明文字

将"标注"层置为当前层,将"建筑制图 ISO-25"文字样式和"建筑制图字体样式"置为当前样式。标注尺寸和说明文字。

8.3.3 多线样式设置

选择菜单栏"格式"→"多线样式"命令,打开"多线样式"对话框,如图 8-18 所示。单击"新建"按钮,弹出"创建新的多线样式"对话框(图略),在"新样式名"文本框中输入新建多重引线样式的名称"建筑墙体",然后单击"继续"按钮即进入"新建多线样式"对话框,如图 8-19 所示。对话框中各选项含义如下:

1. "说明"文本框

在文本框中输入对所定义多线样式的相关说明(没有可以空)。

2. "封口"区域

控制多线的起点和终点处的封口样式,效果如图 8-20 所示。

3. "填允"下拉列表框

从下拉列表中选择多线的背景填充颜色。

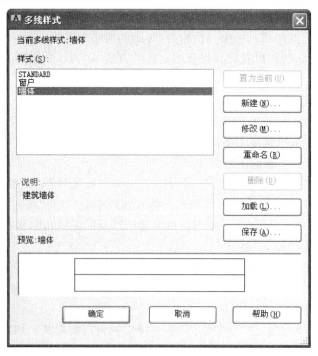

图 8-18 "多线样式"对话框

4. "显示连接"复选框

勾选该复选框,在多线的转折处即显示连接线,否则不显示,效果如图 8-20 所示。

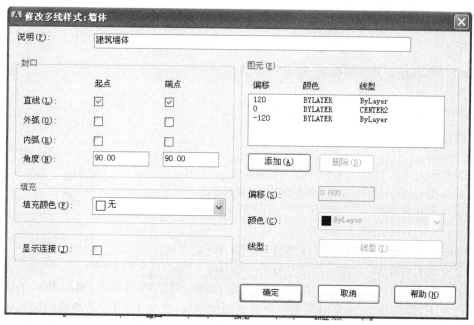

图 8-19　"新建多线样式"对话框

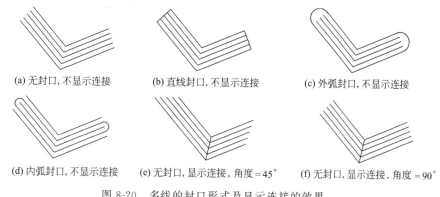

(a) 无封口,不显示连接　　(b) 直线封口,不显示连接　　(c) 外弧封口,不显示连接

(d) 内弧封口,不显示连接　　(e) 无封口,显示连接,角度=45°　　(f) 无封口,显示连接,角度=90°

图 8-20　多线的封口形式及显示连接的效果

5. "图元"区域

显示和设置多线的线元素。

(1)"添加"按钮,单击该按钮,系统在元素列表框中加入一条偏移距离为 0 的新线。此后,用户可通过"偏移"文本框、"颜色"下拉列表框和"线型"按钮设置这条新线的偏移量、颜色和线型。本例中的参数设置如图 8-19 所示。

(2)"偏移"文本框,设置所选线元素的偏移量。

(3)"颜色"下拉列表框,设置所选线元素的颜色。

(4)"线型"按钮,单击此按钮,会弹出"选择线型对话框",从中选择需要的线型。

单击"确定"按钮,返回图 8-18 所示的"多线样式"对话框。单击其中的"加载"按钮,系统弹出"加载多线样式"对话框(图略),供用户加载已定义的多线样式文件,AutoCAD 提供的多线文件 acad. mln,用户也可创建自己的多线文件(扩展名为 . mln)。单击"保存"按钮可将多线样式保存为多线文件。

8.3.4 "多线"(Mline)命令

1. 功能

绘制多线,并控制其绘制比例、对正方式。

2. 命令位置

选择菜单栏→"绘图"→"多线"命令。

3. 操作

命令:_mline

当前设置:对正＝上,比例＝20.00,样式＝建筑墙体

指定起点或[对正(J)/比例(S)/样式(ST)]:↙或某选项↙

指定下一点:多线起点

指定下一点或[放弃(U)]:多线的下一点↙

指定下一点或[闭合(C)/放弃(U)]:多线的下一点↙或C↙

指定下一点或[闭合(C)/放弃(U)]:多线的下一点↙或↙(空回车结束多线命令)

(1)"对正"选项,确定多线的端点与画线起点(终点)之间的关系,有三种对正方式"上(T)、无(Z)、下(B)",图 8-21 是分别用三种方式画的多线,其中 P_1、P_2 是画线的起点和终点。

(2)"比例(S)"选项,确定多线的整体比例因子,在多线样式中设置的各线元素的偏移量乘以该比例因子就是多线各线元素间的距离。该比例只影响多线各线元素的偏移量不影响多线中非连续线型的线型比例,如图 8-22 所示。本例中将比例设为 100。

(3)"样式(ST)"选项,选择多线样式。

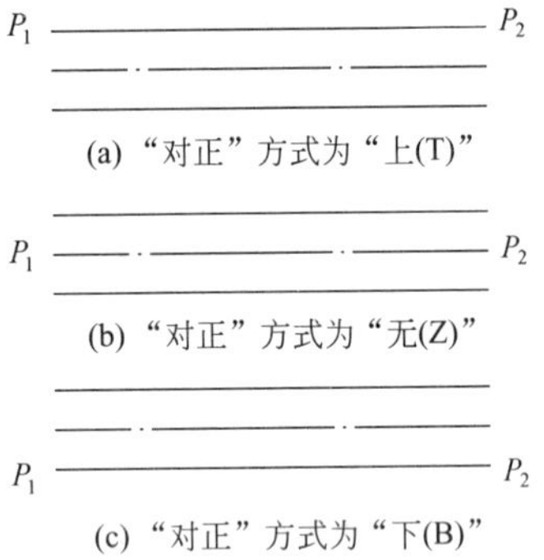

P_1 ———————— P_2

(a) "对正"方式为"上(T)"

(a) 比例=20

P_1 ———————— P_2

(b) "对正"方式为"无(Z)"

(b) 比例=10

P_1 ———————— P_2

(c) "对正"方式为"下(B)"

(c) 比例=0

图 8-21 多线的对正方式

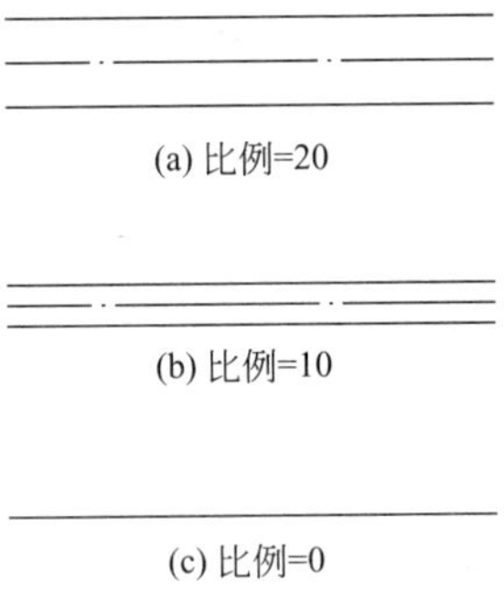

图 8-22 多线的比例

8.3.5 "多线编辑"(Mledit)命令

1. 功能

编辑多线之间的相交方式。

2. 命令位置

选择菜单栏→"修改"→"对象"→"多线"命令。打开"多线编辑工具"对话框,如图 8-23 所示。

3. 操作

对话框中显示了四列选项图标,第一列是十字交叉、第二列是 T 形相交、第三列是拐角和

顶点的编辑、第四列是多线的断开和连接。单击某一选项图标,命令行提示为:

命令:_mledit

选择第一条多线:<u>选择一条线</u>↙

选择第二条多线:<u>选择另一条线</u>↙

选择第一条多线或[放弃(U)]:↙(此提示反复出现,直至空回车结束命令)

编辑多线"T 形相交"时,选择多线的顺序不同,编辑效果也将不同。图 8-24 是将"十字交叉"编辑修剪为"T 形合并"时的效果。图 8-25 是将"十字交叉"编辑修剪为"T 形打开"时的效果。

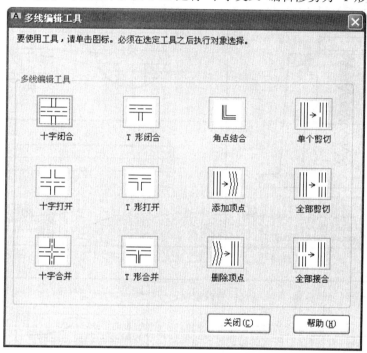

图 8-23　"多线编辑工具"对话框

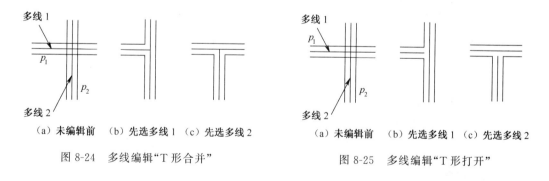

（a）未编辑前　（b）先选多线 1　（c）先选多线 2　　　　（a）未编辑前　（b）先选多线 1　（c）先选多线 2

图 8-24　多线编辑"T 形合并"　　　　　　　图 8-25　多线编辑"T 形打开"

8.4　思考与上机实践

1. 绘制图 8-26 和图 8-27 所示的零件图。

2. 根据图 8-26 和图 8-27 所示的零件图和装配示意图绘制千斤顶的装配图。

3. 绘制图 8-28 所示的建筑施工图。

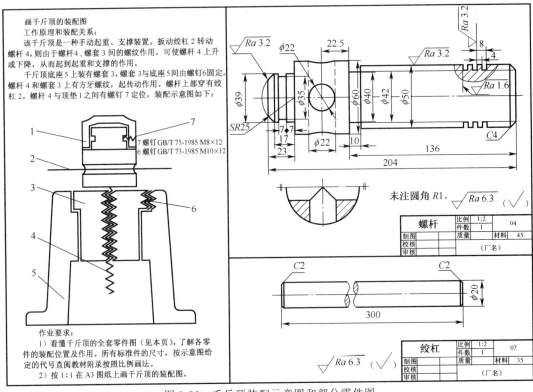

图 8-26　千斤顶装配示意图和部分零件图

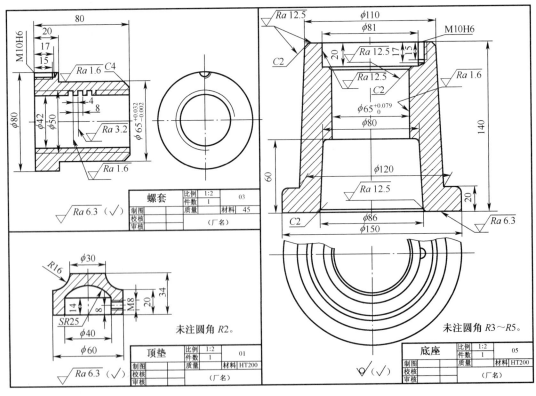

图 8-27　千斤顶部分零件图

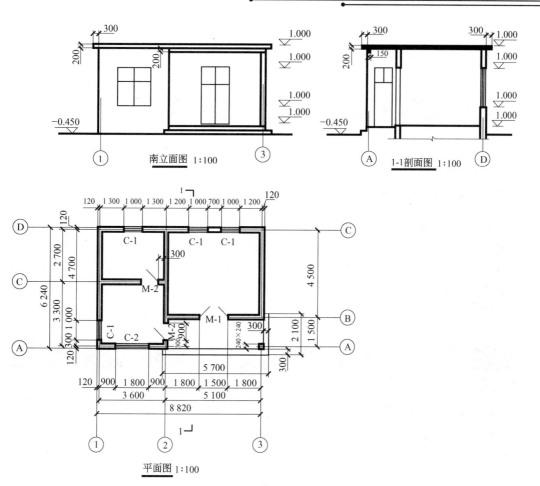

图 8-28 建筑施工图

第9章 创建三维实体模型

9.1 基本知识

9.1.1 "三维建模"工作空间

随着计算机技术的发展,三维图形的绘制广泛应用于工程设计和绘图当中,在 AutoCAD 2013 中,在快速访问工具栏的"工作空间"栏中选择"三维建模"可切换到三维建模工作空间。其界面布局、工具选项板与"草图与注释"工作空间相同,但功能区的面板和菜单栏的内容都是针对创建三维实体模型而设,如图 9-1 所示。本章主要介绍创建三维实体模型的基本概念、基本方法与操作以及常用的建模技巧。

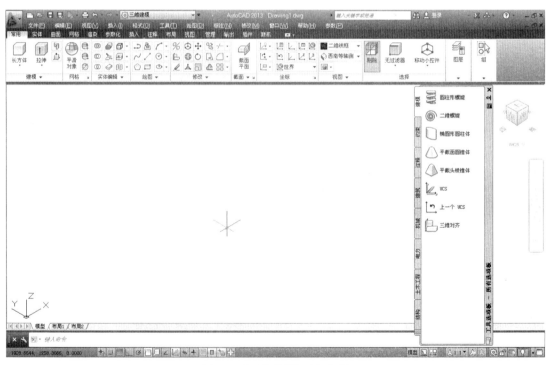

图 9-1 "三维建模"工作空间

9.1.2 三维对象的类型

AutoCAD 支持三种不同类型的三维模型,即线框模型、表面模型和实体模型。

1. 线框模型

线框模型由描述三维对象边框的点、直线和曲线组成,在三维建模工作空间可用二维绘图的方法创建线框模型。线框模型不含面和体的信息，只有描绘对象边界轮廓的几何信息。所以，线框模型不能进行消隐、渲染等操作。

2. 表面模型

表面模型不仅定义三维对象的边，而且还定义三维对象的表面。表面模型是用多边形网格定义表面上的各个小平面的，这些小平面组合起来近似构成曲面，也称曲面模型。在三维建模工作空间用网格建模命令创建曲面模型，曲面模型不包含体的信息，所以不能进行布尔运算。

3. 实体模型

实体模型具有体的全部信息，在"三维模型"工作空间用实体建模命令创建三维实体模型，对三维实体模型可进行诸如：挖孔、开槽、倒角及布尔运算等操作，可以分析其体积、重心、惯性矩等质量特征，还可将构成三维实体模型的数据生成 NC 代码等。

三维实体造型技术使工程设计人员可在计算机 CAD 系统上，直接用三维实体表达设计对象，并可在计算机上对机器进行装配、干扰检查、分析修改以及最后输出二维视图等工作，使设计过程更加直观，更加迅速，大大提高设计效率。因此，掌握三维实体造型技术对从事工程设计的技术人员来讲至关重要。

9.1.3　视觉样式

视觉样式即三维模型的显示效果。AutoCAD 2013 中，三维模型的视觉样式有二维线框、三维隐藏、概念、着色、灰度和真实等 12 种显示效果，通过相应的命令用户可以控制三维模型的视觉样式。

单击功能区"常用"或"视图"选项卡 →"视图"或"视觉样式"面板 →
■**二维线框**　　　　▼按钮的箭头可展开"视觉样式"面板，如图 9-2 所示。各种视觉样式的显示效果如对话框中的图片所示，单击某一图片按钮即可将其代表的视觉样式置为当前样式。

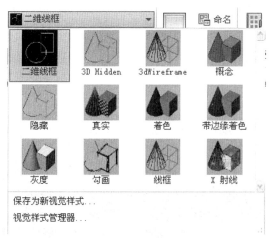

图 9-2　视觉样式

9.1.4　构造平面和造型基面

构造平面指当前 UCS 的 *XOY* 坐标平面。因此当前构造平面的方位随着当前 UCS 的变化而变化。AutoCAD 生成三维模型的基本方法是：造型基面上的二维图形沿当前 UCS 的 *Z*

轴方向延伸生成三维模型。所以造型基面与当前构造平面平行是构造三维模型时的高度基准。当高度值是正值时，三维模型沿当前 UCS 的 Z 轴正向延伸。当高度值是负值时，三维模型沿当前 UCS 的 Z 轴负向延伸。

构造三维模型时，应恰当地利用构造平面和造型基面的这些特点及其与当前 UCS 的关系，使某些复杂的造型定位问题得以简化。

9.2 坐 标 系

在三维空间构造模型时，AutoCAD 用笛卡尔右手坐标系确定空间几何元素的位置。AutoCAD 的默认坐标系为通用坐标系（WCS），AutoCAD 不允许用户改变通用坐标系，但是为了方便用户构造三维模型，允许用户在通用坐标系下定义用户坐标系（UCS）。

9.2.1 通用坐标系

通用坐标系（World Coordinate System），简写为 WCS。通用坐标系定义了一个三维空间，即计算机屏幕的左下角为坐标原点，屏幕的水平方向为 X 坐标，竖直方向为 Y 坐标，Z 坐标的正向指向用户（图 9-3）。

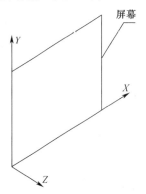

图 9-3 AutoCAD 的通用坐标系

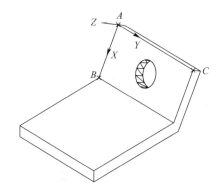

图 9-4 倾斜结构的构造平面

9.2.2 用户坐标系

用户坐标系（User Coordinate System），简写为 UCS。用户坐标系就是由用户根据绘图或造型的需要在 WCS 下定义的任一坐标系。定义用户坐标系的目的是通过定义坐标系的原点及 X、Y、Z 坐标轴的正向等参数，从而构成方便用户绘图或造型的构造平面和造型平面（即：当前用户坐标系的 XOY 坐标平面）。例如图 9-4 所示物体在 WCS 下其倾斜结构的造型比较困难，尤其是斜板上的圆孔。若把其倾斜结构的前表面定义为当前 UCS 的 XOY 坐标平面（图 9-4），那么在当前 UCS 下，倾斜结构的构造平面就不是倾斜的，而是平行于当前 UCS 的 XOY 坐标面的平面，从而便于构造三维实体模型。

9.2.3 设置 UCS 图标的可见性和位置

为了使用户在作图过程中随时了解当前用户坐标系的方向、原点位置等信息，以方便构造实体模型，AutoCAD 提供了坐标系图标以表示当前坐标系的情况。

单击功能区选项板→"视图"选项卡→"坐标"面板→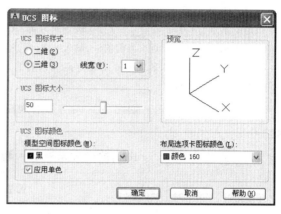按钮右侧的箭头可选择显示坐标系图标或隐藏坐标系图标。默认状态是显示在当前坐标系的原点。

单击功能区"视图"选项卡→"坐标"面板→按钮，打开"UCS 图标"对话框，如图 9-5 所示。可设置图标的大小、颜色和箭头类型、图标线宽等，并且可使图标样式在三维和二维之间切换。

图 9-5　"UCS 图标"对话框

9.2.4　新建用户坐标系(UCS)命令

1. 功能

定义、保存、删除、修改、存储以及调用已定义的用户坐标系。在同一图形文件中，用户可建立的用户坐标系的数量不限，AutoCAD 2013 提供的面板、菜单栏或工具栏使用户在作图过程中，可方便地创建用户坐标系。此处仅介绍几种常用方法。

2. 命令位置

图 9-6 是位于功能区"常用"或"视图"选项卡中的"坐标"面板，图 9-7 是位于菜单栏"工具"菜单中的新建用户坐标系菜单，菜单中的图标与面板中的图标一一对应。

图 9-6　"坐标"面板

图 9-7　"新建 UCS"菜单

(1) 原点(N)——通过改变当前 UCS 的原点，定义一个新 UCS。执行该命令选项，后续提示为：

指定新原点<0,0,0>:输入一点↙(该点即为新 UCS 的原点)

(2) 、、 X/Y/Z——当前坐标系分别绕 X、Y、Z 坐标轴旋转指定的角度，以定义新的 UCS。后续提示为：

指定绕 X(Y、Z)轴的旋转角度<90>:-15 ↙(角度值可正、可负，按右手法则确定旋转正向)

(3) 上一个——返回前一个 UCS 下。AutoCAD 的栈中保存最后 10 个 UCS，连续使用该选项可逆序回到前某个 UCS 下。当系统变量 TILEMODE=0(OFF)时，AutoCAD 在模型空间和图纸空间各保存 10 个最后所建的 UCS，用该选项返回到哪个空间的前一坐标系下取决于当前的空间类型。

（4）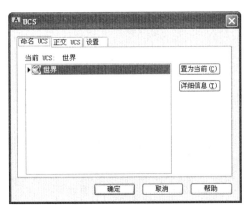三点（3）——通过指定新 UCS 的原点及其 X、Y 轴正向上的点，定义一个新 UCS。后续提示为：

指定新原点<0,0,0>：输入一点↙（该点即为新 UCS 的原点，图 9-4 中的 A 点）

在正 X 轴范围上指定点<当前值>：输入一点↙（该点为新 UCS X 轴正向上的任意一点，图 9-4 中的 B 点）

在 UCS XY 平面的正 Y 轴范围上指定点<当前值>：输入一点↙（该点为新 UCS Y 轴正向上的任意一点，图 9-4 中的 C 点）

（5）视图（V）——创建 XY 面与当前视图平面（计算机屏幕）平行的 UCS，但原点位置保持不变。

（6）世界（W）——由当前坐标系恢复到通用坐标系。

9.2.5 命名、保存、调用 UCS

用户可将频繁使用的 UCS 命名并保存，待需要时调用（即置为当前）。单击功能区选项板→"常用"或"视图"选项卡→"坐标"面板→按钮，打开"UCS"对话框的"命名 UCS"选项卡，如图 9-8 所示，可对当前 UCS 命名、保存及调用。创建新 UCS 后，列表框中会显示"未命名"项。在列表框中选择某一 UCS，然后单击"置为当前"按钮即将所选 UCS 置为当前；在列表框中选择某一 UCS，单击鼠标右键，通过弹出的右键快捷菜单选项，可对新建的 UCS 进行重命名、保存、删除等操作。

图 9-8 "UCS"对话框

9.3 设置视点及三维模型的常用观察工具

AutoCAD 提供的设置视点、动态观察、相机、漫游和飞行等命令可以使用户以不同的方式，多方位、多角度地观察三维模型，并在计算机屏幕上生成三维模型的投影图（如：标准视图、轴测图或透视图）。AutoCAD 中默认的观察位置，在 WCS 的 Z 轴正向一个单位处，相当于俯视 WCS 的 XOY 坐标面，三维模型的显示相当于标准视图中的俯视图。因此建立三维模型时，需通过设置视点、动态观察等命令设置合适的视点，才能使三维模型投影为轴测图或透视图，使三维模型的显示有立体感。

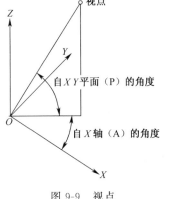

图 9-9 视点

9.3.1 视点（Vpoint）命令

1. 功能

视点是指观察三维图形的位置，视点与坐标原点的连线（称视线）即为观察方向，如图 9-9 所示。视点命令就是通过改变视点，来改变当前视窗中视图的观察方向。视点命令所设视点均是相对于 WCS 坐标系的,默认值为(0,0,1),即位于 WCS 的 Z 轴正向一个单位处。

2. 命令位置

选择菜单栏→视图→三维视图→视点命令。

3. 操作

执行视点命令,绘图窗口显示罗盘和坐标架,如图 9-10 所示。此时移动鼠标,罗盘中的"＋"字光标随之移动,而坐标架也随之作相应的旋转,动态演示视点的变化。所以移动鼠标在罗盘中选取一点,即指定了新的视点。罗盘是一个单位球的二维表示形式,中心点表示北极点;小圆表示球的赤道圆;大圆表示南极点(图 9-11)。将光标定位在中心点(北极点),视点相当于在 Z 轴的正向一个单位处(0,0,1);将光标定位于大圆(南极圆)上,视点相当于在 Z 轴负向的一个单位处(0,0,−1);光标在小圆以内移动,视点在上半球移动;光标在小圆与大圆之间移动,视点在下半球移动。

图 9-10　罗盘及坐标架　　　　　　　　图 9-11　罗盘的含义

9.3.2　用"视点预设"对话框设置视点

选择菜单栏→视图→三维视图→视点预设命令,打开"视点预设"对话框,如图 9-12 所示。预设是用两个角度确定视点,两个角度的含义参照图 9-9。单击对话框左边方形图标中的射线,即确定视线在 XOY 坐标平面上的投影与 X 轴的夹角,角度值显示在方形图标下方的"X 轴"编辑框中;单击对话框右边半圆形图标中的射线,即确定视线与 XOY 坐标平面的夹角,角度值显示在半圆形图标下方的"XY 平面"编辑框中。角度值也可直接输入到编辑框中。

选中对话框中的"绝对于 WCS(W)"单选按钮(默认设置),所设视点相对于 WCS。选中"相对于 UCS(U)"单选按钮,所设视点相对于当前 UCS。

单击对话框中的"设置为平面视图(V)"按钮,若已选中"相对于 UCS(U)"单选按钮,AutoCAD 按当前坐标系生成平面视图,即视点

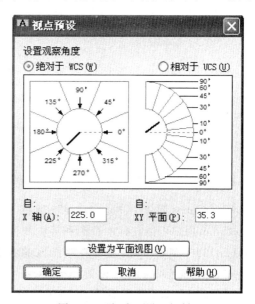

图 9-12　"视点预设"对话框

在当前坐标系 Z 轴正向的一个单位处(0,0,1)。若选中"绝对于 WCS(W)"单选按钮,按世界坐标系生成平面视图。

9.3.3 平面视图(Plan)命令

1. 功能

以任意坐标系 Z 轴正向的一个单位处(0,0,1)点作为视点,所得图形称为平面视图。用户可根据菜单选项指定坐标系。其作用与"视点预设"对话框的"设置为平面视图(V)"按钮相同。

2. 命令位置

$$当前 UCS(\underline{U})$$
选择菜单栏→视图→三维视图→平面视图→世界 UCS(\underline{W})
$$命名 UCS(\underline{N})$$

9.3.4 快速设置特殊视点

单击功能区"视图"选项卡→视图面板中的向下箭头或单击功能区"常用"选项卡→视图面板→ 未保存的视图 向下箭头,展开"特殊视点"工具按钮,如图 9-13(a)所示。单击某一按钮或选择菜单栏→"视图"→"三维视图"命令[图 9-13(b)],均可快速设置相应的特殊视点,得到三维模型的标准视图。

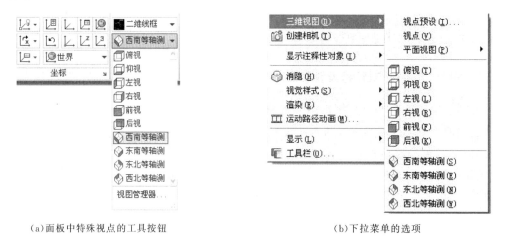

(a)面板中特殊视点的工具按钮　　　　　　　　(b)下拉菜单的选项

图 9-13　设置特殊视点

9.3.5 ViewCube 观察工具

ViewCube(图 9-14)是 AutoCAD 的一个三维导航工具,通过 ViewCube,用户可以在标准视图和等轴测视图间快速切换。在 Auto-CAD 2013 中,ViewCube 显示在绘图区的右上角,当 View Cube 工具处于不活动状态时,默认设置下显示为半透明状态。将光标移至 ViewCube 工具即可将其激活,此时用户单击 ViewCube 工具的角点、边、面,或单击 ViewCube 工具上的某一文字、箭头或拖拽鼠标均会立

UCS
菜单

图 9-14　ViewCube 工具

即切换到对应的视点。

　　将光标移至 ViewCube 工具并单击鼠标右键,在右键菜单中选择"ViewCube 设置",打开"ViewCube 设置"对话框(图略),通过"ViewCube 设置"对话框可控制 ViewCube 工具的大小、位置、UCS 菜单的显示、默认方向和指南针的显示等特性。

9.3.6　三维动态观察

　　AutoCAD 2013 的动态观察有三个相关命令,即动态观察、自由动态观察和连续动态观察。三维动态观察是相机围绕目标移动。观察时,视窗中的三维模型作为目标是静止的,只是相机的位置(视点)围绕目标移动。但看起来好像是三维模型正在随着鼠标光标的拖动而旋转。目标点是视窗的中心,而不是正在查看的对象的中心。启动三维动态观察命令之前选择多个对象中的某一个可以限制为仅显示此对象。另外,当进入三维动态观察模式后,则无法编辑对象。下面分别介绍他们的使用方法。

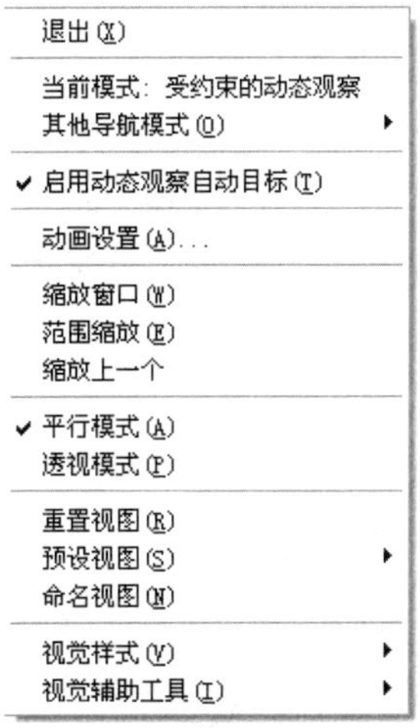

　　1. 动态观察(3Dorbit)命令

　　在三维建模工作空间的当前视窗中,拖动光标指针来动态观察模型,但仅限于水平和垂直动态观察。如果水平拖动光标,相机将平行于世界坐标系(WCS)的 XY 平面移动。如果垂直拖动光标,相机将沿 Z 轴移动,用户可通过拖动光标任意改变视点。

　　单击功能区"视图"选项卡→"导航"面板→动态观察工具按钮,或选择菜单栏→动态观察→受约束的动态观察命令均可进入受约束的动态观察模式,此时命令行提示:

　　命令:'_3dorbit 按 ESC 或 ENTER 键退出,或者单击鼠标右键显示快捷菜单

　　按下【Esc】或【Enter】键可退出动态观察模式。单击鼠标右键,弹出图 9-15 所示的右键快捷菜单,通过右键快捷菜单中的选项,也可退出动态观察模式,或选择其他观察模式。

　　按住【Shift】键并按住鼠标滚轮可临时进入动态观察模式,松开鼠标滚轮或【Shift】键即退出动态观察模式。

　　2. 自由动态观察(3Dforbit)命令

　　在三维建模工作空间的当前视窗中,拖动光标指针动态观察模型时不参照平面,可在任意方向上进行动态观察。沿 XY 平面和 Z 轴进行动态观察时,视点不受约束。进入自由动态观察模式后,视窗中显示一个用小圆分成四个区域的导航球,如图 9-16 所示。将光标移至导航球不同部分的小圆上时,光标图标改变为指示三维模型旋转方向的形式。

　　单击功能区"视图"选项卡→"导航"面板→动态观察→工具按钮,或选择菜单栏→动态观察→自由动态观察命令均可进入自由动态观察模式,命令行提示、退出自由动态观察模式以及转换为其他观察模式的方法与动态观察命令相同。

　　按住【Shift】+【Ctrl】组合键并按住鼠标滚轮可临时进入"自由动态观察"模式,松开鼠标滚轮或【Shift】键即退出。处于动态观察模式中时,按住【Shift】键可临时进入自由动态观察模式,松开【Shift】键即退出。

图 9-15　动态观察下的
快捷菜单

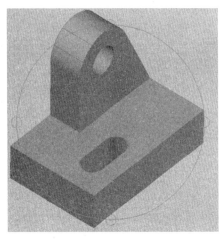

图 9-16　自由动态观察

若取消右键快捷菜单中的"启用动态观察自动目标"选项，视图的目标将保持固定不变，而相机位置或视点绕目标移动。目标点是导航球的中心，而不是正在查看的对象的中心。

3. 连续动态观察（3Dcorbit）命令

用于在三维建模工作空间的当前视窗中，连续地动态观察模型。在绘图窗口中按住鼠标左键并沿任意方向拖动光标指针，使三维模型沿拖动的方向移动，释放鼠标按钮，对象将在指定的方向沿着拖动的轨迹连续旋转，再次拖动鼠标可以改变旋转轨迹的方向。光标移动的速度决定了对象旋转的速度，单击左键停止旋转。

单击功能区"视图"选项卡→"导航"面板→ 动态观察 ▼→ 工具按钮或选择菜单栏→动态观察→连续动态观察命令均可进入连续动态观察模式，命令行提示、退出连续动态观察模式以及转换为其他观察模式的方法与动态观察命令相同。

9.4　构造基本立体

从工程制图的角度来看，任何复杂物体都是由简单基本体组合而成。AutoCAD 三维造型也采用相同的思路，即首先构造基本体（在 AutoCAD 中称作实体体素），然后对所构造的基本体进行称作布尔运算的求交、求并、求差操作，使各基本体按模型所要求的方式组合，达到构成复杂物体的目的。AutoCAD 生成基本体的方式有两种，一种是由 AutoCAD 的实体命令生成预定义的基本体。另一种是通过拉伸、旋转、扫掠或放样一个二维图形以生成基本体。在 AutoCAD 2013 的"三维基础"或"三维建模"工作空间均可完成三维实体模型的创建。

9.4.1　长方体（Box）命令

1. 功能

创建长方体或正方体。长方体的底面（称造型基面）与当前 UCS 的 XY 平面（构造平面）平行。在当前 UCS 的 Z 轴方向上指定长方体的高度，高度值可正可负，如图 9-17 所示。

2. 命令位置

单击功能区"常用"选项卡→"建模"面板→ 工具按钮。

3. 操作

命令：_box

指定第一个角点或［中心(C)］：点↙ 或 c↙

选项含义如下：

（1）"指定第一个角点"是默认选项，指定长方体造型基面上矩形的起始角点。后续提示为：

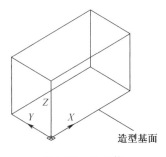

图 9-17　长方体

指定其他角点或[立方体(C)/长度(L)]:<u>点↙</u>或 <u>C↙</u>或 <u>L↙</u>

①指定其他角点:定义长方体造型基面上矩形起始角点的对角点。下一级提示:

指定高度或[两点(2P)]<当前值>:<u>输入高度值↙</u>或 <u>2P↙</u>　(2P 选项是以两点间距离确定高度)

②"长度(L)"选项:按后续提示分别输入长方体的长、宽、高。

指定长度<当前值>:<u>长度值↙</u>

指定宽度<当前值>:<u>宽度值↙</u>

指定高度或[两点(2P)]<当前值>:<u>高度值↙</u>或<u>输入两点以确定高度↙</u>

③"立方体(C)"选项:创建正方体,后续提示为:

指定长度<当前值>:<u>正方体的边长值↙</u>

(2)"中心(C)"选项,指定立方体的中心点。后续提示为:

指定中心:<u>点↙</u>(长方体的中心点)

指定角点或[立方体(C)/长度(L)]:

指定高度或[两点(2P)]<当前值>:<u>高度值↙</u>或<u>输入两点以确定高度↙</u>

9.4.2　楔体(Wedge)命令

1. 功能

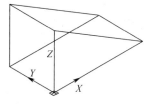

图 9-18　楔形体

创建楔体(图 9-18)。楔体的底面是造型基面,其长、宽、高的方向分别与当前 UCS 的 X 轴、Y 轴、Z 轴平行,倾斜面由 Z 轴正向,向 X 轴正向倾斜。

2. 命令位置

单击功能区"常用"选项卡→"建模"面板→下方箭头→工具按钮。

3. 操作

命令行提示及操作与 Box 命令基本相同。

9.4.3　圆柱(Cylinder)命令

1. 功能

创建圆柱体。默认情况下圆柱的底面是造型基面,高度为 Z 轴方向。若以指定端点的方式指定圆柱高度,且端点以拾取点的方式确定,则圆柱的轴线在当前 UCS 的 *XOY* 面上。

2. 命令位置

单击功能区"常用"选项卡→"建模"面板→下方箭头→工具按钮。

3. 操作

命令:_cylinder

指定底面的中心点或[三点(3P)/两点(2P)/切点、切点、半径(T)/椭圆(E)]:<u>点↙</u>或<u>某选项↙</u>

选项含义如下:

(1)指定底面的中心点,确定圆柱底面的圆心。后续提示为:

指定底面半径或[直径(D)]:<u>底圆半径↙</u>或 <u>D↙</u>

指定高度或[两点(2P)/轴端点(A)]<当前值>:<u>指定圆柱高度值↙</u>或<u>某选项↙</u>

①"指定高度"选项:输入正值,圆柱沿当前 UCS 的 Z 轴正向延伸。圆柱的底圆平行于当前 UCS 的 XOY 坐标面[图 9-19(a)]。

②"两点(2P)"选项:以两点间距离确定圆柱的高度。圆柱的底圆平行于当前 UCS 的 XOY 坐标面。

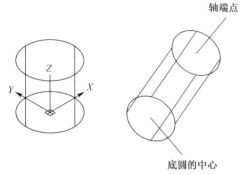

③"轴端点(A)"选项:指定圆柱轴线的另一端点,该点与圆柱底面中心点的连线为圆柱的轴线,圆柱的底圆垂直于轴线[图 9-19(b)]。后续提示为:

指定轴端点:点✓(该点与圆柱底面中心点的连线为圆柱的轴线)

(2)"三点(3P)"选项,以三点方式确定圆柱的底圆,后续提示同(1)。

(3)"两点(2P)"选项,以两点方式确定圆柱的底圆,后续提示同(1)。

(4)"切点、切点、半径(T)"选项,以公切圆方式确定圆柱的底圆,后续提示同(1)。

(a)指定高度创建圆柱　(b)指定轴端点创建圆柱

图 9-19　圆柱体

(5)"椭圆(E)"选项,生成椭圆柱。其后续提示与椭圆命令的相应选项相同,确定了椭圆形状后,后续提示要求指定椭圆柱的高度,后续的命令行提示及其响应和操作与(1)相同。

9.4.4　圆锥(Cone)命令

1. 功能

创建正圆锥或正圆台,即圆锥(或圆台)底面与其轴线垂直(图 9-20)。

2. 命令位置

单击功能区"常用"选项卡→"建模"面板→长方体下方的箭头→△工具按钮。

3. 操作

命令:_cone
指定底面的中心点或[三点(3P)/两点(2P)/切点、切点、半径(T)/椭圆(E)]:点✓或某选项✓
指定底面半径或[直径(D)]<当前值>:底圆半径✓或 D✓
指定高度或[两点(2P)/轴端点(A)/顶面半径(T)]<当前值>:圆锥高度值✓或某选项✓

(1)"指定高度"选项:输入正值,圆锥沿当前 UCS 的 Z 轴正向延伸。圆锥的底圆平行于当前 UCS 的 XOY 坐标面(图 9-20)。

(2)"两点(2P)"选项:指定两点,以两点间距离确定圆锥的高度。圆锥的底圆平行于当前 UCS 的 XOY 坐标面。

(3)"轴端点(A)"选项:指定圆锥轴线的另一端点,此时圆锥的轴线平行于当前 UCS 的 XY 面,圆锥的底圆垂直于轴线。后续提示为:

指定轴端点:点✓(该点与圆锥底面中心点的连线为圆锥的轴线)

(4)"顶面半径(T)"选项:为圆台指定顶面的半径。后续提示为:

指定顶面半径<当前值>:顶圆半径✓

指定高度或[两点(2P)/轴端点(A)]<当前值>:圆锥高度值↙或某选项↙

选项含义同前,此处不再重复。

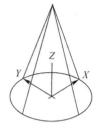

9.4.5　球体(Sphere)命令

1. 功能

创建球体。造型基面通过球心且平行于当前 UCS 的 *XOY* 坐标面。

图 9-20　圆锥体的绘制

2. 命令位置

单击功能区"常用"选项卡→"建模"面板→下方的箭头→工具按钮。

3. 操作

命令:_sphere

指定中心点或[三点(3P)/两点(2P)/切点、切点、半径(T)]:点↙或某选项↙

指定半径或[直径(D)]<当前值>:球半径↙或 D↙

各选项均为确定球的赤道圆的大小,其操作同"圆柱"命令中的相同选项。

9.4.6　圆环体(Torus)命令

1. 功能

创建圆环体(图 9-21),造型基面垂直于圆环的轴线且平行于当前 UCS 的 *XOY* 面。

2. 命令位置

单击功能区"常用"选项卡→"建模"面板→下方的箭头→工具按钮。

3. 操作

命令:_torus

指定中心点或[三点(3P)/两点(2P)/切点、切点、半径(T)]:点↙或某选项↙

指定半径或[直径(D)]<当前值>:圆环半径↙或 D↙

以上各选项均为确定圆环的中心圆(图 9-21)的大小,其操作同"圆柱"命令中的相同选项。圆环的中心圆确定后,下一级提示要求指定圆环的圆管大小。

指定圆管半径或[两点(2P)/直径(D)]:圆管半径↙或某选项↙(2P 选项以两点方式指定圆管的半径)

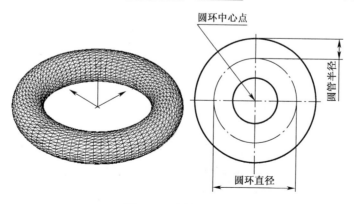

图 9-21　绘制圆环体

9.4.7 棱锥体(Pyramid)命令

1. 功能

创建正棱锥体或棱台体,其底面(即造型基面)平行于当前 UCS 的 *XOY* 坐标面。

2. 命令位置

单击功能区"常用"选项卡→"建模"面板→长方体下方的箭头→⬠工具按钮。

3. 操作

命令:_pyramid

4 个侧面外切 (显示棱锥体的当前绘制状态,4 个侧面指创建四棱锥;外切指以多边形外切于圆的方式绘制底面)

指定底面的中心点或[边(E)/侧面(S)]:点↙或某选项↙

(1) 指定底面的中心点,拾取一点指定棱锥底面的中心点,后续提示为:

指定底面半径或[内接(I)]<当前值>:半径值↙或 I↙

① "半径值"选项:输入棱锥底面正多边形的内切圆半径,因为当前绘制状态是多边形外切于圆。

② "内接(I)"选项:切换到以圆的内接正多边形方式绘制棱锥体底面的状态,后续提示为:

指定底面半径或[外切(C)]<当前值>:半径值↙或 C↙

当确定了底面半径后,下一级提示均为:

指定高度或[两点(2P)/轴端点(A)/顶面半径(T)]<当前值>:±高度值↙或某选项↙

这一级提示中各选项的含义及操作同"圆锥体"命令中的相同选项,其中"顶面半径(T)"用来指定棱台体的顶面大小,如图 9-22(a)所示。

(2)"边(E)",指定多边形的边长绘制棱锥的底面,后续提示为:

指定边的第一个端点:点↙

指定边的第二个端点:点↙

当指定多边形的边长后,下一级提示仍为:

指定高度或[两点(2P)/轴端点(A)/顶面半径(T)]<当前值>:±高度值↙或某一选项↙

(3)"侧面(S)",改变棱锥体的棱面数。后续提示:

输入侧面数<4>:5↙

指定底面的中心点或[边(E)/侧面(S)]:点↙

后续提示为指定底面半径和棱锥高度。图 9-22(b)所示为绘制的五棱锥。

9.4.8 面域(Region)命令

1. 功能

将形成闭合环的二维封闭图形如:直线、多段线、圆、圆弧、椭圆、椭圆弧和样条曲线的组合等转换为面域(图 9-23)。面域是具有物理特性(例如质心)的二维封闭区域。面域可以填充、着色和提取设计信息(如形心),也可以将面域合并为单个复合面域来计算面积等。对面域可进行交集(INTERESECT)、并集(UNION)、差集(SUBSTRACT)布尔运算。但自相交或端点不连接的二维图形不能生成面域。

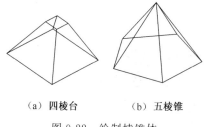

(a) 四棱台　　(b) 五棱锥

图 9-22　绘制棱锥体

图 9-23　构成面域的形状

2. 命令位置

单击功能区"常用"选项卡→"绘图"面板中的箭头→⬛工具按钮。

3. 操作

命令:_region

选择对象:<u>选择需转换为面域的二维对象</u>↙

选择对象:↙或<u>继续选择对象</u>(空回车结束命令)

9.4.9　拉伸(Extrude)命令

1. 功能

沿 Z 轴或指定的拉伸路径,将封闭的二维多段线、样条曲线以及多边形、圆、椭圆和面域拉伸指定的高度,以生成三维实体模型。在拉伸过程中,还可以使二维图形的大小(即实体的截面)沿着拉伸方向变化以形成锥体。

2. 命令位置

单击功能区"常用"选项卡→"建模"面板→⬛工具按钮。

3. 操作

命令:_extrude

当前线框密度:ISOLINES＝4

选择要拉伸的对象:<u>选择二维对象</u>↙

选择要拉伸的对象:↙(结束选择)

指定拉伸的高度或[方向(D)/路径(P)/倾斜角(T)]<当前值>:<u>高度值</u>↙或<u>某选项</u>↙

(1)指定拉伸的高度选项,将二维对象拉伸成柱体,柱体的底面与当前 UCS 的 XOY 面平行。正值沿 Z 轴正向拉伸,负值沿 Z 轴负向拉伸。也可以输入两点的方式给出高度值,两点间距离为拉伸高度,但只能沿 Z 轴正向拉伸。

(2)"方向(D)"选项,按指定方向拉伸二维对象。后续提示为:

指定方向的起点:<u>点</u>↙

指定方向的端点:<u>点</u>↙

拉伸方向不得与被拉伸的二维对象共面或平行。即在选择"D"方式前应先将当前 UCS 的 XOY 面旋转到与拉伸二维对象所在的面不平行的位置,才能按指定方向拉伸。该选项可拉伸生成斜柱体,即柱体的底面与当前 UCS 的 XOY 面不平行,如图 9-24(a)所示。

(3)"路径(P)"选项,按指定的拉伸路径,将二维对象拉伸成三维实体模型。拉伸路径可以是开放的,也可以是封闭的,但拉伸路径的起点必须与被拉伸的二维对象所在的平面垂直,如图 9-24(b)。后续提示为:

选择拉伸路径或[倾斜角(T)]:选二维对象作为拉伸路径↙或 T↙(以"T"响应可拉伸生成锥体)

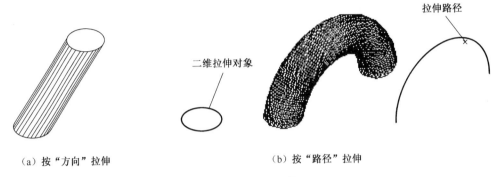

（a）按"方向"拉伸 （b）按"路径"拉伸

图 9-24 拉伸实体

（4）"倾斜角(T)"选项,指定拉伸对象沿 Z 轴或路径拉伸时相对 Z 轴或路径的收缩角度,倾斜角的取值范围是 $0°\sim\pm90°$,默认值为 $0°$,即拉伸柱体;倾斜角度可正,可负,效果如图 9-25 所示。当拉伸高度与锥角不匹配时,如因锥角过大,拉伸对象在未到达指定高度之前就已收缩为零,则按锥角收缩为零时的高度生成锥体。

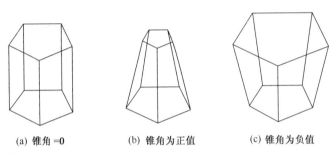

(a) 锥角 =0 (b) 锥角为正值 (c) 锥角为负值

图 9-25 倾斜角不同值时的效果

4. 说明
（1）被拉伸的二维对象不能自交叉,否则无法拉伸（如图 9-26）。

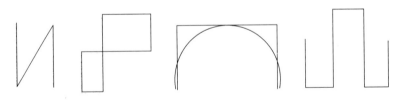

图 9-26 交叉的二维对象图例

（2）圆（CIRCLE）、椭圆（ELLIPSE）、圆弧（ARC）、椭圆弧、二维多义线（PLINE）、三维多义线（3DPLINE）、样条曲线（SPLINE）均可作为拉伸路径,拉伸路径可封闭,也可不封闭。作为路径的对象不能与被拉伸的对象共面,若路径为曲线时,曲线不能带尖角。

9.4.10 旋转（Revolve）**命令**

1. 功能
二维对象（如封闭的二维多段线、样条曲线以及多边形、圆、椭圆和面域）绕指定的回转轴线旋转生成各种回转体。但包含在块中的对象、有交叉或自干涉的多段线不能旋转,且每次只能旋转一个对象。

　　2. 命令位置

单击功能区"常用"选项卡→"建模"面板→![拉伸]下方的箭头→![工具按钮]工具按钮。

　　3. 操作

命令:_revolve

当前线框密度:ISOLINES＝4

选择要旋转的对象:<u>选择二维对象</u>↙[图 9-27(a)中的封闭线框]

选择要旋转的对象:↙(结束选择)

指定轴起点或根据以下选项之一定义轴[对象(O)/X/Y/Z]<对象>:<u>点</u>↙或↙或 X/Y/Z 选项↙

　　(1)"指定轴起点",输入两点确定旋转轴,该点为旋转轴上第一点。后续提示为:

指定轴端点:<u>点</u>↙(旋转轴上第二点,轴的正向由第一点指向第二点)

指定旋转角度或[起点角度(ST)]<360>:<u>输入旋转角度值</u>↙(角度值可正可负,按右手法则确定旋转正向)

　　(2)"X/Y/Z"选项,以当前 UCS 的 X 轴、Y 轴或 Z 轴作为旋转轴,以 X/Y/Z 轴的正向按右手法则确定旋转正向。

　　(3)"对象(O)"选项或以"空回车"响应,选择二维对象作为旋转轴,所选二维对象只能是直线、圆弧、椭圆弧、开式 PLINE 和开式样条曲线等。对象上离目标选取点最近的端点为旋转轴的原点,并以此确定旋转正向,后续提示为:

选择对象:<u>选择一个二维对象</u>↙(作为旋转轴)

　　用上述某一选项方式确定了旋转轴后,均有以下提示:

指定旋转角度或[起点角度(ST)]<360>:↙或旋转角度↙或 ST↙

　　①以"空回车"响应:二维对象绕旋转轴正向旋转 360°生成回转体,如图 9-27(b)。

　　②"指定旋转角度":二维实体绕旋转轴正向旋转指定的角度生成回转体,如图 9-27(c)。

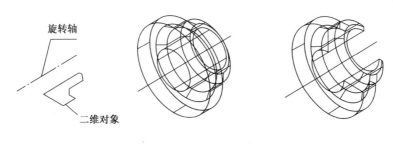

|　　(a) 面域　　　　|　　　(b) 旋转角 =360°　　|　　(c) 旋转角 =270°|

图 9-27　"旋转"命令

　　③"起点角度(ST)":确定旋转的起始角度,后续提示为:

指定起点角度<0.0>:↙或起始角度值↙

指定旋转角度<360>:↙或旋转角度值↙

　　4. 说明

按右手法则确定旋转正向。旋转角度值可正可负。

9.4.11 扫掠(Sweep)命令

1. 功能

将二维封闭对象(如封闭的二维多段线、样条曲线以及多边形、圆、椭圆和面域)按指定的路径扫掠生成三维实体模型,如图 9-28 所示。若选择的扫掠对象是非封闭的二维对象,则绘制出扫掠面。

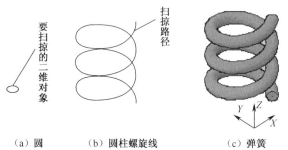

（a）圆　　　（b）圆柱螺旋线　　　（c）弹簧

图 9-28　圆柱螺旋弹簧的扫掠过程

2. 命令位置

单击功能区"常用"选项卡→"建模"面板![拉伸]下方的箭头→![工具]工具按钮。

3. 操作

命令:_sweep
当前线框密度:ISOLINES=4

选择要扫掠的对象:选择要扫掠的二维对象↙
选择要扫掠的对象:↙(结束对象选择)
选择扫掠路径或[对齐(A)/基点(B)/比例(S)/扭曲(T)]:选择路经↙或某选项↙

（1）"选择扫掠路径"选项是默认选项,选择一个二维对象(二维直线、多段线、圆、圆弧、椭圆、椭圆弧、多边形、螺旋线、样条曲线等)作为扫掠路径。图 9-28 是圆柱螺旋弹簧的扫掠过程。

（2）"对齐(A)"选项,设置扫掠前扫掠对象是否要求对齐垂直于扫掠路径。后续提示为:
扫掠前对齐垂直于路径的扫掠对象[是(Y)/否(N)]＜是＞:↙或 N↙

（3）"基点(B)"选项,选择扫掠基点。即设置扫掠对象上的哪一点(或对象外的一点)要沿扫掠路径移动。后续提示为:
指定基点:选择扫掠基点↙

（4）"比例(S)"选项,设置扫掠的比例因子。使扫掠对象在扫掠路径上,从靠近选择点一端至另一端按指定比例因子逐步放大或缩小,如图 9-29 所示。后续提示为:
输入比例因子或[参照(R)]＜1.0000＞:比例因子↙或 R↙("R"选项,通过"参照"方式设置比例因子)

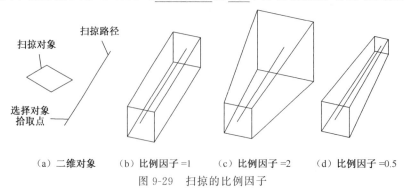

（a）二维对象　　　（b）比例因子 =1　　　（c）比例因子 =2　　　（d）比例因子 =0.5

图 9-29　扫掠的比例因子

（5）"扭曲(T)"选项,设置扭曲角度或非平面扫掠路径的倾斜角度。使扫掠对象,在扫掠路径上从靠近选择点一端至另一端按指定的角度扭曲或倾斜。

4. 说明

用拉伸命令也可生成圆柱螺旋弹簧,但拉伸对象圆所在的面必须垂直于拉伸路径的起点。

而用扫掠命令生成圆柱螺旋弹簧时,则无此要求。

9.4.12　放样(Loft)命令

1. 功能

在一系列封闭的二维横截面之间放样生成三维实体。

2. 命令位置

单击功能区"常用"选项卡→"建模"面板→ 下方的箭头→ 工具按钮。

3. 操作

命令:_loft

按放样次序选择横截面或[点(PO)/合并多条边(J)/模式(MO)]:选择横截面↙(至少要两个横截面对象)

输入选项[导向(G)/路径(P)/仅横截面(C)/设置(S)]<仅横截面>:↙或某选项↙

(1)"导向(G)"选项,使用导向曲线控制放样的路径,每条导向曲线都必须与所选的每个横截面相交,并且起始于第一个横截面,结束于最后一个横截面,如图 9-30(a)所示。导向曲线必须是样条曲线或经拟合后的多段线,不能是圆弧、椭圆弧或其他直线段。另外,导向曲线的弯曲率、弯曲次数及所选横截面的形状、大小都会影响放样效果。若所选横截面或导向曲线不合适,命令行提示"选定的图元无效"。用户需修改所选横截面或导向曲线。

(2)"路径(P)"选项,使用一条简单的路径控制放样,该路径可以是直线、圆弧、椭圆弧、多段线的一段等,并且应与部分或全部截面相交,如图 9-30(b)所示。

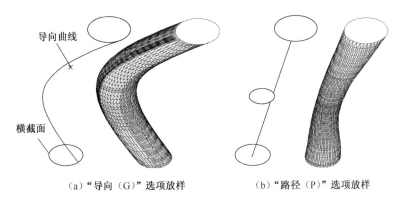

导向曲线

横截面

(a)"导向(G)"选项放样　　　(b)"路径(P)"选项放样

图 9-30　放样命令

(3)"仅横截面(C)"选项,是默认选项。仅使用横截面放样,用于放样的几个横截面不能共面。此时会弹出"放样设置"对话框(图 9-31),用来控制放样时通过横截面的曲面。

9.4.13　多段体(Polysolid)命令

1. 功能

生成三维多段体或将二维对象(直线、多段线、圆、圆弧、椭圆、椭圆弧、多边形等)转换为三维多段体,如图 9-32 所示。

2. 命令位置

单击功能区"常用"选项卡→"建模"面板→ 工具按钮。

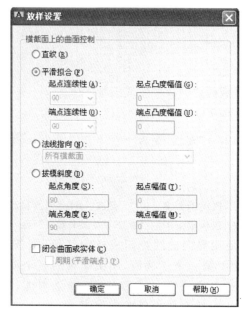

图 9-31 "放样设置"对话框

3. 操作

命令:_Polysolid 高度＝80.0000,宽度＝5.0000,对正＝居中

指定起点或[对象(O)/高度(H)/宽度(W)/对正(J)]＜对象＞:
↙或点↙或某选项↙

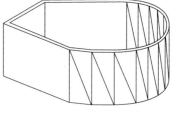

图 9-32 绘制多段体

(1)"指定起点"为默认选项,输入的点即为多段体的起点,此时,多段体的高度、宽度及对齐方式均为默认值或上一次绘制多段体所指定的值,后续提示为:

指定下一个点或[圆弧(A)/放弃(U)]:指定下一点或 A↙或 U↙

①"指定下一点":在该点与前一点之间绘制一段多段体,该提示重复出现,用户可以连续绘制若干段多段体。当绘制了两段以上多段体后,上述提示中会增加"闭合(C)"选项。使用该选项可使多段体封闭。

②"放弃(U)"选项:取消最后所画的一段多段体。

③"圆弧 A"选项:转换到绘制圆弧段多段体方式,后续提示与"多段线"命令中类似,用户可参考本书 6.1.1 多段线。

(2)"对象(O)"选项,将二维对象(只能是直线、多段线、圆、圆弧、椭圆、椭圆弧、多边形等)转换为三维多段体,如图 9-33 所示。后续提示要求选择需转换的二维对象。

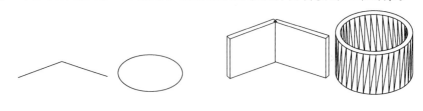

(a)二维对象 (b)转换为三维多段体

图 9-33 将二维对象转换为三维多段体

（3）"高度（H）"选项，改变当前所绘多段体的高度。

（4）"宽度（W）"选项，改变当前所绘多段体的宽度。

（5）"对正（J）"选项，改变当前所绘多段体的对齐方式。后续提示为：

输入对正方式[左对正(L)/居中(C)/右对正(R)]＜居中＞:↙ 或某选项↙

①左对正（L）：多段体以输入点为基准向内侧绘制，即输入点为多段体的外侧边缘，如图9-34（a）所示。

②居中（C）：为默认选项，此时绘制的多段体以输入点为中心向两侧绘制，如图 9-34（b）所示。

③右对正（R）：多段体以输入点为基准向外侧绘制，即输入点为多段体的内侧边缘，如图9-34（c）所示。

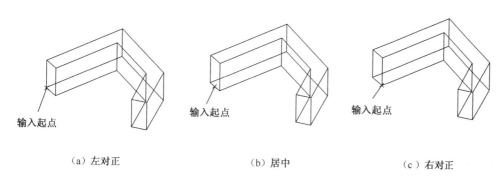

（a）左对正　　　　　　（b）居中　　　　　　（c）右对正

图 9-34　多段体不同的对齐方式

9.4.14　按住/拖动（Presspull）命令

1. 功能

单击并按住有封闭边界的区域，然后拖动或输入高度值以指明拉伸量。移动光标时，拉伸将进行动态更改。也可以按住【Ctrl】+【Shift】+【E】组合键并单击区域内部以启动按住或拖动功能。

2. 命令位置

单击功能区"常用"选项卡→"建模"面板→ 工具按钮。

3. 操作

命令:_presspull

单击有限区域以进行按住或拖动操作:

在此提示下拾取有效边界中间的点，拖动光标拾取另一点或输入高度值回车，便可创建一个拉伸体（具体操作见 9.7 例 9-3）。

9.5　构造三维组合体模型

在 AutoCAD 中是用布尔运算即交（INTERSECT）、并（UNION）、差（SUBTRACT）命令将基本体组合为组合体。图 9-35 是基本体 A 和基本体 B 分别做交、并、差运算后的不同效果。AutoCAD 允许基本体与基本体、基本体与组合体、组合体与组合体间进行一次或多次布尔运算，也允许在一次布尔运算操作中选择多个对象。

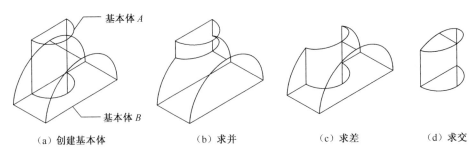

（a）创建基本体　　　　（b）求并　　　　（c）求差　　　　（d）求交

图 9-35　布尔运算交、并、差的不同效果

9.5.1　交集（Intersece）命令

1. 功能

取各三维实体的公共部分创建为新的三维实体，如图 9-35（d）所示。

2. 命令位置

单击功能区"常用"选项卡→"实体编辑"面板→◍工具按钮。

3. 操作

命令：_intersect

选择对象：选择需求交的三维实体✓［图 9-35（a）中的基本体 A 和基本体 B］

选择对象：✓或继续选择需求交的三维实体✓

选择对象：✓（空回车结束命令）

9.5.2　并集（Union）命令

1. 功能

将多个三维实体合并成一个新三维实体，如图 9-35（b）所示。

2. 命令位置

单击功能区"常用"选项卡→"实体编辑"面板→◍工具按钮。

3. 操作

命令：_union

选择对象：选择需求并的三维实体✓［图 9-35（a）中的基本体 A 和基本体 B］

选择对象：✓或继续选择需求合并的三维实体✓

选择对象：✓（空回车结束命令）

9.5.3　差集（Subtract）命令

1. 功能

从一个（组）三维实体中减去另一个（组）三维实体，创建新三维实体，如图 9-35（c）所示。

2. 命令位置

单击功能区"常用"选项卡→"实体编辑"面板→◍工具按钮。

3. 操作

命令：_subtract 选择要从中减去的实体、曲面和面域…

选择对象:<u>选择源实体</u>✓　〔选择图 9-35(a)中的基本体 B〕

选择对象:✓或<u>继续选择源实体</u>✓(✓结束源实体选择,到下一级提示)

选择要减去的实体或面域..

选择对象:<u>选择要减去的实体</u>✓　〔选择图 9-35(a)中的基本体 A〕

选择对象:✓或<u>继续选择要减去的实体</u>✓

选择对象:✓(空回车结束命令)

9.5.4　切割(Slice)命令

1. 功能

以指定的平面切割选定的三维实体。用户可根据需要保留切割平面两侧的某一部分三维实体,也可以两侧都保留。在用 AutoCAD 构造组合体三维模型的实践中,常用此命令切割基本体,从而得到复杂的切割类组合体(图 9-36)。

2. 命令位置

单击功能区"常用"选项卡→"实体编辑"面板→🪓工具按钮。

3. 操作

命令:_slice

选择要剖切的对象:<u>选择需切割的三维实体</u>✓

选择要剖切的对象:✓或<u>继续选择需切开的三维实体</u>✓

指定切面的起点或[平面对象(O)/曲面(S)/Z 轴(Z)/视图(V)/XY(XY)/YZ(YZ)/ZX(ZX)/三点(3)]<三点>:<u>点</u>✓或某选项

(1)"指定切面的起点"是默认选项,通过指定两点确定一个垂直于当前 UCS 的 XOY 平面的切平面。后续提示要求指定切平面上的第二点。

(2)"三点(3)"选项或空回车,以三点确定切割平面。后续提示要求输入切割平面上的第一个点、第二点和第三点。

(3)"XY/YZ/ZX"选项,分别以与当前 UCS 的相应坐标面或其平行面作切割平面,后续提示要求用户在指定的切割平面上确定一点。如以"XY"响应,后续提示:

指定 XY 平面上的点<0,0,0>:✓或<u>点</u>✓

①以"空回车"响应:以坐标原点作为切割平面上的一点,所以此时切割平面为过原点的 XOY 坐标面。

②"点"响应:此点必须在切割平面上,所以此时切割平面为过此点与 XOY 坐标面平行的平面。

(4)"视图(V)"选项,以当前视图平面作为切割平面。后续提示:

指定当前视图平面上的点<0,0,0>:✓或<u>点</u>✓(同前)

(5)"Z 轴(Z)"选项,指定切割平面的 Z 轴(即与切割平面垂直相交的直线),以确定切割平面。后续提示为:

指定剖面上的点:<u>点</u>✓(必须在切割平面上)

指定平面 Z 轴(法向)上的点:<u>点</u>✓

该点与前一点的连线即为切割平面上的 Z 轴,前一点为 Z 轴原点,所以切割平面一定过前一点且与两点连线垂直。

(6)"平面对象(O)"选项,指定一个二维对象,以该对象所在 UCS 的 XOY 面作为切割平面。后续提示为：

选择用于定义剖切平面的圆、椭圆、圆弧、二维样条线或二维多段线：选择一个二维实体↙

（7）"曲面（S）"选项，以曲面作为切割面，后续提示为：

选择曲面：选择已存在的曲面↙

用上述任一选项方式确定切割平面后，所有选项的下一级提示均为：

选择要保留的实体或[保留两个侧面（B）]＜保留两个侧面＞：点↙或B↙

①"选择要保留的实体"选项：在切割对象上拾取一点，保留用户所点取的那一侧实体。

②"保留两个侧面（B）"选项：切割平面两侧的实体均保留。

4. 说明

定义的切割面必须与被切割的实体相交，才能实现预想的切割效果。建议以当前 UCS 作为参照系来确定切割面的位置，下面举例说明如何用 UCS 确定切割平面。

【例 9-1】　构造图 9-36(a)所示组合体。

（1）首先在当前坐标系（WCS）下构造半径为 60，高度 150 的圆柱。单击 **未保存的视图▼** 右侧箭头→西南等轴测"修改视点观察模型[图 9-36(b)]。

（2）将当前 UCS 的原点移至圆柱底圆中心。

（3）用"切割"命令切割圆柱体。

命令：_slice

选择要剖切的对象：选择已构造好的圆柱体↙

选择要剖切的对象：↙（结束对象选择）

指定切面的起点或[平面对象（O）/曲面（S）/Z 轴（Z）/视图（V）/XY（XY）/YZ（YZ）/ZX（ZX）/三点（3）]＜三点＞：YZ↙

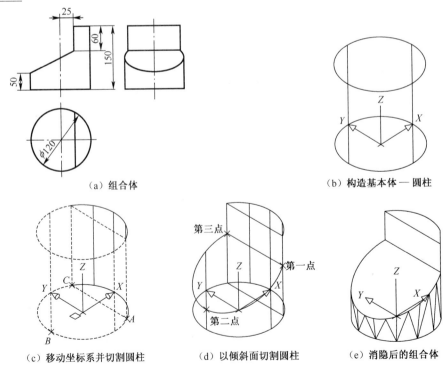

(a) 组合体　　　　　　(b) 构造基本体——圆柱

(c) 移动坐标系并切割圆柱　　(d) 以倾斜面切割圆柱　　(e) 消隐后的组合体

图 9-36　两截平面截切圆柱

指定 YZ 平面上的点＜0,0,0＞:25,0,0✓

在所需的侧面上指定点或[保留两个侧面(B)]＜保留两个侧面＞:B✓(保留切割后的两部分实体)

命令:_slice(重复切割命令)

选择要剖切的对象:选前次切割后的左侧实体✓[图 9-36(c)虚线所示]

选择要剖切的对象:✓(结束对象选择)

指定切面的起点或[平面对象(O)/曲面(S)/Z 轴(Z)/视图(V)/XY(XY)/YZ(YZ)/ZX(ZX)/三点(3)]＜三点＞:✓(以下三点方式)

指定平面上的第一点:输入一点✓(捕捉 A 端点但不拾取,将光标上移出现追踪点线时键入 90 然后回车)

指定平面上的第二点:输入一点✓(捕捉 B 端点但不拾取,将光标上移出现追踪点线时键入 50 然后回车)

指定平面上的第三点:输入一点✓(捕捉 C 端点但不拾取,将光标上移出现追踪点线时键入 90 然后回车)

在所需的侧面上指定点或[保留两个侧面(B)]＜保留两个侧面＞:B 点✓[捕促 B 象限点图 9-36(c)]

用并集(UNION)命令将两次切割后的剩余实体求并组合为一个组合体,如图 9-36(e)所示。

9.5.5　对实体模型倒圆角和倒角

对三维实体模型倒圆角和倒角仍使用二维编辑命令"圆角(FILLET)"和"倒角(CHAMFER)"命令。下面举例说明为三维实体模型倒圆角和倒角的操作过程。

【例 9-2】　为图 9-37(a)所示三维实体模型倒圆角。

命令:_fillet

当前设置:模式 = 修剪,半径 = 0.0000

选择第一个对象或[放弃(U)/多段线(P)/半径(R)/修剪(T)/多个(M)]:选择三维实体模型✓[图 9-37(a)中的①点]

输入圆角半径:20✓(指定圆角半径)

选择边或[链(C)/半径(R)]:选择实体上要倒角的边✓(图 9-37 中②点)

选择边或[链(C)/半径(R)]:✓或选择实体上要倒角的另一边✓(本例中空回车,结束目标选择)

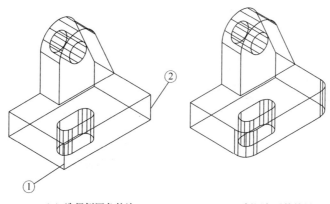

(a) 选择倒圆角的边　　　　　　　(b) 倒圆角后的效果

图 9-37　为实体模型倒圆角

【**例 9-3**】 为图 9-38 所示三维实体模型做倒角。

命令：_chamfer

（"修剪"模式）当前倒角距离 1＝0.0000，距离 2＝0.0000

选择第一条直线或[放弃(U)/多段线(P)/距离(D)/角度(A)/修剪(T)/方式(E)/多个(M)]：选择实体↙

[图 9-38(a)中的①]

基面选择……

输入曲面选择选项[下一个(N)/当前(OK)]＜当前(OK)＞：↙或 N↙（本例中空回车）

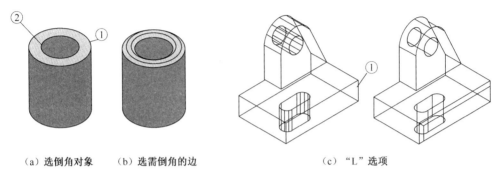

（a）选倒角对象　（b）选需倒角的边　　　　　　　　　（c）"L"选项

图 9-38　为实体模型倒角

在第一级提示中所选边属于实体上两个面的交线，选中后其所属的某一个面会变为虚显，此时，若实体的虚显面是由需倒角的边构成，则以"空回车"响应，即确认当前面，继续下一级提示；若实体的虚显面不是由需倒角的边构成，则以"下一个(N)"响应，AutoCAD 会将虚显面变换到该边所属的另一个面，直到确认虚显面后再回车。

指定基面的倒角距离＜当前值＞：↙或输入倒角距↙（本例中输入 3）

指定其他曲面的倒角距离＜当前值＞：↙或另一倒角距↙（本例中以空回车响应，即前一倒角距作为其默认值）

选择边或[环(L)]：选需倒角的边↙或 L↙[如选图 9-38(a)中的②，效果如图 9-38(b)]

"环(L)"选项：为构成虚显面的所有边倒角[图 9-38(c)]。后续提示：

选择边环或[边(E)]：选某一倒角边↙[图 9-38(c)中的①]

9.6　三维编辑操作

构造组合体的实体模型时，在对构成组合体的各个基本体进行布尔运算之前，被组合的基本体的数目、大小及基本体之间的相对位置等，均需符合组合体的造型要求。如果有偏差时，需用 AutoCAD 的普通二维编辑命令（如：移动、旋转、比例、擦除、修改等），或 AutoCAD 的三维编辑命令（如：三维移动、三维旋转、三维镜像、三维阵列、三维对齐等）进行调整。必须引起注意的是：若编辑对象是三维实体，使用 AutoCAD 的普遍二维编辑命令时，则这些命令编辑功能的实现均被限制在当前 UCS 的 XOY 坐标平面内。因此必须与 UCS、平面视图命令及多视窗配合，才能用二维编辑命令完成三维物体在三维空间的调整。本章仅讨论在"三维建模"工作空间如何用 AutoCAD 的三维编辑命令，完成三维物体空间位置的调整及其编辑操作。

9.6.1 三维对齐(3Dalign)命令

1. 功能

使三维空间中某一三维实体上的一个点、一条边、一个面与另一目标三维实体上的一个点、一条边、一个面对齐,选定的对象将从源点移动到目标点。如果指定了第二点和第三点,则源对象将通过移动、旋转与另一目标对象对齐。

2. 命令位置

单击功能区"常用"选项卡→"修改"面板→▢工具按钮。

3. 操作

命令:_3dalign

选择对象:选择源对象[图 9-39(a)中右侧的实体]

选择对象:↙(结束对象选择)

指定源平面和方向...

指定基点或[复制(C)]:在源对象上拾取第一点 P_1 ↙或 C↙

指定第二个点或[继续(C)]<C>:在源对象上拾取第二点 P_2 或↙

指定第三个点或[继续(C)]<C>:在源对象上拾取第三点 P_3 或↙

指定目标平面和方向...

指定第一个目标点:在目标对象上拾取第一点 P_4 ↙

指定第二个目标点或[退出(X)]<X>:在目标对象上拾取第二点 P_5 ↙或↙

指定第三个目标点或[退出(X)]<X>:在目标对象上拾取第三点 P_6 ↙或↙

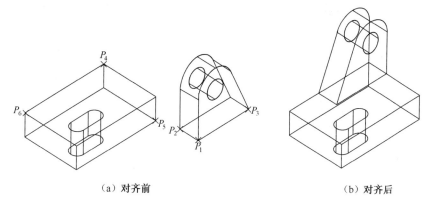

（a）对齐前　　　　　　　　　　　（b）对齐后

图 9-39 "三维对齐"命令

4. 说明

(1) 三维对齐相当于三维移动与三维旋转命令的组合。

(2) 对提示"指定基点或[复制(C)]:"以"C"响应,则可实现对三维实体的复制。

(3) 对提示"指定第二个点或[继续(C)]<C>:"以"空回车"响应,则可实现对三维实体的旋转平移。

9.6.2 三维旋转(3Drotate)命令

1. 功能

使三维实体绕指定的坐标轴旋转指定的角度。

2. 命令位置

单击功能区"常用"选项卡→"修改"面板→ ⊕ 工具按钮。

3. 操作

命令:_3drotate

UCS 当前的正角方向: ANGDIR＝逆时针 ANGBASE＝0

选择对象:选择需旋转的三维实体↙

选择对象:↙(结束选择对象)

指定基点:选择旋转基点↙(在基点处显示不同颜色的位于三个坐标面上的圆,如图 9-40)

拾取旋转轴:选择一条轴作为旋转轴↙(把光标放在不同颜色代表三个坐标面的某一圆上,即显示相应的坐标轴,单击鼠标左键该轴即为旋转轴)

指定角的起点或键入角度:点↙或±角度值↙

(1)"指定角的起点",给出旋转角的起点位置,后续提示为:

指定角的端点:点↙(起点与旋转轴的夹角,端点与旋转轴的夹角之差为实际的旋转角度)

(2)"键入角度",正值绕所选坐标轴逆时针旋转,负值绕所选坐标轴顺时针旋转。

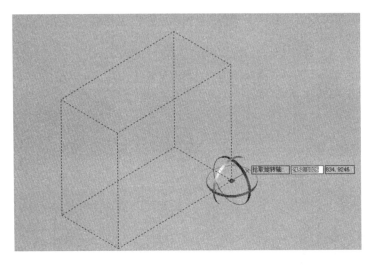

图 9-40 三维旋转

9.6.3 三维镜像(Mirror3d)命令

1. 功能

将指定的三维实体以三维空间的某一平面为对称平面作镜像复制。

2. 命令位置

单击功能区"常用"选项卡→"修改"面板→ ⁄⁄ 工具按钮。

3. 操作

命令:_mirror3d

选择对象:选择三维实体↙

选择对象:↙(结束对象选择)

指定镜像平面(三点)的第一个点或

［对象(O)/最近的(L)/Z 轴(Z)/视图(V)/XY 平面(XY)/YZ 平面(YZ)/ZX 平面(ZX)/三点(3)]＜三点＞:<u>点</u>↙或某选项↙

该提示中的各选项用来确定镜像平面的位置,各选项含义如下:

(1) 以"点"响应,执行默认选项,通过三点确定镜像平面。该点为镜像平面的第一点。后续提示:

在镜像平面上指定第二点:<u>点</u>↙(镜像平面上的第二点)

在镜像平面上指定第三点:<u>点</u>↙(镜像平面上的第三点)

(2) "XY/YZ/ZX"选项,分别以当前 UCS 的 XOY、YOZ、ZOX 坐标平面或其平行面作镜像平面。如以"XY"响应,后续提示为:

指定 XY 平面上的点＜0,0,0＞:<u>点</u>↙或↙

输入一点,通过该点且与当前 UCS 的 XOY 面平行的平面为镜像平面;空回车,当前 UCS 的 XOY 面为镜像平面。

(3) "视图(V)"选项,以当前视图平面或其平行面为镜像平面。后续提示:

在视图平面上指定点＜0,0,0＞:<u>点</u>↙或↙

输入一点,通过该点且与当前视图平面平行的平面为镜像平面,空回车,当前视图平面为镜像平面。

(4) "Z 轴(Z)"选项,以两点确定一条直线,即镜像平面的 Z 轴,与 Z 轴垂直的平面为镜像平面。后续提示:

在镜像平面上指定点:<u>点</u>↙(镜像平面通过该点)

在镜像平面的 Z 轴(法向)上指定点:<u>点</u>↙(该点与前一点的连线即为镜像平面的 Z 轴)

(5) "最近的(L)"选项,以前次执行"三维镜像"命令时,所用的镜像平面作为当前镜像平面。

(6) "对象(O)"选项,指定一个二维对象,以该对象所在的平面作为镜像平面。后续提示:

选择圆、圆弧或二维多段线线段:<u>选二维对象</u>↙

用上述各选项确定了镜像平面后,均有以下提示:

是否删除源对象? ［是(Y)/否(N)]＜否＞:↙或 <u>Y</u> ↙(↙不删除源对象;Y↙删除源对象)

9.6.4 三维阵列(3Darray)命令

1. 功能

在三维空间对所选的三维实体进行矩形或环形阵列。

2. 命令位置

单击"三维基础"空间功能区"常用"选项卡→"修改"面板→下方箭头→按钮。

单击"三维建模"空间功能区常用"选项卡"→"修改"面板→按钮。

3. 操作

命令:_3darray

选择对象:<u>选择三维实体</u>↙(作为阵列对象)

选择对象:↙(结束目标选择)

输入阵列类型［矩形(R)/环形(P)]＜矩形＞:<u>R</u>↙或 <u>P</u>↙

(1) 以"R"响应,执行矩形阵列操作,如图 9-41(a)。后续提示:

输入行数(---)＜1＞:<u>阵列行数</u>↙("行"指平行于当前 UCS 的 Y 轴方向,本例为 2 行)

输入列数(|||)<1>:阵列列数↙("列"指平行于当前 UCS 的 *X* 轴方向,本例为 2 列)

输入层数(…)<1>:阵列层数↙("层"指平行于当前 UCS 的 *XOY* 面方向,即垂直于 *Z* 轴方向,本例为 1 层)

指定行间距(---):行间距↙(其值可正可负,正值沿相应坐标轴的正向阵列,本例为 a)

指定列间距(|||):列间距↙(其值可正可负,正值沿相应坐标轴的正向阵列,本例为 b)

指定层间距(…):层间距↙(其值可正可负,正值沿相应坐标轴的正向阵列,层数为 1 时,没有此提示)

(2) 以"P"响应,执行环形阵列操作,如图 9-41(b)。后续提示:

输入阵列中的项目数目:阵列个数↙(包括源对象)

指定要填充的角度(＋＝逆时针,－＝顺时针)<360>:阵列对象的分布角↙

旋转阵列对象?[是(Y)/否(N)]<Y>:↙或 N↙(↙对象相对阵列中心旋转;N↙对象不旋转)

指定阵列的中心点:点↙(阵列中心轴线上的一点)

指定旋转轴上的第二点:点↙(该点与前一点的连线为环形阵列轴线)

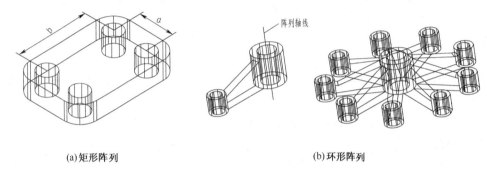

(a)矩形阵列　　　　　　　(b)环形阵列

图 9-41　三维阵列命令

9.6.5　三维移动(3Dmove)命令

1. 功能

在三维空间中将所选三维实体按指定位置移动,所以命令行提示和操作与二维移动(Move)命令基本相同,差别就是三维移动(3Dmove)命令,接受的是三维点,表示位移距离和方向的连线是空间两三维点间的连线;而二维移动命令,表示位移距离和方向的连线是当前 UCS *XOY* 坐标面上的一条线。

2. 命令位置

单击功能区选项板→"常用"选项卡→"修改"面板→ ⊞· 工具按钮。

3. 操作

命令:_3dmove

选择对象:选择要移动的对象↙

选择对象:↙(结束对象选择)

指定基点或[位移(D)]<位移>:点↙或拖动实体移动↙

(1) "指定基点",指定移动的基点。后续提示:

指定第二个点或<使用第一个点作为位移>:点↙或↙

输入一点,该点与基点的连线是位移的距离和方向;空回车,基点与坐标原点的连线是位移的距离和方向。

(2) "位移(D)"选项,后续提示:

指定位移<0.000 0,0.000 0,0.000 0>:点↙(该点与坐标原点的连线是位移的距离和方向)

9.6.6 三维缩放(3Dscale)命令

1. 功能

使三维实体按指定的比例缩放。

2. 命令位置

单击功能区选项板→"常用"选项卡→"修改"面板→工具按钮。

3. 操作

命令:_3dscale

选择对象:<u>选择三维实体</u>✓

选择对象:✓(结束选择对象)

指定基点:<u>选择缩放的基点</u>✓

拾取比例轴或平面:<u>选择一条轴或坐标面</u>✓(当光标变为箭头时,拾取一点)

指定比例因子或[复制(C)/参照(R)]:<u>比例因子</u>✓或 C✓或 R✓

本级提示中各选项含义与二维"缩放"命令相同。

9.6.7 编辑实体的面

1. 功能

单击功能区"常用"选项卡→"实体编辑"面板→拉伸面按钮右侧的箭头,即展开编辑面工具面板,如图 9-42 所示。本小节以"拉伸面"命令为例,介绍编辑面命令的基本操作步骤。

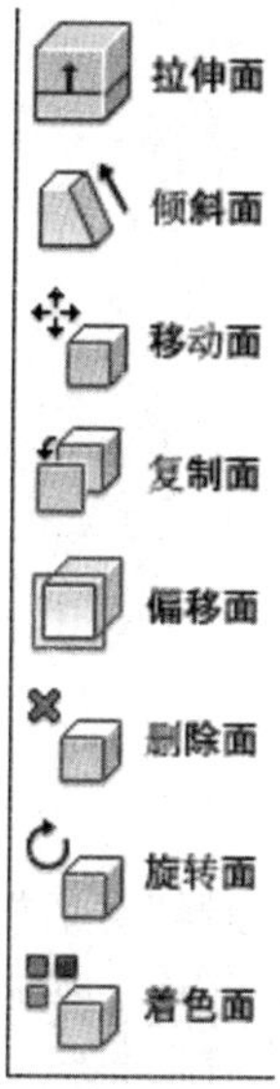

 拉伸面

 倾斜面

移动面

复制面

偏移面

删除面

旋转面

着色面

2. 命令位置

单击功能区"常用"选项卡→"实体编辑"面板下方的箭头→"拉伸面"工具按钮。

3. 操作

命令:_solidedit

实体编辑自动检查:SOLIDCHECK=1

输入实体编辑选项[面(F)/边(E)/体(B)/放弃(U)/退出(X)]<退出>:_face

输入面编辑选项

[拉伸(E)/移动(M)/旋转(R)/偏移(O)/倾斜(T)/删除(D)/复制(C)/颜色(L)/材质(A)/放弃(U)/退出(X)]<退出>:_extrude

选择面或[放弃(U)/删除(R)]:<u>选择要拉伸的面</u>✓

注意:选择要拉伸的面时拾取点只能选择在该面的某一条边上,而所选边又同时属于实体表面的两个面,因此,此时显示所选中的面有两个,用户若只对其中的一个面进行编辑,则可利用下一级提示中的"R(删除)"选项移去多余的面。

图 9-42 编辑实体面工具

选择面或[放弃(U)/删除(R)/全部(ALL)]:✓(结束选择)

指定拉伸高度或[路径(P)]:<u>高度值</u>✓或 P✓(高度值也可由输入两点来确定)

"路径(P)"选项,后续提示要求指定拉伸路径,然后按指定的路径拉伸面。

指定拉伸的倾斜角度<0>:✓或<u>输入倾斜角度</u>✓(完成操作后,命令行提示仍为面编辑的选项)

输入面编辑选项

［拉伸（E）/移动（M）/旋转（R）/偏移（O）/倾斜（T）/删除（D）/复制（C）/颜色（L）/材质（A）/放弃（U）/退出（X）］＜退出＞:↙（退出编辑）（选择任一选项可继续对实体面进行其他编辑操作）

实体编辑自动检查:SOLIDCHECK＝1

输入实体编辑选项［面（F）/边（E）/体（B）/放弃（U）/退出（X）］＜退出＞:↙（编辑结束）

4. 说明

其余编辑实体面命令的操作与"拉伸面"命令基本相同,读者可自行练习,这里不再赘述。

9.7 三维模型造型综合举例

【**例 9-4**】 构造图 9-43 所示的三维实体模型。

1. 建立图形文件

单击快速访问工具栏上的 ▱ "新建"按钮,从弹出的"选择样板"对话框中选择"acadiso. dwt"样板文件,单击"打开"按钮。

2. 设置视点

单击功能区"常用"选项卡→"视图"面板→"未保存的视图列表"→"西南等轴测"工具按钮。

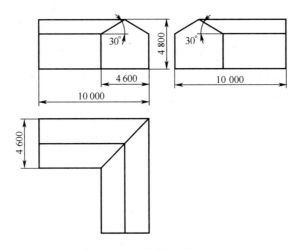

图 9-43　组合体视图（一）

3. 设置图层

单击功能区"常用"选项卡→"图层"面板→▦工具按钮。打开"图层特性管理器"对话框,本例中设置实体层（线型:Continuous,线宽:0.5mm,黑色或白色）、辅助线层（线型:Continuous,线宽:默认,红色）。将实体层设置为当前层。

4. 绘制图形

（1）绘制图 9-44(a)所示长方体。单击功能区"常用"选项卡→"建模"面板→▱工具按钮。

命令:_box

指定第一个角点或［中心（C）］:P 点↙

指定其他角点或［立方体（C）/长度（L）］:L↙

指定长度＜当前值＞:10000↙

指定宽度＜当前值＞:2300↙

指定高度或[两点(2P)]<当前值>:4800↙

（2）旋转长方体的顶面，如图9-44(b)所示。单击功能区"常用"选项卡→"实体编辑"面板→⊞拉伸右侧箭头→◐⃞工具按钮。

命令:_solidedit
实体编辑自动检查:SOLIDCHECK＝1
输入实体编辑选项[面(F)/边(E)/体(B)/放弃(U)/退出(X)]<退出>:_face
输入面编辑选项
[拉伸(E)/移动(M)/旋转(R)/偏移(O)/倾斜(T)/删除(D)/复制(C)/颜色(L)/材质(A)/放弃(U)/退出(X)]<退出>:_rotate
选择面或[放弃(U)/删除(R)]:选择面或[放弃(U)/删除(R)]:拾取①点选择长方体的顶面↙[图9-44(a)]
选择面或[放弃(U)/删除(R)/全部(ALL)]:↙(结束选择)
指定轴点或[经过对象的轴(A)/视图(V)/X轴(X)/Y轴(Y)/Z轴(Z)]<2点>:选择端点②↙[图9-44(a)]

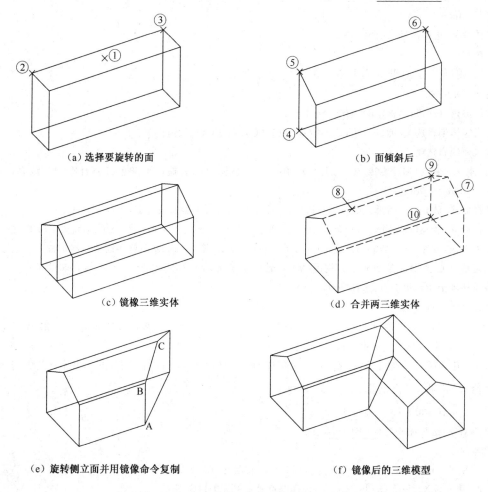

（a）选择要旋转的面　　　　（b）面倾斜后

（c）镜橡三维实体　　　　（d）合并两三维实体

（e）旋转侧立面并用镜像命令复制　　　　（f）镜像后的三维模型

图9-44　构造三维模型举例(一)

在旋转轴上指定第二点:选择端点③↙[图9-44(a)]
指定旋转角度或[参照(R)]:30↙
输入面编辑选项[拉伸(E)/移动(M)/旋转(R)/偏移(O)/倾斜(T)/删除(D)/复制(C)/材质

(A)/放弃(U)/退出(X)]＜退出＞：↙(结束命令)

（3）用镜像命令复制已构造的实体模型并用合并实体命令合并两三维对象，如图 9-44
(c)、(d)所示。单击功能区"常用"选项卡→"修改"面板 ％ 工具按钮。

命令：_mirror3d

选择对象：选择图 9-44(b)中的对象↙

选择对象：↙

指定镜像平面(三点)的第一个点或[对象(O)/最近的(L)/Z 轴(Z)/视图(V)/XY 平面(XY)/YZ 平面
(YZ)/ZX 平面(ZX)/三点(3)]＜三点＞：选择端点④↙[图 9-44(b)]

在镜像平面上指定第二点：选择端点⑤↙[图 9-44(b)]

在镜像平面上指定第三点：选择端点⑥↙[图 9-44(b)]

是否删除源对象？[是(Y)/否(N)]＜否＞：↙

单击功能区"常用"选项卡→"实体编辑"面板→ ◎◎ 工具。

命令：union

选择对象：选择镜像后的两对象↙

选择对象：↙

（4）旋转房屋模型的右侧面，如图 9-44(e)所示。

命令：_solidedit

实体编辑自动检查：SOLIDCHECK＝1

输入实体编辑选项[面(F)/边(E)/体(B)/放弃(U)/退出(X)]＜退出＞：_face

输入面编辑选项

[拉伸(E)/移动(M)/旋转(R)/偏移(O)/倾斜(T)/删除(D)/复制(C)/颜色(L)/材质(A)/放弃(U)/退
出(X)]＜退出＞：_rotate

选择面或[放弃(U)/删除(R)]：选择边⑦↙[图 9-44(d)，由于侧面被遮盖，所以选侧面上的边]

选择面或[放弃(U)/删除(R)/全部(ALL)]：R↙(选边时，同时选中两个面，删除不需要编辑的面)

删除面或[放弃(U)/添加(A)/全部(ALL)]：选择边⑧↙[图 9-44(d)，删除不需要编辑的面]

指定轴点或[经过对象的轴(A)/视图(V)/X 轴(X)/Y 轴(Y)/Z 轴(Z)]＜2 点＞：选择端点⑨↙

在旋转轴上指定第二点：选择端点⑩↙

指定旋转角度或[参照(R)]：45↙

输入面编辑选项[拉伸(E)/移动(M)/旋转(R)/偏移(O)/倾斜(T)/删除(D)/复制(C)/颜色(L)/材质
(A)/放弃(U)/退出(X)]＜退出＞：↙

（5）用镜像命令复制已构造的房屋实体模型，如图 9-44(f)所示。单击功能区"常用"选项
卡→"修改"面板→ ％ 工具。

命令：_mirror3d

选择对象：选择图 9-44(e)中的对象↙

选择对象：↙

指定镜像平面(三点)的第一个点或[对象(O)/最近的(L)/Z 轴(Z)/视图(V)/XY 平面(XY)/YZ 平面
(YZ)/ZX 平面(ZX)/三点(3)]＜三点＞：选择端点 A↙[图 9-44(e)]

在镜像平面上指定第二点：选择端点 B↙[图 9-44(e)]

在镜像平面上指定第三点：选择端点 C↙[图 9-44(e)]

是否删除源对象？[是(Y)/否(N)]＜否＞：↙

（6）把前面各步所构造的实体合并为一个实体，如图 9-44(f)所示。

命令:_union

选择对象:选择所有实体↙

选择对象:↙(结束选择)

【例9-5】 构造图9-45所示的三维实体模型。

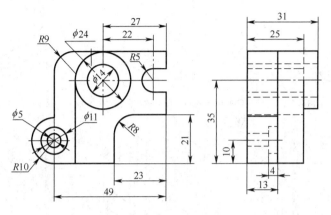

图9-45 组合体视图(二)

1. 建立图形文件

单击快速访问工具栏的 ⬚"新建"按钮,从弹出的"选择样板"对话框中选择 "acadiso.dwt"样板文件,单击"打开"按钮。

2. 设置视点

单击功能区"常用"选项卡→"视图"面板→"未保存的视图列表"→"西南等轴测"工具按钮。

3. 设置图层

单击功能区"常用"选项卡→"图层"面板的 工具按钮。打开"图层特性管理器"对话框,本例中设置实体层(线型:Continuous,线宽:0.5mm,黑色或白色)、辅助线层(线型:Continuous,线宽:默认,红色)。将实体层设置为当前层。

4. 绘制图形

(1) 绘制二维图形,如图9-46(a)所示。

(2) 用"按住/拖动"(presspull)命令,按住并拖动拉伸厚度不同的区域,以生成区域不同、厚度不同的三维实体模型。单击功能区"常用"选项卡→"建模"面板→ 工具按钮。

命令:_presspull

单击有限区域以进行按住或拖动操作:选择图9-46(a)点1(将光标往上拖动,然后输入高度31)

重复执行"presspull"命令,选择图9-46(b)点2,将光标往上拖动,然后输入高度25。

重复执行"presspull"命令,选择图9-46(c)点3,将光标往上拖动,然后输入高度13。

重复执行"presspull"命令,选择图9-46(d)点4,将光标往上拖动,然后输入高度9。

结果如图9-46(e)所示。

(3) 将前面用"presspull"命令构造的所有实体模型合并为一个三维实体模型,如图9-46(f)所示。

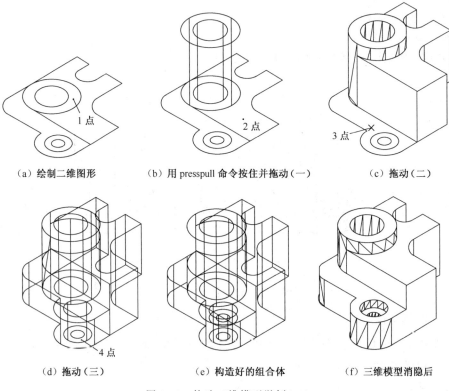

（a）绘制二维图形 　　（b）用 presspull 命令按住并拖动（一）　　（c）拖动（二）

（d）拖动（三）　　　　　　（e）构造好的组合体　　　　　（f）三维模型消隐后

图 9-46　构造三维模型举例（二）

命令：_union
选择对象：选择所有实体
选择对象：↙（结束选择）

9.8　思考与上机实践

1. 构造图 9-47 所示工程物体的三维实体模型，尺寸直接在图中量取。
2. 构造图 9-48 所示工程物体的三维实体模型，尺寸直接在图中量取。

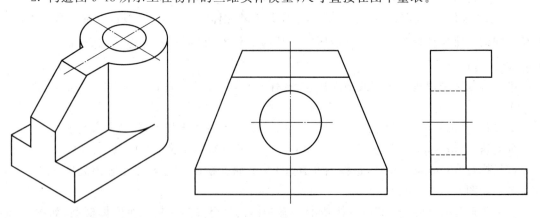

图 9-47　上机实践 1　　　　　　　　　　图 9-48　上机实践 2

3. 构造图 9-49 所示工程物体的三维实体模型,尺寸直接在图中量取。

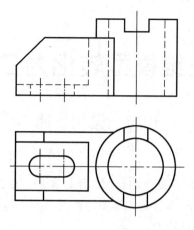

图 9-49 上机实践 3

第10章　把三维模型转化为二维多面投影图

10.1　概　　述

10.1.1　模型空间与图纸空间

模型空间是 AutoCAD 为用户提供的绘制二维对象和三维对象的工作环境。通常绘制图形、尺寸标注和文字注释的工作(不管是二维图形还是三维实体模型)都是在模型空间进行的。所以前面几章都是在模型空间讨论的。

图纸空间是 AutoCAD 为用户提供的规划图纸布局的二维工作环境。虽然在图纸空间作图时 AutoCAD 能接受用户输入的三维数据,但生成的仅是当时环境下,将三维模型向当前视图平面投射而得到的平面图形。图纸空间就是用户用来安排各种视图的图纸,可以实现在同一绘图页面上安排三维模型不同方向的视图。因此用户利用图纸空间布局可以把模型空间中绘制的二维实体模型转换为二维多面投影图,并可添加图形、尺寸标注、文字注释、图框、标题栏等,得到满意的图面布置后再打印图纸。在一个图形文件下,用户可设置的布局数不限,同一三维模型在图纸空间中可以创建不同的图纸布局显示模型不同的视图,形象地说,每个布局可以是三维模型的一个不同的视图表达方案,每个布局代表一张单独打印输出的图样。

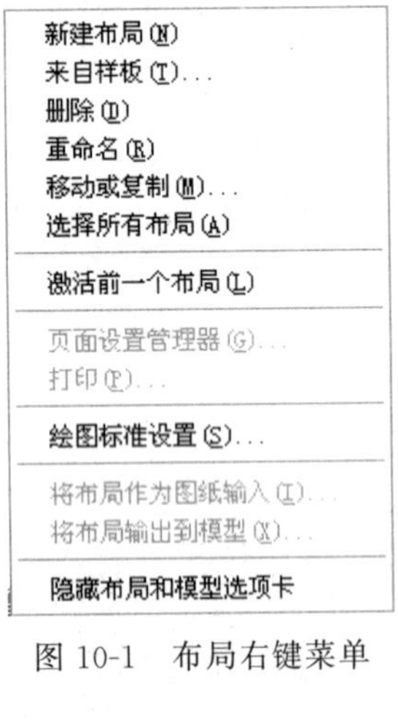

AutoCAD 的绘图窗口下方有一个"模型"选项卡和默认的两个布局选项卡"布局1"和"布局2"。单击"模型"选项卡可切换到模型空间,单击"布局1"或"布局2"选项卡可切换到图纸空间中的相应布局下。将光标移到"模型"选项卡或"布局1"或"布局2"选项卡上,单击鼠标右键打开右键菜单,如图10-1所示。通过右键菜单用户可以创建新布局和管理布局。单击状态栏的"模型"或"图纸"按钮,可在某一布局下,使系统在模型空间和图纸空间中转换。

图 10-1　布局右键菜单

在 AutoCAD 中,模型空间和图纸空间有各自独立的图形单位和绘图边界,或者说两种空间的绘图环境和图形对象是各自独立的,在某一空间中用户只能对本空间的对象进行操作。但不论是哪一个空间中产生的图形对象都在同一数据库中,即存放在同一图形文件中,所以无论在哪一个空间绘制的图形对象都同时显示在所有视窗中。但是在布局中绘制的图形在模型空间不显示。进入布局即进入了图纸空间,在图纸空间坐标系图标变为三角板形式,窗口中的虚线边界表示了图纸的可打印区域,实线框表示当前配置的打印设备下图纸的大小,如图10-2所示。

10.1.2　多视窗概念

默认状态下,AutoCAD 的一个视窗就是屏幕中的一个矩形区域,在模型空间和图纸空间

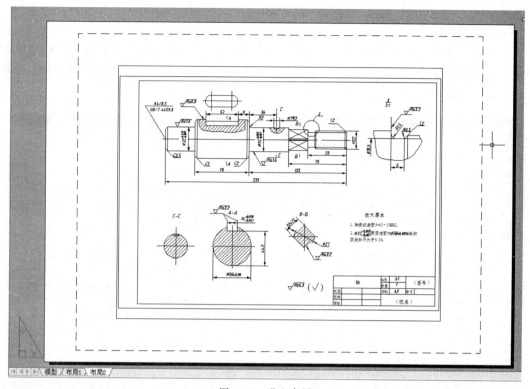

图 10-2　进入布局

中均可建立多视窗,但不同空间中所建立的多视窗性质不同。在 AutoCAD 的布局中还可通过 ▢ 按钮和 ▢ 按钮创建多边形浮动多视窗;也可通过 ▢ 按钮,将所选对象(闭合的多段线、样条曲线以及圆、椭圆、面域)创建为非矩形浮动多视窗。

1. 平铺多视窗

在模型空间中建立的多视窗仅是划分当前视窗,不能重叠,也不能编辑,称作平铺多视窗,其作用仅是用户观察三维模型的工具。图层状态的控制对所有视窗有效,即用户不能单独控制某一视窗的图层状态。且用户只能在当前视窗中操作,不能同时在所有视窗中操作。而且只能将当前视窗中的对象输出到图纸上。

2. 浮动多视窗

在图纸空间中建立的多视窗可互相重叠,称作浮动多视窗。浮动多视窗实际上是 Auto-CAD 的一种特殊对象——视窗对象,他有完整的数据结构,可用 AutoCAD 的一般编辑命令(如擦除、移动、复制等)对其进行编辑操作。用户可以通过状态栏中的“图纸”按钮切换到模型空间,在模型空间可分别控制各个浮动视窗的显示状态及图层状态;也可通过状态栏中的“模型”按钮切换到图纸空间,用户能同时对所有视窗进行操作,也能同时将所有视窗中的对象输出到图纸上。

10.1.3　新建视口(Vports)命令

1. 功能

在模型空间或图纸空间设置多视窗。在模型空间生成平铺多视窗,在图纸空间生成浮动多视窗。

2. 命令位置

在模型空间下，单击功能区"视图"选项卡→"模型视口"面板→▦工具按钮，在布局（图纸空间）下，单击功能区"布局"选项卡→"布局视口"→▦工具按钮。打开"视口"对话框，如图10-3所示，对话框中各选项含义如下：

(a)"新建视口"选择卡

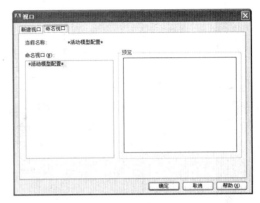
(b)"命名视口"选项卡

图 10-3 "视口"对话框

(1)"新建视口"选项卡[图 10-3(a)]

①"新名称"文本框，为当前多视窗命名。输入新建视窗名称后，单击"确定"按钮即完成新建视窗的命名和保存。通过"命名视口"选项卡可调用该视窗设置。

②"标准视口"列表框，列表显示 AutoCAD 预定义的标准多视窗设置。

③"预览"区，显示用户在"标准视口"列表框中所选的某一视窗设置的显示状态。

④"应用于"下拉列表框，指定平铺视窗的应用范围。选择"显示"选项，AutoCAD 将所选多视窗设置应用到整个绘图区域；选择"当前视口"选项，则将所选多视窗设置应用到当前视窗。必须在"标准视口"列表框中选择某一视窗设置后，该列表框才可用（即正常显示，否则灰显）。

⑤"设置"下拉列表框，确定多视窗的视图初始化方式。选择"二维"选项，AutoCAD 以当前视窗中的当前视图初始化所有视窗；选择"三维"选项，则按三视图的布局（第三角投影）初始化各视窗。

⑥"修改视图"下拉列表框，在"二维"方式下，该列表框中仅有"当前"一个选项；在"三维"方式下，有 6 个标准平面视图（仰视图、俯视图、主视图、后视图、左视图、右视图）和 4 个等轴测图等选项。用户在"预览"区中选择某一视窗，然后从该列表框中选择某一选项，即可改变所选视窗的视点（观察方向），从而修改所选视窗中的的视图。

⑦"视觉样式"下拉列表框，在"预览"区中选择某一视窗，然后从该列表框中选择某一视觉样式选项，以改变所选视窗的视觉样式（视觉样式参见本书 11.3）。

(2)"命名视口"选项卡[图 10-3(b)]。

①"当前名称"文本框，显示当前视窗名。

②"命名视口"列表框，显示当前图形文件中所有已命名和保存的视窗设置。在该列表框中选择某一视窗设置，预览框中即显示所选视窗设置的布局状态，然后单击"确定"按钮，绘图窗口显示所选视窗设置。

3. 说明

在模型空间,单击功能区"视图"选项卡→"模型视口"面板→▦按钮右侧的箭头,利用其中不同的工具按钮均可完成平铺多视窗的设置;在图纸空间的布局中单击功能区"布局"选项卡→"布局视口"面板→▥按钮向下的箭头,利用其中不同的工具按钮均可完成浮动的视窗(布局中)的设置。

10.2　生成三维实体模型的三视图

将三维实体模型转换为三视图,是 AutoCAD 的模型空间、图纸空间和多视窗的特性,以及设置视图(Solview)、设置图形(Soldraw)等命令的综合应用。

10.2.1　视图(Solview)命令

1. 功能

按用户指定的投射方向创建三维模型在该投射方向上的视图及其浮动视窗。

2. 命令位置

单击功能区"常用"选项卡→"建模"面板▣→工具按钮。

3. 操作

命令:_solview

输入选项[UCS(U)/正交(O)/辅助(A)/截面(S)]:某选项↙

(1)"UCS(U)"选项,创建投射方向垂直于当前坐标系 XOY 面的视图及其浮动视窗,后续提示:

输入选项[命名(N)/世界(W)/? /当前(C)]<当前>:↙或某选项↙(N↙选择已命名的用户坐标系;W↙选择世界坐标系;? ↙已命名的用户坐标系列表,C↙选择当前用户坐标系)。

输入视图比例<1>:↙或输入三维模型与浮动视窗中视图间的比例因子↙(默认比例因子=1)

指定视图中心:点↙(指定视图的中心)

指定视图中心<指定视口>:点↙或↙(重新指定视图中心或空回车确认前次输入)

指定视口的第一个角点:点↙(给出浮动视窗的第一角点)

指定视口的对角点:点↙(给出浮动视窗的另一角点)

输入视图名:为所创建的视图及其浮动视窗命名↙

(2)"正交(O)"选项,创建的视图及其浮动视窗的投射方向垂直于已创建的某一浮动视窗中视图的投射方向。后续提示:

指定视口要投影的那一侧:拾取已创建浮动视窗某边界的中点↙(以确定所创建视图的投射方向,系统自动打开中点捕捉功能并显示捕捉标记)

指定视图中心:点↙(指定视图的中心)

指定视图中心<指定视口>:点↙或↙(重新指定视图中心或空回车确认前次输入)

指定视口的第一个角点:点↙(给出浮动视窗的一个角点)

指定视口的对角点:点↙(给出浮动视窗的另一个角点)

输入视图名:为所创建的视图及其浮动视窗命名↙

(3)"辅助(A)"选项,创建的视图及其浮动视窗的投射方向,由用户在已创建的浮动视窗中指定。以生成斜视图及其浮动视窗。后续提示:

指定斜面的第一个点:点↙(确定斜视图投影面上的第一点)

指定斜面的第二个点：点↙（确定斜视图投影面上的另一点）

指定要从哪侧查看：点↙（确定斜视图的投射方向）

指定视图中心：点↙（指定斜视图的中心）

指定视图中心＜指定视口＞：点↙或↙（重新指定斜视图中心或空回车确认前次输入）

指定视口的第一个角点：点↙（给出浮动视窗的一个角点）

指定视口的对角点：点↙（给出浮动视窗的另一个角点）

输入视图名：为所创建的斜视图及其浮动视窗命名↙

（4）"截面(S)"选项，创建剖视图及其浮动视窗，剖切位置和剖视图投射方向由用户根据命令行提示在已创建的浮动视窗中指定。

指定剪切平面的第一个点：点↙（确定剖切位置平面上的第一点）

指定剪切平面的第二个点：点↙（确定剖切位置平面上的第二点）

指定要从哪侧查看：点↙（确定剖视图的投射方向）

输入视图比例＜1＞：↙或输入三维模型与浮动视窗中剖视图间的比例因子↙（默认比例因子＝1）

指定视图中心：点↙（指定剖视图的中心）

指定视图中心＜指定视口＞：点↙或↙（重新指定剖视图的中心或空回车确认前次输入）

指定视口的第一个角点：点↙（给出浮动视窗的第一角点）

指定视口的对角点：点↙（给出浮动视窗的另一角点）

输入视图名：为所创建的剖视图及其浮动视窗命名↙

4. 说明

用"视图"命令创建视图浮动视窗时，系统自动定义 VPORTS、VIS、HID、DIM、HAT 等图层，分别用于放置视窗边框、可见轮廓线、不可见轮廓线、尺寸标注、剖面符号等对象。如果使用命令前加载了 Hidden（虚线）线型，系统自动将 HID 图层的线型置为 Hidden（虚线）。

10.2.2 图形(Soldraw)命令

1. 功能

将用"视图"命令所创建的浮动视窗中不同投射方向的视图或剖视图转换为该视图的轮廓图，并为视图中的断面填充剖面符号，只能填充在"图案填充"命令中定义的当前图案。

2. 命令位置

单击功能区"常用"选项卡→"建模"面板→ 🔲 工具按钮。

3. 操作

命令：_soldraw

选择要绘图的视口…

选择对象：选择浮动视窗↙（拾取某一视窗的边界或用窗口选择多个浮动视窗）

选择对象：↙（结束选择）

10.2.3 轮廓(Solprof)命令

1. 功能

在浮动视窗的模型空间下，将选定的三维模型投射到与当前布局视窗平行的二维平面上，生成该平面上视图的二维轮廓图，并显示在布局的浮动视窗中。轮廓图中不可见的轮廓线处于系统自定义的独立图层上。

2. 命令位置

单击功能区"常用"选项卡→"建模"面板→▣工具按钮。

3. 操作

命令:_solprof

选择对象:选择对象所在的浮动视窗↙(拾取某一视窗的边界或用窗口方式选择多个浮动视窗)

选择对象:↙(结束选择)

是否在单独的图层中显示隐藏的轮廓线? ［是(Y)/否(N)］<是>:↙

是否将轮廓线投影到平面? ［是(Y)/否(N)］<是>:↙

是否删除相切的边? ［是(Y)/否(N)］<是>:↙

4. 说明

用"轮廓"命令生成轮廓图时,系统自动定义 PV 和 PH 图层,分别放置可见轮廓线和不可见轮廓线。如果使用命令前加载了 Hidden(虚线)线型,系统自动将 PH 图层的线型置为 Hidden(虚线)。

10.2.4　Mvsetup 命令

1. 功能

这是一个 AutoLISP 程序,用于图纸空间中图纸布局的设置,用 Mvsetup 命令用户可对齐各浮动视窗中视图的位置以及设置各浮动视窗中视图的比例因子。

2. 操作

命令:mvsetup↙(由命令行键入命令全名,但不区分大小写)

输入选项[对齐(A)/创建(C)/缩放视口(S)/选项(O)/标题栏(T)/放弃(U)]:某选项↙

(1)"对齐(A)"选项,可旋转或移动视窗中的图形,从而使相邻两视窗中的图形在水平或垂直方向对齐。后续提示:

输入选项[角度(A)/水平(H)/垂直对齐(V)/旋转视图(R)/放弃(U)]:某选项↙

①"角度(A)"选项,根据命令行提示使浮动视窗中的图形旋转指定的角度。

②"水平(H)"选项,可使上下两个相邻视窗中的图形在竖直方向上对齐。

③"垂直对齐(V)"选项,可使左右两个相邻视窗中的图形在水平方向上对齐。

④"旋转视图(R)"选项,根据命令行提示使浮动视窗及其中的图形旋转指定的角度。

(2)"缩放视口(S)"选项,可分别或统一设置各视窗中的图形比例。后续提示:

选择要缩放的视口 ...

选择对象:选择浮动视窗↙(拾取某一视窗的边界或用窗口选择多个浮动视窗)

选择对象:↙(结束选择)

设置图纸空间单位与模型空间单位的比例 ...

输入图纸空间单位的数目<1.0>:↙

输入模型空间单位的数目<1.0>:↙

3. 说明

(1)使用"视图"和"图形"命令配合生成三维模型的多面投影图方便、快捷。生成三维模型的多面投影图后,若各浮动视窗中视图间的投影关系有误差时,常用"MVSETUP 程序"中"对齐(A)"选项的"水平(H)"或"垂直对齐(V)"选项调整视窗中视图的位置,从而使生成的三维模型的多面投影图能满足"长对正、高平齐、宽相等"的投影关系。

(2)若各浮动视窗中视图的大小不等时,常用"MVSETUP 程序"中"缩放视口(S)"选项,统一设置各视窗中的图形比例因子。

（3）该命令只能在布局(图纸空间)中使用。

10.2.5 将组合体的三维模型转换成三视图的方法举例

【例10-1】 生成图10-4所示轴承座模型的三视图。

1. 构造模型

构造图10-4所示轴承座的三维模型,三维模型的视觉样式采用二维线框形式。

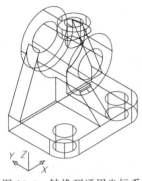

图10-4 转换到通用坐标系

2. 设置绘图环境

（1）单击功能区"常用"或"视图"选项卡→"坐标"面板→ 工具按钮,将当前用户坐标系转换为世界坐标系(如图10-4);单击功能区"视图"选项卡→"视图"面板→列表框的向下箭头,或"常用"选项卡→"视图"面板中的"未保存的视图"下拉列表,将三维模型的视点设为西南等轴测;并加载 Hidden(虚线)线型。

（2）单击功能区"布局"选项卡→"布局"面板→ 工具按钮或在布局(图纸空间)中,右击绘图窗口"布局1"选项卡,在快捷菜单中选择"页面设置管理器"选项,打开"页面设置管理器"对话框(图10-5)设置布局的大小、打印比例等。单击"修改"按钮,进入"页面设置-布局1"对话框(图10-6),在对话框"图纸尺寸"下拉列表中设置布局的大小为"ISOA3 (420.00×297.00mm)";设置比例为1:1;并选中"缩放线宽"复选框;单击"确定"按钮,系统在布局1中自动生成一个默认的浮动视窗。用户需用"删除"命令删除此默认的浮动视窗,然后用"视图"命令按视图布局要求创建视图及其浮动视窗。

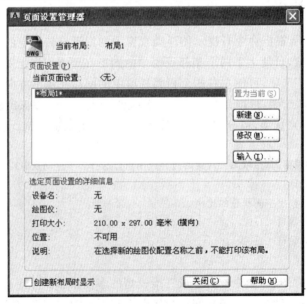

图10-5 页面设置管理器

3. 用"视图"命令生成视图及其浮动视窗

单击功能区"常用"选项卡→"建模"面板→ 工具按钮

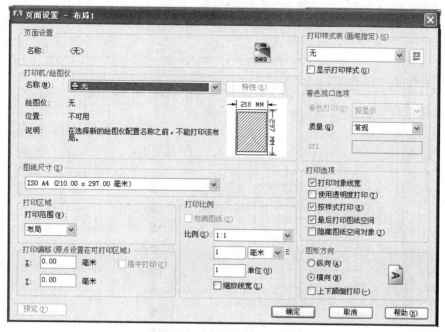

图 10-6 页面设置-布局

命令：_solview

输入选项[UCS(U)/正交(O)/辅助(A)/截面(S)]：U ∠

输入选项[命名(N)/世界(W)/？/当前(C)]<当前>：∠

输入视图比例<1>：∠

指定视图中心：拾取点 1 ∠（指定俯视图的视图中心，图 10-7）

指定视图中心<指定视口>：∠（确认 1 点为视图中心）

指定视口的第一个角点：拾取点 2 ∠（给出浮动视窗的第一角点，图 10-7）

指定视口的对角点：拾取点 3 ∠（给出浮动视窗的另一角点，图 10-7）

输入视图名：fu ∠（为俯视图及其浮动视窗命名）

输入选项[UCS(U)/正交(O)/辅助(A)/截面(S)]：O ∠（确定主视图的投射方向）

指定视口要投影的那一侧：拾取俯视图视窗下边界的中点 4 ∠（因为俯视图视窗下边界实则是模型的前方，以正交方式确定投射方向后，生成主视图，如图 10-8）

指定视图中心：拾取点 5 ∠（给出主视图的视图中心，如图 10-8）

指定视图中心<指定视口>：∠（确认点 5 为主视图中心）

指定视口的第一个角点：拾取点 6 ∠（给出浮动视窗的一个角点，图 10-8）

指定视口的对角点：拾取点 7 ∠（给出浮动视窗的另一角点，图 10-8）

输入视图名：zhu ∠（为所生成的主视图及其浮动视窗命名）

输入选项[UCS(U)/正交(O)/辅助(A)/截面(S)]：O ∠（确定左视图的投射方向）

指定视口要投影的那一侧：拾取点 8 ∠（因为主视图视窗左边界实则是模型的左方，以正交方式确定投射方向后，生成左视图，如图 10-9）

指定视图中心：拾取点 9 ∠（给出左视图的视图中心，图 10-9）

指定视图中心<指定视口>：∠（确认点 9 为左视图的中心）

指定视口的第一个角点：拾取点 10 ∠（给出浮动视窗的一个角点，图 10-9）

指定视口的对角点：拾取点 11 ∠（给出浮动视窗的另一角点，图 10-9）

输入视图名:zuo ✓(为所生成的左视图及其浮动视窗命名)

输入选项[UCS(U)/正交(O)/辅助(A)/截面(S)]:✓(结束命令)

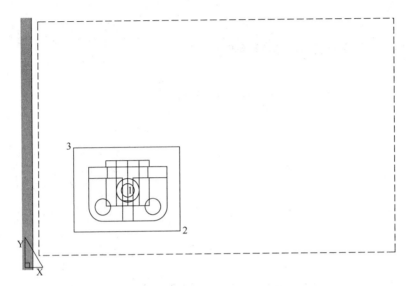

图 10-7　创建俯视图浮动视窗

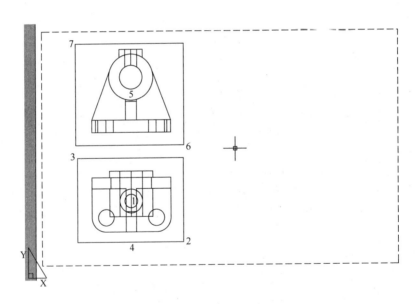

图 10-8　创建主视图浮动视窗

4. 用"图形"命令生成三视图的轮廓图

单击功能区"常用"选项卡→"建模"面板→工具按钮

命令:_soldraw

选择要绘图的视口

...

选择对象:用交叉窗口方式选择所有浮动视窗✓

选择对象:✓(结束命令)

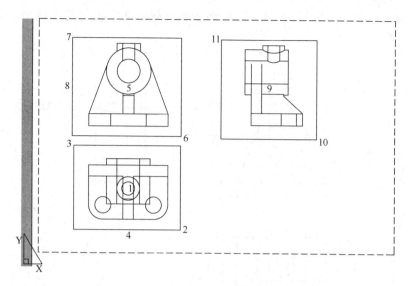

图 10-9　创建左视图浮动视窗

生成视图的三视图后,关闭系统自动生成的"VPORTS"图层,视窗边界不显示,并设置适当的线型比例,屏幕显示如图 10-10 所示。

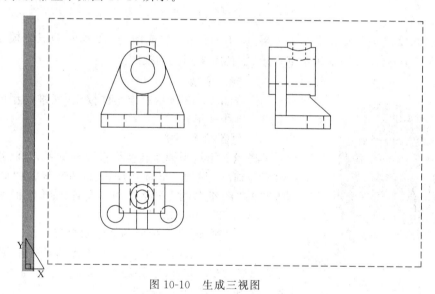

图 10-10　生成三视图

5. 画出点画线并标注尺寸

新建点画线层,在图纸空间画出三视图中的点画线;单击状态栏的"图纸"按钮,在模型空间下,分别在各个视窗的"DIM"层中标注尺寸;将三个可见轮廓线图层 fu-VIS、zhu-VIS、zuo-VIS 的线宽设置为 0.7,并单击状态栏的 ➕ 按钮显示线宽,屏幕显示如图 10-11 所示。有时在布局中,即使打开 ➕ 线宽显示按钮,线宽也不能按设置宽度显示,但打印时会按设置的线宽正确打印。

10. 2. 6　由三维实体模型生成各类剖视图、断面图

在机械制图中,常常用视图、剖视图、断面图等来表达机件的形状结构,用计算机绘制这些图形时，既可以用二维命令绘制，用 HATCH 命令填充剖面符号，也可以直接由三维模型生成剖视图和断面图。

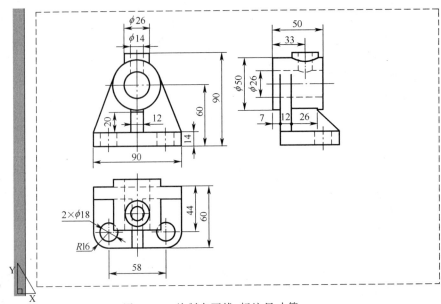

图 10-11　绘制点画线、标注尺寸等

【例 10-2】　按已确定的表达方案[图 10-13(h)]生成图 10-12 所示的三维模型的各个视图。表达方案是：主视图采用半剖视图、左视图采用全剖视图。

1. 构造模型

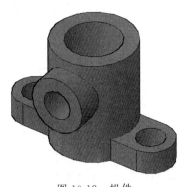

图 10-12　机件

构造图 10-12 所示三维实体模型，三维模型的视觉样式采用二维线框形式。

2. 设置绘图环境

将当前用户坐标系转换为世界坐标系，并将视点设置为西南等轴测。单击"布局 1"按钮，进入布局，在"页面设置"对话框的"图纸尺寸"列表框中，设置图纸幅面为"ISO A3（420.00×297.00mm）"。

3. 用"视图"命令生成各个浮动视窗

（1）首先生成俯视图和主视图的浮动多视窗[图 10-13(a)]，分别命名为"fu"和"zhu"，系统提示及操作过程与例 10-1 俯视图和主视图多视窗的建立相同。

（2）生成左视图投射方向为剖视图的浮动视窗[图 10-13(b)]。生成俯视图和主视图后，命令行重复以下提示：

输入选项[UCS(U)/正交(O)/辅助(A)/截面(S)]：S↙[选"截面(s)"选项生成剖视图]

指定剪切平面的第一个点：在主视图的左右对称线上拾取一点↙

指定剪切平面的第二个点：在主视图的左右对称线上拾取另一点↙（确定剖切位置）

指定要从哪侧查看：捕捉主视图视窗的左边界中点↙（确定投射方向）

输入视图比例<1>：↙（采用默认比例）

指定视图中心：点↙（指定左视图的中心）

指定视图中心<指定视口>：↙（确认前次输入）

指定视口的第一个角点：点↙（给出浮动视窗的一个角点）

指定视口的对角点:<u>点</u>↙(给出浮动视窗的另一个角点)
输入视图名:<u>zuo-pou</u>↙(为左视图及其浮动视窗命名)
输入选项[UCS(U)/正交(O)/辅助(A)/截面(S)]:<u>S</u>↙(生成主视图方向的剖视图)

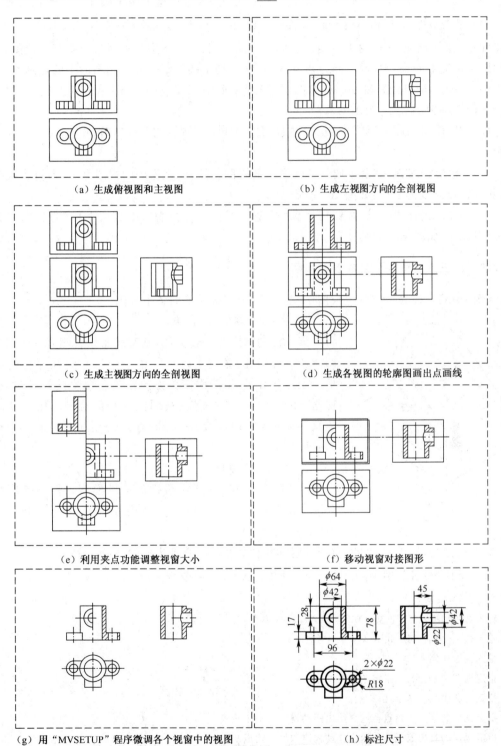

(a) 生成俯视图和主视图   (b) 生成左视图方向的全剖视图

(c) 生成主视图方向的全剖视图   (d) 生成各视图的轮廓图画出点画线

(e) 利用夹点功能调整视窗大小   (f) 移动视窗对接图形

(g) 用"MVSETUP"程序微调各个视窗中的视图   (h) 标注尺寸

图 10-13   由三维模型生成视图、剖视图的步骤

（3）由于主视图是半剖视图，需再生成一个主视图方向为剖视图的浮动视窗［图 10-13（c）］，命令行提示及操作过程与生成左视图方向为剖视图的浮动视窗相同，视图及其浮动视窗命名为"zhu-pou"，但剖切平面需在俯视图视窗中分别拾取底座上两个圆柱孔的圆心来确定。

（4）单击 工具按钮，选择四个视窗，生成各个视图的轮廓图如图 10-13（d）所示。在主视图和左视图的剖面区域内可看到系统填充的默认图案，若图案类型及参数不符合绘图要求，可用图案填充编辑命令修改。新建点画线层，在布局中的图纸空间补画图形中的点画线。

（5）关闭"zhu-HID"和"fu-HID"图层，隐藏图形中不需要的虚线；单击视窗边界，利用夹点功能调整视窗的大小［图 10-13（e）］。

（6）用"移动"命令下移"zhu-pou"视窗，使"zhu-pou"视窗与"zhu"视窗重叠，如图 10-13（f）所示。

（7）用"MVSETUP"命令调整各视窗中的视图位置，使视窗中的视图对正，即符合投影关系，并调整点画线的长度，如图 10-13（g）所示。

（8）单击状态栏"图纸"按钮切换到"模型"空间，在各视窗"DIM"层上标注尺寸，并关闭VPORTS层，如图 10-13（h）所示。

10.2.7 由三维实体模型生成各类视图

【例 10-3】 按表达方案生成图 10-14 所示的三维模型的各个视图。

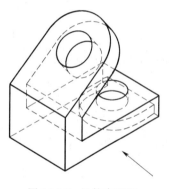

图 10-14　机件直观图

1. 分析形体确定表达方案

该机件的基座为一长方体，基座底面靠右侧有一个"U"形凹槽和圆柱通孔，基座上部叠加了一个带有圆柱通孔的倾斜板。表达方案是：以图中箭头方向作为主视图投射方向，沿圆柱通孔的轴线剖切，并将主视图画成全剖视图。用斜视图表达倾斜板的实形，再添加一个仰视图以表达基座底面"U"形凹槽的形状特征。

2. 生成各个视图

（1）构造图 10-14 所示机件的三维模型。将三维模型用二维线框形式显示，视点设置为西南等轴测，并将坐标系转换为世界坐标系。

（2）单击"布局 1"按钮进入布局，用"删除"命令擦除自动生成的视窗。

（3）生成俯视图［图 10-15（a）］，单击 工具按钮，命令行提示：

命令：_solview
输入选项［UCS(U)/正交(O)/辅助(A)/截面(S)］：u↙
输入选项［命名(N)/世界(W)/？/当前(C)］＜当前＞：w↙
输入视图比例＜1＞：↙
指定视图中心：点↙（指定俯视图的中心）
指定视图中心＜指定视口＞：↙
指定视口的第一个角点：点↙（给出浮动视窗的一个角点）
指定视口的对角点：点↙（给出浮动视窗的另一角点）
输入视图名：fu↙（为俯视图及其浮动视窗命名）

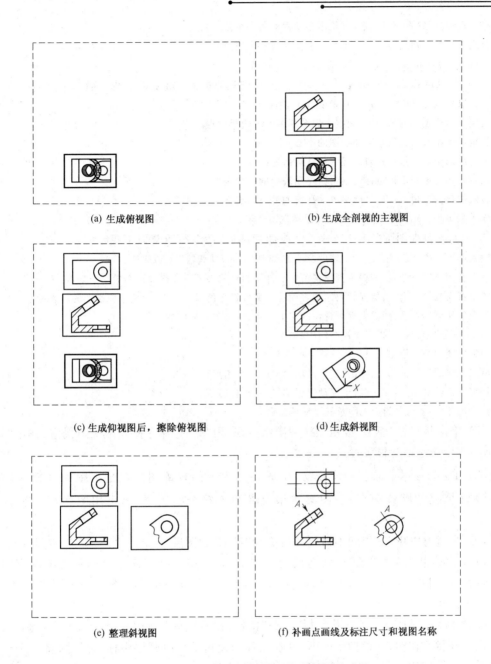

(a) 生成俯视图　　　　　　　　　　(b) 生成全剖视的主视图

(c) 生成仰视图后，擦除俯视图　　　　　(d) 生成斜视图

(e) 整理斜视图　　　　　　　　　(f) 补画点画线及标注尺寸和视图名称

图 10-15　由三维模型生成斜视图、剖视图的步骤

（4）生成全剖视的主视图［图 10-15(b)］，生成俯视图后，命令行重复以下提示：

输入选项［UCS(U)/正交(O)/辅助(A)/截面(S)］:s↙

指定剪切平面的第一个点:<u>在俯视图的前后对称线上拾取一点</u>↙

指定剪切平面的第二个点:<u>在俯视图的前后对称线上拾取另一点</u>↙（确定剖切位置）

指定要从哪侧查看:<u>捕捉俯视图视窗的下边界中点</u>↙（确定投射方向）

输入视图比例<1>:↙（采用默认比例）

指定视图中心:<u>点</u>↙（指定主视图的中心）

指定视图中心<指定视口>:↙（确认前次输入）

指定视口的第一个角点:<u>点</u>✓(给出浮动视窗的一个角点)

指定视口的对角点:<u>点</u>✓(给出浮动视窗的另一个角点)

输入视图名:<u>zhu</u>✓(为主视图及其浮动视窗命名)

（5）生成仰视图[图 10-15（c）],生成主视图后,命令行重复以下提示:

输入选项[UCS(U)/正交(O)/辅助(A)/截面(S)]:<u>o</u>✓

指定视口要投影的那一侧:<u>捕捉主视图视窗的下边界中点</u>✓

指定视图中心:<u>点</u>✓(指定仰视图的中心)

指定视图中心<指定视口>:✓(确认前次输入)

指定视口的第一个角点:<u>点</u>✓(给出浮动视窗的一个角点)

指定视口的对角点:<u>点</u>✓(给出浮动视窗的另一角点)

输入视图名:<u>yang</u>✓(为仰视图及其浮动视窗命名)

（6）生成斜视图[图 10-15（d）],生成仰视图后,命令行重复以下提示:

输入选项[UCS(U)/正交(O)/辅助(A)/截面(S)]:<u>A</u>✓[选辅助(A)选项]

指定斜面的第一个点:<u>捕捉主视图视窗中机件倾斜结构表面有积聚性投影的一个端点</u>✓

指定斜面的第二个点:<u>捕捉倾斜结构表面有积聚性投影的另一端点</u>✓(确定斜视图的投影面位置)

指定要从哪侧查看:<u>捕捉主视图视窗的左上角点</u>✓(确定斜视图的投射方向)

指定视图中心:<u>点</u>✓(指定斜视图的中心)

指定视图中心<指定视口>:✓(确认前次输入)

指定视口的第一个角点:<u>点</u>✓(给出浮动视窗的　个角点)

指定视口的对角点:<u>点</u>✓(给出浮动视窗的另一个角点)

输入视图名:<u>xie</u>✓(为斜视图及其浮动视窗命名)

（7）单击状态栏"模型"按钮切换到图纸空间,用"删除"命令擦除俯视图视窗,并用"移动"（Move）命令调整各视窗位置。

（8）单击工具⟁,选择三个视窗,生成各个视图的轮廓图。在主视图的剖面区域内可看到系统填充的默认图案,若图案类型及参数不符合绘图要求,可用图案填充编辑命令修改。

（9）关闭 VPORTS 层和不需要的后缀为"HID"的图层。

（10）单击状态栏"图纸"按钮切换到模型空间,使用"分解"命令分解斜视图视窗中的图形,然后擦除斜视图中的多余线条,断开部分轮廓线,并在"xie-hat"图层中加画波浪线,如图 10-15（e）所示。

（11）新建点画线层,单击状态栏"模型"按钮,在图纸空间画出各个视图中的点画线;单击状态栏的"图纸"按钮,在模型空间下,分别在各个视窗的"DIM"层中标注尺寸;将三个可见轮廓线图层 yang-VIS、zhu-VIS、xie-VIS 的线宽设置为 0.7。

按表达方案完成各个视图的生成和相应标注后,即可通过设置好的布局,在图纸空间打印图形。

10.3　思考与上机实践

构造图 10-16、图 10-17、图 10-18 所示机件的三维实体模型,再由三维实体模型根据图示的表达方案生成其各个视图并标注尺寸。

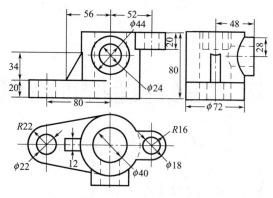

图 10-16 上机实践 1

图 10-17 上机实践 2

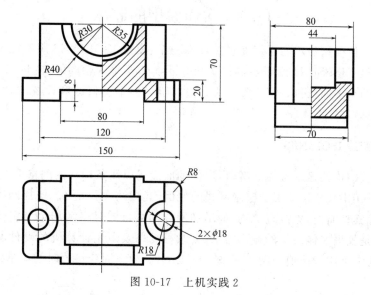

图 10-18 上机实践 3

第11章 三维模型的显示和渲染

在 AutoCAD 的默认显示方式下,所有种类的三维模型都是以线框模型的构架显示,线框模型只能展示三维模型的形状特征。为了得到真实感效果,AutoCAD 提供了多种方式和方法,力求得到更好的真实感效果的三维模型图形和图像。

11.1 实体模型的显示

影响三维实体模型显示的系统变量主要有三个:变量 ISOLINES 用于控制实体模型上网线的数目。变量 DISPSILH 用于控制是否仅显示实体模型的轮廓线;变量 FACETRES 用于控制表示曲面的小平面数目。变量参数是通过"选项"对话框修改和设置的,"选项"对话框的功能及设置详见本书 12.4。

11.1.1 系统变量 ISOLINES

用线框模型的构架显示实体模型时,实体的曲面是以线条构成的网格形式显示的,这些线条称为网线,ISOLINES 就是用于控制网线的数目,其默认设置是 4。增加网线的数目使实体模型的显示(尤其是曲面)更接近实物,但增加网线的数目同时将增加生成实体模型显示的时间。所以通常是根据实体模型的显示需求、复杂程度以及所用计算机的硬件配置等因素综合考虑确定的,通常采用默认值。图 11-1 是 ISOLINES 为不同变量值时的显示效果。

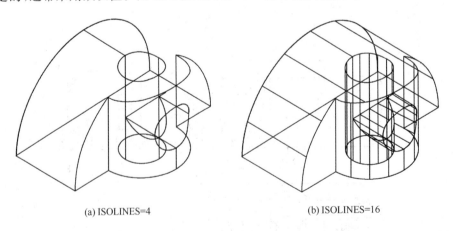

(a) ISOLINES=4　　　　　　　　　(b) ISOLINES=16

图 11-1　变量 ISOLINES 不同值时的显示效果

命令窗口或绘图区单击右键→右键菜单→选项命令,打开"选项"对话框,通过该对话框的"显示"选项卡(图 12-14)"显示精度"区域中的"每个曲面的轮廓素线"编辑框,可设置该变量值。其最大取值范围是 20。

11.1.2　系统变量 DISPSILH

当 DISPSILH＝1 时,可消去构成曲面的小平面,仅显示三维实体模型的轮廓线,如图 11-2(b)所示。用"消隐"命令对三维实体模型作消隐处理时,系统变量 DISPSILH 的变量值将影响显示效果。所以修改变量 DISPSILH 的设置后,必须执行"消隐"命令才能看出修改后的效果。从效果图中可看出当通过消隐追求真实感时,采用仅显示轮廓线结合少量网线比仅单纯增加网线更有效。

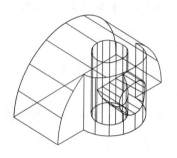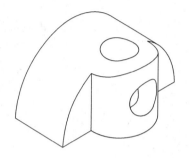

（a）ISOLINES=16 DISPSILH=0　　　　　　（b）ISOLINES=16 DISPSILH=1

图 11-2　变量 DISPSILH 不同值的显示效果

变量 DISPSILH 的设置影响所有视窗,但"消隐"命令只能在模型空间下使用,所以"消隐"命令只影响当前视窗。利用这一特点,用户可使多视窗的不同视窗产生不同的消隐效果。

11.1.3　改变实体表面的平滑度

变量 FACETRES 用于控制表示曲面的小平面数,以实现改变三维实体模型曲表面的平滑度。小平面数越多,曲面看起来就越光滑,但是小平面数越多,执行"消隐"、"渲染"命令时所需的时间就越长。FACETRES 的取值范围是 0.01～10,默认设置为 0.5。值越大,小平面的数目就越多。

将变量 DISPSILH 的值设置为 0(即 OFF),变量 FACETRES 的设置才能生效,换句话说就是禁止显示实体的轮廓才能使 FACETRES 的设置生效。图 11-3 是变量 FACETRES 不同变量值时三维实体模型的显示效果。

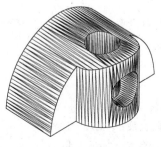

FACETRES=0.5　　　　　　　　　　FACETRES=5

图 11-3　不同 FACETRES 变量值的显示效果

执行"消隐"命令或"重生成(G)"或"全部重生成(A)"命令才能看出变量 FACETRES 的修改效果。

11.1.4 消隐(Hide)命令

1. 功能

在 AutoCAD 中是通过消隐(HIDE)命令来消除三维实体模型显示时被遮挡的轮廓线。若消隐处理时所选对象是单个三维模型,隐藏其不可见的轮廓线。若消隐处理时所选对象是多个三维模型,则自动隐藏后边物体上被前边物体遮挡住的轮廓线。

2. 命令位置

选择菜单栏→视图→消隐命令。

3. 操作

执行消隐命令后,三维实体模型的显示如图 11-4 所示。

4. 说明

(1) 执行消隐操作后,暂时无法使用"缩放"和"平移"命令,需选择菜单栏→视图→重生成(G)或全部重生成(A)命令,返回到消隐前的状态。

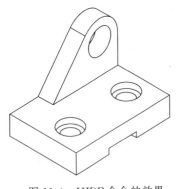

图 11-4 HIDE 命令的效果
(DISPSILH=1)

(2) 系统变量 DISPSILH=1(ON)(默认设置为 0(OFF))时,消隐后仅显示三维实体模型的轮廓线。

(3) 执行消隐(HIDE)命令时,冻结图层上的对象不作处理。

11.2 相 机

在 AutoCAD 中,用户可以在模型空间放置一台或多台相机来定义三维模型的透视图。可以指定或通过使用夹点编辑相机的位置、目标和焦距。其中相机的位置确定观察三维模型的起点;目标是指通过指定视图中心的坐标所确定的观察点。还可以设置剪裁平面的位置和定义剪裁平面的边界。

11.2.1 创建相机(Camera)命令

1. 功能

在当前视图中设置相机和目标的位置,创建并保存三维模型的透视图。

2. 命令位置

选择菜单栏→视图→创建相机命令。

3. 操作

命令:_camera
当前相机设置:高度=0 焦距=50 毫米
指定相机位置:输入一点↙
指定目标位置:输入一点↙
输入选项[? /名称(N)/位置(LO)/高度(H)/坐标(T)/镜头(LE)/剪裁(C)/视图(V)/退出(X)]<退

出＞：↙或某选项↙

　　(1)"位置(LO)"选项,指定相机位置。后续提示要求输入一点。

　　(2)"高度(H)"选项,指定相机高度。后续提示:

　　指定相机高度＜当前值＞：↙或 120↙(给出相机的高度值)

　　(3)"坐标(T)"选项,指定目标位置。后续提示要求输入一点。

　　(4)"镜头(LE)"选项,定义相机镜头的比例特性,传统名词就是相机的焦距,焦距越大视野越窄。后续提示:

　　以毫米为单位指定焦距＜50＞：↙或 35↙(一般采用默认值)

　　(5)"名称(N)"选项,为相机命名,命名后才能保存。默认情况下,以系统名 Camera1、Camera2 命名,用户可根据需要重命名。

　　(6)"剪裁(C)"选项,选择是否启用剪裁平面,后续提示:

　　是否启用前向剪裁平面？[是(Y)/否(N)]＜否＞：↙或是↙

　　①以"否(N)"响应,则不启用前向剪裁平面,后续提示为:"是否启用后向剪裁平面？[是(Y)/否(N)]＜否＞：",若仍以"否(N)"响应,则退出该选项,返回到主提示。

　　②以"是(Y)"响应,则选择启用前向剪裁平面,后续提示:

　　指定从目标平面的前向剪裁平面偏移＜0＞：偏移距离↙

　　是否启用后向剪裁平面？[是(Y)/否(N)]＜否＞：y↙

　　指定从目标平面的后向剪裁平面偏移＜0＞：偏移距离↙

　　输入选项[？/名称(N)/位置(LO)/高度(H)/坐标(T)/镜头(LE)/剪裁(C)/视图(V)/退出(X)]＜退出＞：↙或某选项↙

　　(7)"视图(V)"选项,确定是否切换到相机视图。

　　(8)"？"选项,当前已定义的相机列表。

　　图 11-5 是创建相机后的屏幕显示状态。在视图中创建了相机后,选中相机会打开"相机预览"窗口,如图 11-6(a)所示。其中显示了当前相机视图的观察效果。通过预览窗口下方的"视觉样式"下拉列表,可设置预览窗口中图形的视觉样式,如三维隐藏、三维线框、概念、真实等,如图 11-6(b)所示。

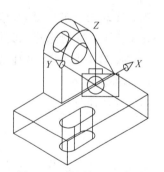

图 11-5　使用相机观察图形

11.2.2　调整视距和回旋

　　1. 调整视距

　　选择菜单栏→视图→相机→调整距离命令,光标更改为具有上箭头或下箭头的形式,单击光标并向上拖动使相机靠近对象,从而使对象显示得更大;单击光标并向下拖动使相机远离对象,从而使对象显示得更小。

　　2. 回旋

　　选择菜单栏→视图→相机→回旋命令,光标处会出现相机图标,此时光标即代表相机。拖动光标,实则是在拖动方向上模拟平移相机,所以光标向上移动,对象即往下移动,光标向左移动,对象即往右移动,可以沿 XY 平面或 Z 轴回旋视图。

(a) 视觉样式——三维隐藏   (b) 视觉样式——真实

图 11-6　相机预览窗口

11.3　视　觉　样　式

单击功能区"视图或常用"选项卡→"视觉样式"面板→  按钮的箭头可展开"视觉样式"面板(见图 9-2)。AutoCAD 2013 中,三维模型的默认视觉样式有二维线框、三维线框、三维隐藏、概念、隐藏、真实、着色、带边着色、灰度、勾画、线框和 X 射线等 12 种。

11.3.1　视觉样式的应用

视觉样式是一组自定义设置,用来控制当前视窗中三维实体和曲面的边、着色、背景和阴影的显示。可以随时选择视觉样式并更改其设置。所做的设置和更改效果实时反映在绘图窗口中。对视觉样式所做的任何更改都将保存在图形中。以下是常用视觉样式的含义。

1. 二维线框

用直线和曲线表示三维对象的边界,光栅和 OLE 对象、线型、线宽均可显示,如图 11-7(a)所示。

2. 三维线框

显示用直线和曲线表示边界的对象,如图 11-7(b)所示。

3. 三维隐藏

显示用三维线框表示的对象并隐藏表示后向面的直线,如图 11-7(c)所示。

4. 真实

着色多边形平面间的对象,并使对象的边平滑化。将显示已附着到对象的材质,如图 11-7(d)所示。

5. 概念

着色多边形平面间的对象,并使对象的边平滑化。着色使用古氏面样式,一种冷色和暖色之间的转场而不是从深色到浅色的转场。效果缺乏真实感,但是可以更方便地查看模型的细节,如图 11-7(e)所示。

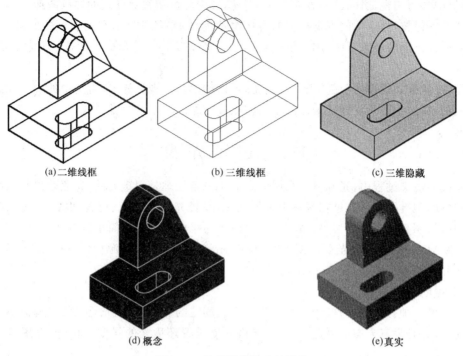

(a)二维线框　　　　　　　　(b)三维线框　　　　　　　　(c)三维隐藏

(d)概念　　　　　　　　　　　　　(e)真实

图 11-7　常用视觉样式的效果

11.3.2　视觉样式的管理

单击功能区"视图"选项卡→"视觉样式"面板→ ![按钮] 按钮，或单击功能区"视图"选项卡→

"选项板"面板→ ![按钮] 按钮，均可打开"视觉样式管理器"对话框，如图 11-8 所示。

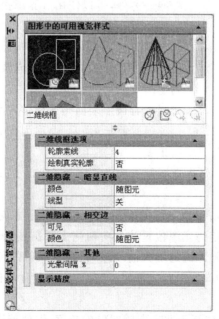

图 11-8　视觉样式管理器

"图形中的可用视觉样式"列表框中显示了图形中的可用视觉样式的样例图像。单击某一视觉样式的图像按钮,选中的视觉样式的边框用黄色显示,名称显示在列表框的底部,其设置显示在对话框下部的设置区中,用户可以根据需要在设置区设置和更改所选视觉样式的相关参数。

使用"视觉样式管理器"工具条中的按钮,可以创建新的视觉样式、将选中的视觉样式应用于当前视窗、将选中的视觉样式输出到工具选项板或删除选中的视觉样式。

11.4 设置光源

在画面的渲染过程中,光源以及光照效果对于渲染处理是很重要的,光照效果是三维模型显示真实感的关键因素。通过在视图中添加光源,设置光源的颜色、位置和方向,使光源照亮整个视图或仅照亮视图中的某些选定部分,是改善三维模型外观最简单的办法。

AutoCAD 提供了四种光源,环境光(Ambient light)、平行光源(Distant light)、点光源(Point light)、聚光灯光源(Spot light)。

1. 环境光

环境光是一种背景光,为模型的所有表面提供固定的照明,环境光是系统光源而不是某一特定的光源,并且没有方向。因此,对用户来讲只能设置环境光的强度,而不能设置环境光的位置。

2. 点光源

点光源从光源位置点向所有方向辐射,使用点光源可以模拟灯泡发出的光,点光源的强度随着被照表面与光源位置间距离的增大而衰减,用户可以设置点光源的衰减率、位置、颜色。由于点光源的光线向所有方向辐射,因此设置点光源时只需确定位置而不需确定方向。另外,可以使用点光源投射阴影或使用阴影贴图。

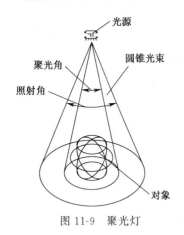

图 11-9　聚光灯

3. 聚光灯

聚光灯发射一束有方向的圆锥形光束。所以设置聚光灯时需设置光源的位置、方向及光源的聚光角和照射角,以确定圆锥光束的尺寸(图 11-9)。聚光灯与点光源一样,其光强随着被照表面与光源位置间距离的增大而衰减。

(1)聚光角——也称为光束角,定义了圆锥光束照射的最亮区域(图 11-9)。

(2)照射角——定义了圆锥光束所照射的全部区域(图 11-9)。

4. 平行光源

平行光源或也称远光源,AutoCAD 的平行光源仅从一个方向发出均匀的平行光线。从理论上讲这些平行光线从指定为光源位置的点向两侧无限扩展,所以单个平行光源可以模拟太阳光。平行光源的强度不随距离的增大而衰减,光源所照射的每个表面其亮度与表面到光源的距离无关,所以在图形中设置平行光源时,光源的方向要比其位置重要得多。平行光源的方向包括以下参数:

(1)方位角,阳光沿地平线绕正北方向顺时针的角度,取值范围是 -180°到 180°。

（2）仰角，阳光垂直于地平线的角度，取值是 0°到 90°。

（3）光源矢量，用方位角和仰角表示的光源位置的坐标。

11.4.1　点光源（Pointlight）命令

1. 功能

创建点光源，设置其衰减率、位置、颜色等参数。

2. 命令位置

单击功能区"渲染"选项卡→"光源"面板→创建光源右侧的箭头→ 工具按钮。

3. 操作

命令：_pointlight

指定光源位置<0,0,0>：✓ 或点 ✓（在屏幕上指定一点作为光源位置）

输入要更改的选项［名称（N）/强度因子（I）/状态（S）/光度（P）/阴影（W）/衰减（A）/过滤颜色（C）/退出（X）］<退出>：✓ 或某选项 ✓

（1）"名称（N）"选项，默认情况下，新光源的名称是以"点光源 1"、"点光源 2"…来命名的。使用该选项可为光源重命名，光源名最多不能超过 8 个字符，不能重名。后续提示要求输入光源名称。

（2）"强度因子（I）"选项，用来调整点光源的强度。当光源的强度设为零时，相当于关闭该光源；但光强度的最大值取决于其衰减率的设置，并且与绘图边界的大小有关。后续提示为：

输入强度（0.00-最大浮点数）<1>：✓ 或大于零的数 ✓

（3）"状态（S）"选项，点光源的状态有"开"和"关"两种。当状态为"关"时，该点光源在屏幕上灰显，即不起作用。

（4）"光度（P）"选项，用来设置光照的强度和颜色。后续提示为：

输入要更改的光度选项［强度（I）/颜色（C）/退出（X）］<强度>：✓ 或某选项 ✓

（5）"阴影（W）"选项，用于设置光源照射物体时所产生阴影的效果。后续提示为：

输入［关（O）/锐化（S）/已映射柔和（F）/已采样柔和（A）］<锐化>：✓ 或某选项 ✓

（6）"衰减（A）"选项，控制光强的衰减率，即使远离光源的表面显得较暗，而离光源近的表面则显得较亮。后续提示为：

输入要更改的选项［衰减类型（T）/使用界限（U）/衰减起始界限（L）/衰减结束界限（E）/退出（X）］<退出>：✓ 或某选项 ✓

（7）"过滤颜色（C）"选项，用来设置点光源的颜色。后续提示为：

输入真彩色（）或输入选项［索引颜色（I）/HSL（H）/配色系统（B）］<255,255,255>：✓ 或 R,G,B 的参数 ✓ 或某选项 ✓

11.4.2　聚光灯（Spotlight）命令

1. 功能

创建聚光灯，设置其位置、方向及光源的聚光角和照射角等参数。

2. 命令位置

单击功能区"渲染"选项卡→"光源"面板→创建光源右侧的箭头→ 工具按钮。

3. 操作

命令：_spotlight

指定源位置<0,0,0>:↙或点↙(在屏幕上指定的点为光源位置)

指定目标位置<0,0,-10>:↙或点↙(在屏幕上指定的点为目标位置)

输入要更改的选项[名称(N)/强度因子(I)/状态(S)/光度(P)/聚光角(H)/照射角(F)/阴影(W)/衰减(A)/过滤颜色(C)/退出(X)]<退出>:↙或某选项↙

(1)"聚光角(H)"选项,也称高光锥角,定义了聚光灯的圆锥光束照射的最亮区域(图11-9)。其取值范围是0°至160°,默认值为45°。后续提示:

输入聚光角(0.00-160.00)<45>:↙或聚光角度值↙

(2)"照射角(F)"选项,也称衰减光锥角,定义了聚光灯圆锥光束所能照射的全部区域(图11-9)。其取值范围是0°至160°,默认值为45°。后续提示:

输入照射角(0.00-160.00)<45>:↙或聚光角度值↙

其余各选项的含义可参照点光源设置中的相同选项。

聚光角与照射角之间的区域称为快速衰减区(Rapid decay area),在这个区域内,渲染时可产生一种模糊与柔和的光照效果,两者之差越大,光束的边缘越柔和。当两个角度值相同时,光束的边缘最明显,但聚光角不能大于照射角。所以说是这两个参数共同描述了聚光灯光束边缘的光照效果。

聚光灯光强的最大值也取决于衰减率的类型设置和绘图边界对角线的长度,光强为零时相当于关闭光源。

11.4.3 平行光(Distantlight)命令

1. 功能

创建平行光,设置其方位角、仰角、光源矢量等参数。

2. 命令位置

单击功能区"渲染"选项卡→"光源"面板→创建光源右侧的箭头→⚙工具按钮。

3. 操作

命令:_distantlight

指定光源来向<0,0,0>或[矢量(V)]:点↙(指定的点为光源位置)

指定光源去向<1,1,1>:点↙(相对模型该点在前一点的内侧)

输入要更改的选项[名称(N)/强度因子(I)/状态(S)/光度(P)/阴影(W)/过滤颜色(C)/退出(X)]<退出>:↙或某选项↙

各选项的含义可参照点光源设置中的相同选项。

平行光源是有向光源,光源的照射方向须通过"光源来向"和"光源去向"两个参数或"矢量"方式来确定。光源单位矢量是由 X、Y、Z 三个方向组成的模长为1个图形单位的光线。用户可分别键入光源单位矢量 X、Y、Z 轴的投影长度(或称坐标值),来定义光源单位矢量的方向。

11.4.4 阳光与自然光的模拟

由于太阳光的照射强度受地理位置的影响,因此在使用太阳光时,还需要设置光源的地理位置。单击功能区"渲染"选项卡→"阳光和位置"面板→⚙设置位置按钮,打开"地理位置—定义地理位置"对话框(图略)选择其中的"输入位置值"选项,即打开"地理位置"对话框,利用该对话框可设置光源的地理位置,如纬度、经度、北向以及地区等,如图11-10所示。

11.4.5　设置阳光特性

单击功能区"渲染"选项卡→"阳光和位置"面板右下角的箭头 按钮,打开"阳光特性"选项板,如图 11-11 所示。创建光源后,用户还可以通过"阳光特性"选项板设置阳光的地理位置、输出类型、日历、当日时间及其他一些详细信息。

图 11-10　"地理位置"对话框

图 11-11　"阳光特性"选项板

11.5　材　质

为模型表面附着材质,如玻璃、金属、木材或塑料等,目的是定义模型表面在渲染时,如何反射光线以及反射光的颜色,使模型的渲染效果更具有真实感。因此在处理模型的材质时,颜色是非常重要的。如果可以熟练地运用颜色,则可以较为准确地得到所需材质的质地效果。

11.5.1　AutoCAD 的颜色所具有的特性

我们观察周围环境和物体,看到的颜色都是由具体的物体反射的颜色,如:阳光照射绿色的树叶时,树叶把光谱中除绿色之外的所有颜色都吸收了,仅把绿色反射到我们的眼中,所以我们看到了绿色的树叶。如果物体反射了整个光谱中的所有颜色,我们看到的就是白色,如果物体不反射光谱中的任何颜色,我们所看到的就是黑色。它们的基本颜色是红、黄、蓝,其二级颜色是对等量的两种基本颜色的混合,有橙黄色(红和黄)、绿色(黄和蓝)、紫色(红和蓝),我们平时观察物体所看到的以及画家在调色板上使用的都是这种由具体的物体反射的颜色,称为颜料颜色。

如果我们观察的对象不是物体而是一个光源，由于光源是发出颜色而不是反射颜色，所以称为光源颜色。计算机所使用的就是光源颜色，其基本颜色是红色、绿色和蓝色。因此计算机的颜色系统通常被称为"RGB"（Red、Green、Blue）颜色系统，其二级颜色是黄色（红和绿）、青色（绿和蓝）、紫色（红和蓝）。在计算机上颜色的调整编辑框只有红、绿、蓝三色，将三种颜色都调至最大值产生白色，将三种颜色都调至零产生黑色。

HLS 系统（色调、亮度、饱和度）是 RGB 光源颜色系统的补充，使用 HLS 系统调整颜色不是混合基本颜色，而是在给定的色调范围内选择颜色，然后通过改变所选颜色的亮度和饱和度（纯度）调整颜色。

11.5.2　AutoCAD 材质颜色的构成

颜色是材质的一个关键成分，是其被附加到物体表面上后，引起物体表面颜色变化的重要因素之一。在真实世界中，相同颜色的物体，因形状、材质的区别，其反射的方式不同，颜色看起来就会有所不同。例如一个红色的球与红色的圆柱看起来所显示的红色就不一样，一个红色的塑料球和一个红色的金属球看起来所显示的红色也不一样。又如在某些光照效果下，无论物体的颜色如何，其最明亮的区域看起来都是白色。AutoCAD 正是通过重现物体表面这些颜色的变化和反射，使模型具有材质的真实质感。所谓定义材质实质上是定义模型表面如何反射光线以及反射光的颜色。因此，在用户定义材质的过程中，对于每一种材质 AutoCAD 都提供了三个颜色变量。

（1）材质的主颜色，也称漫反射色。

（2）材质的环境色，即那些仅被环境光照亮的表面上所显示出的颜色。

（3）材质的反射色（镜面反射色），即光亮材质上最明亮区域的颜色。

11.5.3　材质浏览器

1. 功能

供用户浏览和选择 Autodesk 材质库中的各种材质，并将其附加给指定的三维实体模型。

2. 命令位置

单击功能区"渲染"选项卡→"材质"面板→工具按钮，打开"材质浏览器"选项板（图 11-12）。

3. 操作

在"材质浏览器"的 Autodesk 库列表框中单击所选材质栏中显示的↑按钮，将所选材质添加到"文档材质"列表中，在绘图区选择三维对象，然后在"材质浏览器"文档列表中选择材质，即可将所选材质附加到三维对象。只有在视觉样式是"真实"的模式下或在渲染之后，才能看到三维对象附加材质后的效果。

11.5.4　材质编辑器

1. 功能

用于编辑材质。通过编辑材质的颜色、折射、反射和粗糙度等材质属性，来调整和编辑材质的外观，或得到新材质。还可编辑材质的信息，如描述和关键字等。对于已编辑好的材质，其信息可以保留在图形文件中，也可以存储到 AutoCAD 的材质库文件（＊.mli）中，以便将定义好的材质附加给其它图形文件中的模型。

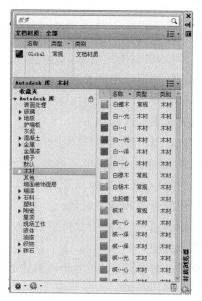

图 11-12 "材质浏览器"选项板

2. 命令位置

单击功能区"渲染"选项卡→"材质"面板右侧的箭头,或双击需要编辑的材质,均可打开"材质编辑器"选项板(图 11-13)。

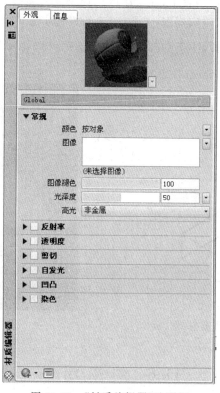

图 11-13 "材质编辑器"选项板

3. 操作

在"材质编辑器"选项板中的"外观"选项卡中可以编辑材质外观,如颜色、折射、反射和粗糙度等材质属性;"信息"选项卡,可编辑材质的信息,如描述和关键字等。

对于不同的材质,"材质编辑器"选项板中的参数也不同,用户应根据需要和实际的材质属性进行编辑。

"材质编辑器"选项板中,部分选项的含义如下。

①单击预览区右侧的向下按钮,可设置预览样例的样式。AutoCAD 2013 提供了球体、立方体、圆柱、帆布、平面、对象、花瓶、悬垂性织物、玻璃幕墙、墙和液体池等多种样例样式。

②常规选项,用来设置材质的颜色、光泽度和高光效果;

③反射率选项,用来设置材质的直接和倾斜效果;

④透明度选项,用来设置材质的退色、半透明和折射效果;

⑤剪切选项,用来设置图像的大小;

⑥自发光选项,用来设置材质的过滤颜色、亮度和色温效果;

⑦凹凸选项,用来设置材质的凹凸程度;

⑧染色选项,用来设置图像的颜色。

【例 11-1】 为图 11-14 所示的三维实体模型附加材质。

单击功能区"渲染"选项卡→"材质"面板→ 材质浏览器按钮,弹出"材质浏览器"选项板。在 Autodesk 库中选择"木材"选项,然后单击"红橡木"栏中出现的↑按钮"。即将所选材质"红橡木"添加到了"文档材质"列表中,在绘图区选择三维实体模型,然后在"文档材质"列表中选择"红橡木",则所选材质即应用到图 11-14 所示的三维实体模型。

关闭"材质浏览器"选项板,单击功能区"渲染"选项卡→"渲染"面板→ 按钮,结果如图 11-15 所示。

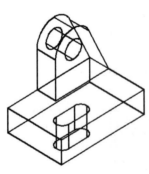

图 11-14   三维实体模型

图 11-15   渲染效果

11.6 渲 染 对 象

用手工做传统意义上的渲染处理时,常常要涉及打底色、用水彩、蜡笔和墨水以及喷刷技术等。而 AutoCAD 的渲染处理则是利用图形中的几何结构、光照以及材质等信息综合产生真实感的图像。渲染使设计图形比简单的消隐或着色更加清晰和具有真实感。因为渲染可以通过添加光源、调整光源的各参数,获取不同的光照效果;还可以为渲染对象的表面附加材质和颜色,以定义模型表面的反射性质、反射质量,获取不同物质的模拟效果;另外还可以通过场景设置为渲染对象提供渲染处理时需要的环境信息。当然也可以不添加任何光源,也不为模型表面附加材质、不设场景直接对模型进行渲染,这时 AutoCAD 使用系统光源渲染模型。系统光源是一个虚拟的 Over Shoulder(在肩膀上方的)平行光源。

11.6.1　渲染(Render)命令

1. 功能

根据指定的场景信息和指定的模型材质对模型进行渲染处理。

2. 命令位置

单击功能区"渲染"选项卡→"渲染"面板→　工具按钮。

3. 操作

执行渲染命令显示图 11-16 的渲染窗口,窗口中显示了当前视窗中图形的渲染效果。在其右侧的列表中,显示了所渲染图形的质量、光源和材质等详细信息;在其下方的文件列表中,显示了当前渲染图形的文件名、大小、渲染时间等信息,用户可以在窗口的文件菜单栏中选择文件→"保存"或"保存副本"。

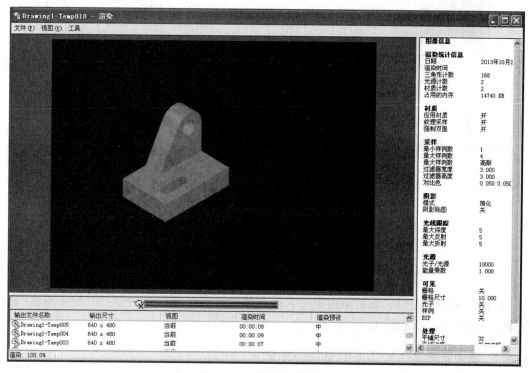

图 11-16　"渲染图形"窗口

当用户选择"保存"或"保存副本"的命令对当前渲染图形进行保存时,系统会弹出图 11-17 所示的"渲染输出文件"对话框,要求用户输入保存文件的名称。同时,用户可在该对话框下方的"文件类型"列表框中选择系统所给出的任意一种图像格式保存图像文件。

　　输入文件名称及选择好图像格式后,单击"保存"按钮,将打开图 11-18 所示的"图像选项"对话框。根据不同的图像格式系统会打开不同内容的"图像选项"对话框,如图 11-18 所示的"BMP"、"JPEG"、"TIFF"等"图像选项"对话框,供用户设置各种格式的图像颜色及质量。

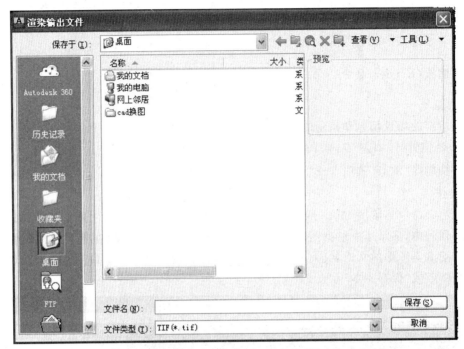

图 11-17　"渲染输出文件"对话框

图 11-18　各类"图像选项"对话框

　　渲染图像保存完毕后,该渲染图形的文件名称将显示在图 11-18 所示的"渲染图形"窗口的"输出文件名称"列表框中。

11.6.2　渲染环境(Render Environment)命令

1. 功能

渲染环境设置主要是指在渲染实体模型时,对三维对象进行雾化处理及其深度设置。

2. 命令位置

单击功能区→渲染选项卡→渲染面板→▨按钮。

3. 操作

单击功能区→"渲染"选项卡→"渲染"面板的向下箭头→"▨"按钮打开"渲染环境"对话框(图略)。在该对话框的"启用雾化"下拉列表框中选择"开"选项后,用户可以通过设置使用雾化背景、颜色、雾化的近距离、远距离、近处雾化百分率及远处雾化百分率等参数来确定雾化格式。图 11-19 所示为使用雾化前后的效果对比。

(a) 雾化前　　　　　　　　　　　　(b) 雾化后

图 11-19　雾化效果对比

11.6.3　保存渲染图像(Saveimg)命令

1. 功能

以 BMP、PCX、TGA、TIF、JPEG 或 PNG 图像格式保存当前视窗中的渲染图像。

2. 命令位置

选择菜单栏→工具→显示图像→保存命令。

3. 操作

选择菜单栏→"工具"→"显示图像"→"保存"命令后,打开"渲染输出文件"对话框,用户可以从中输入要保存的文件名并选择图像保存格式。

11.7　思考与上机实践

为本书第十章上机实践环节中构造的三维实体模型,设置和附着材质,并渲染。

第12章　图形查询与图形输出

12.1　查询图形对象信息

创建图形对象,系统不仅在屏幕上绘制出该对象,同时还创建关于该对象的数据组,并将它们保存到图形文件的数据库中。这些数据不仅包含对象的层、颜色和线型等特性信息,而且还包含对象的几何参数,如圆心或直线端点坐标等。这些信息都可通过相关的查询命令获取。

单击功能区"常用"选项卡→"实用工具"面板→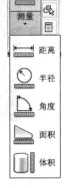测量按钮中的箭头,展开测量工具栏,如图 12-1 所示。单击某一按钮,根据命令行提示操作即可查询相应的内容。

12.1.1　查询距离、半径、角度等

1. 功能
查询两个点之间的距离、圆弧长度、半径等相关信息。

图 12-1　展开
"测量"按钮

2. 命令位置
单击功能区"常用"选项卡→"实用工具"面板→测量按钮→▱工具按钮。

3. 操作

命令:_measuregeom
输入选项[距离(D)/半径(R)/角度(A)/面积(AR)/体积(V)]<距离>:_distance
指定第一点:输入一点↙(可以使用对象捕捉,图 12-2)
指定第二个点或[多个点(M)]:确定第二点↙或 M↙(图 12-2)

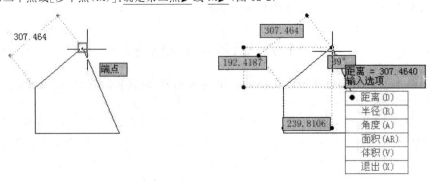

图 12-2　查询距离

(1)"指定第二个点",若动态输入是打开状态,绘图窗口会即时显示两点间距离,如图 12-2 所示。同时命令行显示查询结果如下:

距离＝307.4640,XY 平面中的倾角＝39,与 XY 平面的夹角＝0

X 增量＝239.8106,Y 增量＝192.4187,Z 增量＝0.0000

输入选项［距离（D）/半径（R）/角度（A）/面积（AR）/体积（V）/退出（X）］＜距离＞:

（2）"多个点（M）选项,后续提示：

指定下一点或圆弧［(A)/长度（L）/放弃（U）/总计（M）］〈总计〉:输入一点↙或某选项↙

该提示反复出现,以点响应,命令行会显示该点与第一点之间各段线段的总长。

12.1.2　查询面积

1. 功能

计算平面多边形或由指定对象所围成区域的面积与边长,还可以进行面积的加、减运算。

2. 命令位置

单击功能区"常用"选项卡→"实用工具"面板→测量按钮→ 工具按钮。

3. 操作

命令:_measuregeom

输入选项［距离（D）/半径（R）/角度（A）/面积（AR）/体积（V）］＜距离＞:_area

指定第一个角点或［对象（O）/增加面积（A）/减少面积（S）/退出（X）］＜对象（O）＞:↙或点↙或某选项↙

（1）"指定第一个角点",后续提示：

指定下一个点或［圆弧（A）/长度（L）/放弃（U）］:点↙（可以使用对象捕捉）

指定下一个点或［圆弧（A）/长度（L）/放弃（U）］:点↙

指定下一个点或［圆弧（A）/长度（L）/放弃（U）/总计（T）］＜总计＞:点↙

该提示反复出现,直到以空回车响应。查询图 12-2 所示图形的面积,命令行显示如下：

面积＝113901.2599,周长＝1403.7872

输入选项［距离（D）/半径（R）/角度（A）/面积（AR）/体积（V）/退出（X）］＜面积＞:↙或某选项↙

（2）"对象（O）",后续提示：

选择对象:选对象↙（如多段线、样条曲线、圆、椭圆、矩形、多边形等）

所选对象若是不封闭的多段线或样条曲线,系统将假设多段线或样条曲线的起点与终点相连,以计算其面积和周长。选择某一个"圆"对象后,命令行显示如下：

面积＝所选对象的面积,圆周长＝所选对象的周长

输入选项［距离（D）/半径（R）/角度（A）/面积（AR）/体积（V）/退出（X）］＜面积＞:↙或某选项↙

（3）"增加面积（A）",依次计算用户指定的每个区域的面积,并加到总面积中。后续提示：

指定第一个角点或［对象（O）/减少面积（S）/退出（X）］:点↙或某选项↙

该提示反复出现,供用户以"指定第一个角点"或以"对象（O）"方式指定面积区域并计算相应的面积,每进行一次计算,命令行显示如下内容：

("加"模式)指定第一个角点或［对象（O）/减少面积（S）/退出（X）］:（提示反复出现供指定面积）

面积＝所选单个对象的面积,周长＝所选单个对象的周长

总面积＝所选对象的面积

("加"模式)选择对象：

面积＝所选单个对象的面积,圆周长＝所选单个对象的周长

总面积＝所选所有对象的面积之和

（4）"减少面积(S)"，依次计算用户指定的每个区域的面积，运算仍然是相加运算，只是在总面积值前加负号。后续提示：

指定第一个角点或[对象(O)/增加面积(A)/退出(X)]:点↙或某选项↙

该提示反复出现，供用户以"指定第一个角点"或"对象(O)"方式指定面积区域并计算相应的面积，每进行一次计算，命令行显示如下内容：

("减"模式)指定第一个角点或[对象(O)/减少面积(S)/退出(X)]:(提示反复出现供指定面积)

面积＝所选单个对象的面积，周长＝所选单个对象的周长

总面积＝所选对象的面积值前加负号

("减"模式)选择对象：

面积＝所选单个对象的面积，圆周长＝所选单个对象的周长

总面积＝所选所有对象的总面积值前加负号

12.1.3 查询面域/质量特性(Massprop)命令

选择菜单栏"工具"→"查询"→"查询面域/质量特性"命令。

命令:_massprop

选择对象:选择对象↙

AutoCAD 切换到文本窗口，显示所选对象的数据信息，按回车键继续，并有提示：

是否将分析结果写入文件？[是(Y)否(N)]<否>:↙或 Y↙

此提示询问是否将显示信息输入到文件(*.mpr 文件)中。以"是(Y)"响应，打开"创建质量与面积特性文件"对话框(图略)，供用户指定文件的保存位置与名称等。

图 12-3 所示是用"查询面域/质量特性"命令查询某一圆柱的质量特性后，AutoCAD 在文本窗口显示的对象的质量、体积、质心及惯性矩等相应信息。

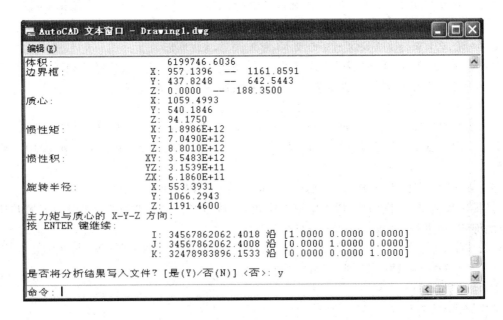

图 12-3　查询面域/质量特性

12.1.4 查询对象状态(Status)命令

"状态"是指关于绘图环境及系统状态的各种信息。例如,当前图形中对象的数量、图形名称、图形界限及其状态(开或闭)、捕捉和网格设置、操作空间、当前图层、颜色、线型、标高和厚度、填充、栅格、正交、快速文字、捕捉、对象捕捉模式和数字化仪的状态、可用磁盘空间、内存可用空间、自由交换文件的空间等。

选择菜单栏"工具"→"查询"→"状态"命令,打开 AutoCAD 的"文本窗口"显示图形的状态信息。阅读完信息之后,按【F2】键返回到绘图窗口。

12.2 注 释 性

12.2.1 注释性概述

AutoCAD 自 AutoCAD 2008 开始为具有说明或解释作用的对象,如文字、尺寸标注、多重引线、公差、块、块属性、图案填充等添加了一个"注释性"特性,并将注释性特性处于打开状态的对象称为"注释性对象"。注释性特性使缩放注释的过程自动化,从而使注释对象能够以正确的大小在图纸上打印或显示。也使用户不必在各个图层、以不同尺寸创建多个注释,而是按对象或样式打开注释性特性,并设置布局或模型视窗的注释比例。注释比例控制注释性对象相对于图形中几何模型的图形大小。注释性对象的注释比例与模型空间、布局视窗和模型视图一起保存。一个注释性对象可以有多个注释比例。创建注释性对象后,它们将根据当前注释比例设置进行缩放并自动正确显示大小。在注释性对象添加到图形中之前,注释性对象的注释比例应与显示注释性对象的视窗比例相同。

12.2.2 创建注释性对象

在设置文字样式、标注样式、多重引线样式的对话框中都有一个"注释性"复选框,勾选这个复选框,所设置的样式即为注释性样式。注释性样式名称前有"▲"标记,以注释性样式创建的单行文字、尺寸标注、多重引线等对象即为注释性对象。

创建具有注释性形位公差的方法是:先创建一个形位公差,打开"特性"选项板,选中已创建的形位公差,在"特性"选项板的"其他"栏中,单击"注释性",在下拉列表中选择"是",选中的形位公差即具有注释性。

在填充图案和创建块、块属性时,相应的对话框中也都有"注释性"复选框,勾选"注释性"复选框,所创建的块、块属性和填充图案即具有注释性。具有注释性特性的块及块属性中的所有对象有相同的注释比例。

将鼠标停留在图形中的注释性对象上,会显示注释比例图标。若注释性对象只有一个注释比例显示 ▲ 图标,若注释对象有多个注释比例则显示 ▲▲ 图标。

"注释比例"按钮 "注释可见性"按钮

"自动添加比例"按钮

图 12-4 "注释性"按钮

12.2.3 注释比例的创建和控制

状态栏上的"注释比例"、"注释可见性"、"自动添加比例"按钮(图 12-4)用来创建和控制注释性对象的注释比例。

1."注释比例"按钮

单击该按钮展开图纸单位与图形单位比例列表,从中选择用户需要的比例(相当于改变系统变量 CANNOSCALE 的值)。选择后的比例显示在"注释比例"按钮上,该比例就是当前比例,新创建的注释性对象即具有该比例,注释性对象的显示大小由该比例确定。如果列表中没有合适的比例,可单击列表中的"自定义…"选项,打开"编辑比例列表"对话框。单击其中的"添加"按钮,打开"添加比例"对话框,输入比例名称、图纸单位、图形单位后,自定义的比例即添加到比例列表中。当前注释比例可随时改变,只要单击"注释比例"按钮,从展开的比例列表中选择所需的比例即可。

注释比例的选择应考虑显示注释对象的视窗的最终比例设置。注释比例(或从模型空间打印时的打印比例)应设置为与布局中的视窗(在该视窗中将显示注释性对象)比例相同。例如,如果注释性对象将在比例为 1:2 的视窗中显示,其注释比例也应设置为 1:2。

2."注释可见性"按钮

"注释可见性"按钮控制注释性对象的显示状态。若该按钮为打开状态,按钮的提示为"注释可见性:显示所有比例的注释性对象",即不论"注释比例"按钮上当前比例是什么,所有的注释性对象都显示;若该按钮为关闭状态,按钮的提示为"注释可见性:仅显示当前比例的注释性对象",则仅显示与"注释比例"按钮上当前比例相同的注释性对象。

3."自动添加比例"按钮

"自动添加比例"按钮控制注释比例是否自动添加到注释性对象。若该按钮为打开状态,当更改注释比例时,已存在的所有注释性对象都按更改后的比例显示,并且自动将新比例添加到所有注释性对象,注释性对象就会有多个注释比例。

若"自动添加比例"按钮为关闭状态,当注释比例更改后,如果已存在的注释性对象中已具有更改后的比例,注释性对象按更改后的比例显示,如果已存在的注释性对象没有更改后的比例,该注释性对象按创建该对象时的比例显示,且更改后的新比例不会被添加到该注释性对象上。

12.2.4 注释比例的添加和删除

当"自动添加比例"按钮图标为打开状态时,每次从展开的比例列表中所选的比例就会自动添加到注释性对象上。但不论"自动添加比例"按钮打开还是关闭,都可用如下方法添加和删除注释性对象上的注释比例。

1. 使用功能区面板上的工具按钮

(1)单击状态栏"注释比例"按钮,从比例列表中选择一个比例(如 1:2),使其成为当前比例。

(2)单击功能区"注释"选项卡→"注释缩放"面板→ "添加"工具按钮。

命令:_objectscale

选择注释性对象:选择注释性对象 ↙ (可用任何选择对象的方法选择一个或多个注释性对象)

选择注释性对象: ↙ (结束选择)

1 个对象已更新以支持注释比例<1:1>。

当前比例即被添加到选中的注释性对象上。

删除注释比例的步骤与添加注释比例的步骤类似:单击功能区"注释"选项卡→"注释缩

放"面板→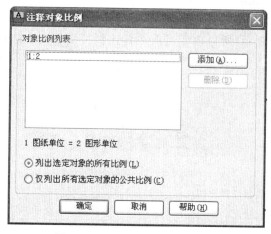"添加当前比例"的箭头→"删除"工具按钮。

2. 使用"注释对象比例"对话框

(1)单击功能区"注释"选项卡→"注释缩放"面板→"添加/删除比例"工具按钮。

命令:_objectscale

选择注释性对象:选择注释性对象✓

选择注释性对象:✓(结束选择)

结束对象选择后,打开"注释对象比例"对话框,如图 12-5 所示。单击"添加"按钮,打开"将比例添加到对象"对话框(图略),在该对话框中选择要添加到对象的比例,可一次选择连续或不连续的多个比例。返回"注释对象比例"对话框后,单击其中的"确定"按钮,所有选定的比例即被添加到选中的注释性对象上。

图 12-5　"注释对象比例"对话框

(2)"注释对象比例"对话框各选项含义

①"对象比例列表":显示当前对象所支持的注释比例。该框下方的文字为框中选中比例的说明,如框中"1:1"的文字说明为"1 图纸单位=1 图形单位"。

②"添加"按钮:单击此按钮,打开"将比例添加到对象"对话框,在该对话框中选择要添加到对象的比例,可一次选择连续或不连续的多个比例。

③"删除"按钮:在"对象比例列表"框中选择一个或多个比例后,单击"删除"按钮,即将所选比例删除(注意:无法删除当前比例或被对象或视图参照的比例)。

④"列出选定对象的所有比例"单选按钮:在对象比例列表中列出所选定的注释性对象的所有比例。

⑤"仅列出所有选定对象的公共比例"单选按钮,在对象比例列表中仅列出所选定的所有注释性对象的共有比例。

选中某一注释性对象后,单击"特性"选项板中"注释比例"栏的 按钮也可打开"注释对象比例"对话框。

12.2.5　用夹点区分同一注释性对象的多个注释比例

对于有多个注释性比例的注释性对象,不论"注释可见性"按钮打开还是关闭,只能显示一个与当前注释比例相同的比例图示。但是利用夹点可以区分各个注释比例。如图 12-6(a)中的文字是有 1:1、1:2 和 1:4 三个注释比例的注释性对象,当前注释比例是 1:1,所以在绘图窗口只显示 1:1 的注释性对象。单击注释性对象,夹点将显示在与当前注释比例相同的比例图示上,而其他的比例图示都以较暗的状态显示,如图 12-6(b)所示。利用夹点编辑功能可移动 1:1 的比例图示,如图 12-6(c)所示。

(a) 有三个注释比例的对象   (b) 选中注释性对象   (c) 利用夹点移动1:1的对象

图 12-6　夹点编辑注释性对象

区分各个注释比例后,如果再改变当前注释比例,注释性对象会按当前注释比例及改变后的位置显示,如图 12-7(a)和(b)就是当前注释比例分别是 1:1 或 1:2 时,绘图窗口的显示。由于只能显示一个与当前注释比例相同的比例图示,所以改变当前注释比例可用相同方法移动 1:2 和 1:4 的比例图示。

(a) 当前注释比例1:1   (b) 当前注释比例1:2   (c) 选中注释性对象(当前注释比例1:2)

图 12-7　改变当前注释比例

12.2.6　注释图形的步骤

1. 设置显示或打印的注释比例

在模型空间中,单击"注释比例"按钮,从比例列表中选择某一注释比例作为打印或显示的注释比例。

2. 创建注释性对象

若创建的注释性对象是文字、尺寸标注或多重引线,需首先创建注释性样式,即设置文字、尺寸标注或多重引线样式时,须选中"注释性"复选按钮。如果创建的一个或多个注释性对象需要多个注释比例,可用前述的方法将需要的注释比例添加到注释性对象上。也可根据需要,按当前注释比例利用夹点编辑功能改变注释性对象的位置。

3. 创建布局的注释比例

如果要打印图形,需为当前布局(或创建一个新布局)设置注释比例。首先通过布局选项卡创建布局(操作参见本书第 10 章)。为当前布局的视窗设置注释比例,单击某一视窗的边界选中该视窗,此时状态栏上显示"视口比例"按钮(图 12-8),单击该按钮或单击"注释比例"按钮,从比例列表中选择一个比例即可。布局的视窗注释比例应与模型空间的注释比例相同。

视口比例按钮

图 12-8　视口比例按钮

12.3　打印图纸

用户在模型空间中完成设计图形的绘制工作后,可以直接在模型空间打印完成的图形,也可以通过创建布局在图纸空间打印完成的图形。但是在多视窗下,模型空间只能打印当前视窗中的图形。而使用布局在图纸空间可打印所有视窗中的图形,从而实现在同一绘图页面上打印多个视图的目标。

　　页面设置是打印设备、图纸幅面以及相应的输出选项等打印设置参数的集合。同一图形可以建立多个不同的页面设置。同一模型或布局也可应用不同的页面设置,打印出不同的图纸效果。命名的页面设置保存在图形文件中,不仅可在当前图形中调用还可输入到其他图形文件中,因此打印之前应通过"页面设置管理器"创建命名的页面设置。

12.3.1　页面设置管理器

　　1. 功能
　　创建、调用、修改和输入页面设置。
　　2. 命令位置
　　单击 "菜单浏览器"按钮→在弹出的菜单中选择"打印"→"页面设置"命令,打开"页面设置管理器"对话框,如图 12-9 所示。
　　(1)当前布局为"模型"。
　　(2)"页面设置"区
　　①页面设置列表框中列出了当前图形中的所有有名的页面设置及其在布局中的应用。布局名称前有" ＊ "号标记,页面设置的名称前没有" ＊ "号标记。
　　②"置为当前"按钮:将某一页面设置应用到当前布局中。选中某一页面设置,单击"置为当前"按钮或双击某一页面设置,选中的页面设置即为当前布局的页面设置。通过该按钮也可将其他布局中的页面设置应用到当前布局中,如当前布局是"布局 1",选中"布局 3(A3 幅面)"后,单击"置为当前"按钮,即将页面设置"A3 幅面"应用到"布局 1"中,"布局 1"变为"布局 1(A3 幅面)"。

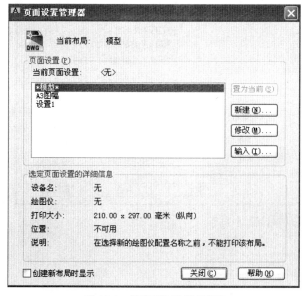

图 12-9　"页面设置管理器"

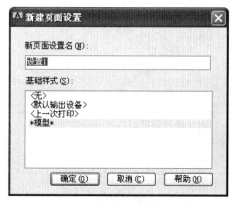

图 12-10　"新建页面设置"对话框

③"新建"按钮：其作用是建立新的页面设置。单击"新建"按钮打开"新建页面设置"对话框，如图 12-10 所示。在"基础样式"列表中选择某一样式，单击"确定"按钮，打开"页面设置"对话框（图 12-11）建立新的页面设置。

④"修改"按钮：修改某一页面设置。选中某一页面设置或布局，单击该按钮，即打开"页面设置"对话框，可修改选中的页面设置。

⑤"输入"按钮：其作用是输入其他图形文件中的有名页面设置。

（3）选定页面设置的详细信息，显示选定页面设置中指定的打印设备名称、打印设备的类型、打印幅面的大小和打印方向以及输出设备的位置和说明等信息。

（4）"创建新布局时显示"复选框，勾选该复选框，创建新布局时会首先显示"页面设置管理器"。

12.3.2 "页面设置"对话框

单击"页面设置"管理器中的"新建"按钮，打开"新建页面设置"对话框（图 12-10），供用户为新建页面命名和选择基础样式，完成后单击确定按钮，即打开"页面设置"对话框，如图 12-11 所示。

图 12-11 "页面设置"对话框

1. 页面设置区

显示当前页面设置的名称。

2. 打印机/绘图仪区

（1）"名称"下拉列表框，其中列出了可用的 PC3 文件和系统打印机，供用户选择打印设备或发布当前布局(或图纸)的 PC3 文件。设备名称前有"🖶"标记的是系统打印机,有"🖷"标记的是 PC3 文件。在 AutoCAD 中,将 Windows 系统设备称为打印机,将非 Windows 系统设备称为绘图仪。

(2) 绘图仪、位置、说明:显示当前页面设置中指定的输出设备名称、输出设备的物理位置和当前页面设置中指定的输出设备的说明文字。

(3) "特性"按钮,打开"绘图仪配置编辑器"对话框(或 PC3 编辑器),查看、修改当前绘图仪的配置、端口、设备和介质设备。

(4) 特性按钮下方是"局部预览",显示相对于图纸尺寸和可打印区域的有效打印区域。

3. "图纸尺寸"下拉列表框

单击下拉列表显示所选打印设备可用的标准图纸尺寸,若未选定打印设备则显示全部的标准图纸尺寸供用户选择。

4. "打印"区

用来指定要打印的图形区域。其中"打印范围"下拉列表框中有以下几个选项:

(1) "布局"或"图形界限"选项,打印由图形界限命令设置的图形界限范围内的全部图形。从布局进入"页面设置"对话框时,默认选项是"布局",而无"图形界限"选项;从模型空间进入"页面设置"对话框时,默认选项是"显示",而无"布局"选项。

(2) "显示"选项,从模型空间进入"页面设置"对话框时,默认选项是"显示",即打印当前视窗中显示的图形。

(3) "视图"选项,打印用"VIEW"命令保存的视图。如果当前图形文件中没有已保存的视图则无此选项。

(4) "窗口"选项,选择该选项到绘图窗口,用户根据命令行提示指定一矩形窗口的两个角点,矩形窗口范围的图形是打印内容。返回对话框后,会显示一个"窗口"按钮,单击该按钮可重新指定窗口角点。

5. "打印偏移"区

确定打印区域相对于图纸左下角点的偏移量。

6. "打印比例"区

设置图形的打印比例。

7. "打印样式表"区

选择、新建、修改打印样式表。选择下拉列表中的"新建"选项可建立新的打印样式表。若在下拉列表中选择某一打印样式表,然后单击🖹按钮,将打开"打印样式表编辑器"对话框(图略),供用户编辑和修改打印样式表。

8. "着色视口选项"区

用于控制打印三维图形时的打印模式。

9. "打印选项"区

确定是按图形所设定的线宽打印图形,还是根据打印样式打印图形。如果绘图时根据图示要求,对不同的线型设置了不同的线宽,应勾选"打印对象线宽"复选框;如果绘图时是用不同的颜色代表不同的线宽应勾选"按样式打印"复选框。

10. "图形方向"区

在区域中选择合适的打印方向单选按钮即可。

单击"预览"按钮可预览打印效果。单击"确定"按钮,将返回"页面设置管理器"对话框,在"页面设置管理器"对话框中用户可将新页面设置置为当前。

12.3.3　打印图形

单击"快速访问工具栏"的  "打印"按钮或单击 "菜单浏览器"按钮→"打印"→"打印"命令,均可打开"打印"对话框,如图 12-12 所示。

图 12-12　"打印"对话框　　　　　　　　　图 12-13　"添加页面设置"对话框

通过页面设置区中的"名称"下拉列表框指定某一页面设置,对话框中即显示该页面设置的内容。也可不用已定义的页面设置,而是通过"打印"对话框中的选项设置打印参数。所以单击" "按钮展开后的"打印"对话框与图 12-11 所示的"页面设置"对话框基本相同。仅是"打印选项"区稍有不同。仅简要说明不同选项。

(1)页面设置区中,的"添加"按钮,单击该按钮打开"添加页面设置"对话框,如图 12-13所示用来添加新的页面设置。

(2)"后台打印"复选框,在后台打印图形。

(3)"将修改保存到布局"复选框,将打印对话框中改变的设置保存到布局中。

(4)"打开打印戳记"复选框:在每个输出图形的某个位置上显示绘图标记以及生成日志文件。单击"打开打印戳记" 按钮,即打开"打开打印戳记"对话框(图略),可以设置打印戳记字段,包括图形名称、布局名称、日期和时间、打印比例、绘图设备及纸张尺寸等,用户还可以自定义字段。

12.4　"选项"对话框

在应用 AutoCAD 绘图的过程中,常常需要设置一些特定功能,有时还需要定制自己的操作方式等,"选项"对话框就是完成这些必要设置的工具。

单击功能区"视图"选项卡→"窗口"的 按钮,在命令窗口或绘图区单击右键→右键菜单→选项命令,均可打开"选项"对话框,如图 12-14 所示。

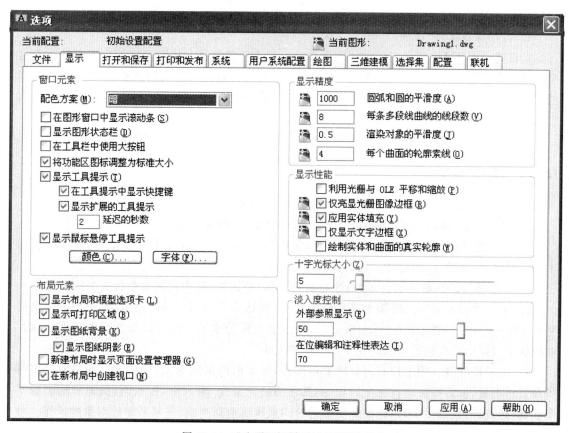

图 12-14　"选项"对话框的"显示"选项卡

对话框中有十个选项卡,每个选项卡都有若干选项或设置,如果某一选项随图形一起保存,选项的设置只影响当前图形,而且选项的前边有图形文件的图标 。而保存在注册表中的选项(前边没有图形文件图标)存储在当前配置中,会影响 AutoCAD 任务中的所有图形。

下面仅就读者常用到的一些设置予以说明,其他设置可参看 AutoCAD 的"帮助"功能。最常用的方法是选择某个选项卡,然后单击"帮助"按钮打开"AutoCAD 2013 帮助"窗口。

12.4.1　"文件"选项卡

1."文件"选项卡

指定 AutoCAD 搜索支持文件、驱动程序、菜单文件和其他文件的文件夹,还指定一些可选的用户定义设置。

2."搜索路径、文件名和文件位置"区

显示 AutoCAD 使用的文件目录。双击该目录或单击目录前的"＋"号可以展开目录下的文件路径。

3.重新指定文件的位置

单击"浏览"按钮,打开"浏览文件夹"对话框或"选择文件"对话框来定位所要求的文件夹或文件。选择某一目录后,"添加"按钮正常显示,表示该目录可添加新的文件路径,这时单击"添加"按钮即可。

4."自动保存文件"选项

是设置 AutoCAD 按设定的时间间隔自动保存文件的路径。用户可以按上述方法改变这个路径至合适的文件夹。如果设置了自动保存,一旦因停电等意外突然关机,不至于将所绘制的图形全部丢失。待重新开机后,从该文件夹中找出自己保存的文件,并将其扩展名改为".dwg"即可打开自动保存的图形文件。

AutoCAD 是否自动保存文件由"打开和保存"选项卡中的"自动保存"选项控制。

12.4.2 "显示"选项卡

通过"显示"选项卡可以自定义 AutoCAD 的外观显示。

1."窗口元素"区,该栏控制 AutoCAD 绘图环境特定的显示设置。

(1)"颜色"按钮,单击它显示"图形窗口颜色"对话框。在此对话框中指定 AutoCAD 窗口中的元素颜色、背景等,如背景空间的背景颜色等。

(2)"字体"按钮,单击它显示"命令行窗口字体"对话框,从中指定命令行文字的字体等。

2."十字光标大小"区,控制十字光标的大小,默认为全屏幕的 5%,有效值的范围是全屏幕的 1%～100%。在设定为 100% 时,看不到十字光标的末端。按住鼠标左键拖动滑块或在左侧的输入框内输入数值可以改变十字光标的大小。

3."显示精度"区,用于控制对象的显示质量,有效值的范围为 1～20 000。如果取高值将提高显示质量,但将损失运行速度。如"圆弧和圆的光滑度"输入框,控制圆、圆弧和椭圆的平滑度,值越高,对象越平滑,但也需要更多的时间来执行重新生成、平移和缩放对象的操作。可以将图形的"圆弧和圆的光滑度"设置为一个较小的值(如 100),同时增大渲染值来提高性能,该设置被保存在图形中,即会影响 AutoCAD 任务中的所有图形。

12.4.3 "打开和保存"选项卡

"打开和保存"选项卡控制在 AutoCAD 中打开和保存文件的相关选项。

1."文件保存"区,在"另存为"下拉列表中选择用 SAVE、SAVEA 和 QSAVE 保存文件时使用的默认格式。

需注意的是:AutoCAD 2004 是 AutoCAD 2004、2005、2006 这三个版本使用的图形文件格式,AutoCAD 2007 是 AutoCAD 2007、2008、2009 这三个版本使用的文件格式。

注释性对象可能具有多种比例图示。若勾选"保持注释性对象的视觉逼真度"复选框时,在 AutoCAD 2007 或更低版本中打开含有注释性对象的图形文件,注释性对象将分解各比例图示到各个图层中,这些具有比例图示的图层名由其原始图层名附加"@"及一个数字组成,各比例图示组成一个无名的块。如果用户在 AutoCAD 2007 或早期版本中分解这样的块,然后在 AutoCAD 2013 中打开图形,则每个比例图示将成为一个单独的注释性对象,每个对象有一个注释比例。在 AutoCAD 2007 及早期版本中使用在 AutoCAD 2013 中创建的图形时,建议用户不要在这些图层上编辑或创建对象。

2."文件安全措施"区,帮助用户避免数据丢失和检测错误。

(1)"自动保存"复选框,以指定的时间间隔自动保存图形。可以在"文件"选项卡中的"搜索路径、文件名和文件位置"区中"自动保存文件位置"路径处指定"自动保存文件"的位置。

(2)"保存间隔分钟数"文本框,输入"自动保存"图形文件的时间间隔。

(3)"每次保存时均创建备份副本"复选框,勾选该复选框,将在每次保存图形时创建文件的备份文件。

12.4.4　"打印和发布"选项卡

1."新图形的默认打印设置"区

(1)"用作默认输出设备"单选按钮,选中该单选按钮,在其下拉列表中选择输出设备作为默认输出设备。下拉列表包括从打印机配置搜索路径中找到的所有绘图仪配置文件(PC3)以及系统中配置的所有系统打印机。

(2)"使用上一可用打印设置"单选按钮,选中该单选按钮,设定与上一次成功打印的设备相匹配的打印设置。

(3)"添加或配置绘图仪"按钮,打开绘图仪管理器(Windows 系统窗口),添加或配置绘图仪。

2."指定打印偏移时相对于"区,控制打印区域偏移时,是从可打印区域的左下角开始,还是从图纸的边界开始。

12.4.5　"系统"选项卡

"系统"选项卡控制 AutoCAD 的系统设置。其中,"基本选项"区控制与系统设置相关的基本选项。

1."显示 OLE 文字大小对话框"复选框

在 AutoCAD 图形中插入 OLE 对象时显示"OLE 文字大小"对话框。

2."显示所有警告信息"复选框

显示包含"不再显示此警告"选项的所有对话框,所有带有警告选项的对话框都将显示,而忽略先前针对每个对话框的设置。

3."用户输入出错时的声音提示"复选框

当 AutoCAD 检测到无效输入时,发出蜂鸣声警告用户。

4."每个图形中均加载 acad.lsp"复选框

指定 AutoCAD 是否将 acad.lsp 文件加载到每个图形。如果不选此项,则只把 acaddoc.lsp 文件加载到所有图形文件中。如果不想在特定的图形文件中运行某些 LISP 例行程序,可以不选该选项。

5."允许长符号名"复选框

勾选该复选框允许命名对象在图形定义表中使用长名称。对象名称最多可达 255 个字符,包括字母、数字、空格和任何 Windows 和 AutoCAD 未作其他用途的特殊字符,可以在图层、标注样式、块、线型、文字样式、布局、UCS、视图和视口配置等 AutoCAD 的所有有名设置中使用长名称。该选项保存在图形中。

12.4.6 "用户系统配置"选项卡

"用户系统配置"选项卡用于控制在 AutoCAD 中优化操作方式和性能的选项。其中"Windows 标准操作"区,控制在 AutoCAD 中的按键作用和单击右键的方式。

1."双击进行编辑"复选框

勾选该复选框,当双击某一对象时,将弹出"特性"选项板供用户编辑该对象。

2."绘图区域中使用快捷菜单"复选框

勾选该复选框,在绘图窗口单击鼠标右键即显示快捷菜单。如果清除此选项,则单击鼠标右键等同于按下【Enter】键(回车确认)。

3."自定义右键单击"按钮

单击该按钮,打开"自定义右键单击"对话框,从中定义右键功能。"自定义右键单击"对话框中的"打开计时右键单击"复选框,可控制右键单击操作,其中,快速单击与【Enter】键的效果一样;慢速单击将显示一个快捷菜单,可以用毫秒来设置慢速单击的持续时间(单击的持续时间指的是按下鼠标左键与松开之间的时间间隔)。

12.4.7 "草图"选项卡

"草图"选项卡用来控制和设置那些基本编辑选项。

1."自动捕捉设置"区

控制使用对象捕捉时,是否显示形象化辅助工具(称作自动捕捉)的相关设置。所谓自动捕捉,就是当用户把光标放在某一个对象上,系统自动捕捉到该对象上符合条件的几何特征点。并显示出相应的标记。如果把光标放在捕捉点上多停留一会,系统还会显示关于该捕捉的提示。这样,用户在拾取点之前就可以预览和确认捕捉点。因此,有多个符合条件的特征点时,就不会捕捉到错误点,方便了用户的使用,提高了绘图效率。

(1)"标记"复选框,用来打开或关闭自动捕捉标记。自动捕捉标记是一个几何符号,在十字光标移到对象上时显示对象上相应的几何符号。

(2)"磁吸"复选框,打开或关闭自动捕捉磁吸。所谓磁吸,是将十字光标的移动自动锁定到最近的捕捉点上。就像打开捕捉后,光标只能在捕捉栅格点上移动一样。

(3)"显示自动捕捉工具栏提示"复选框,控制自动捕捉工具栏提示的显示。工具栏提示是一个文字标志,用来描述捕捉到的对象。

(4)"显示自动捕捉靶框"复选框,控制自动捕捉靶框的显示。

(5)"颜色"按钮,单击该按钮,显示"图形窗口颜色"对话框,用来设置各界面元素的颜色。

2."自动捕捉标记大小"区

设置自动捕捉标记的显示尺寸,按住鼠标左键拖动滑块,可以改变自动捕捉标记的大小。

3."自动追踪设置"区

控制与自动追踪相关的设置,如自动追踪如何显示辅助线、AutoCAD 如何获取用于对象追踪的对象上的点。

（1）"显示极轴追踪矢量"复选框，将极轴追踪辅助线的显示设置为开或关，即是否显示极轴追踪的辅助线。

（2）"显示全屏追踪矢量"复选框，控制追踪矢量（即追踪辅助线）的显示状态。勾选该复选框，辅助线通过整个图形窗口；否则，仅显示从对象捕捉点到当前光标位置的这部分辅助线。

（3）"显示自动追踪工具栏提示"复选框，控制是否显示自动追踪提示。该提示是一个文本标志，显示了对象捕捉的类型（针对对象追踪而言）、辅助线的角度以及从前一点到当前光标位置的距离等。

12.4.8　"选择集"选项卡

设置与构造选择集即选择对象有关的内容。

1．"拾取框大小"区

控制 AutoCAD 绘图窗口中拾取框的显示尺寸，按住鼠标左键拖动滑块，可以改变拾取框的大小。

2．"选择集预览"区

控制是否显示预览，显示预览就是当拾取框移动通过对象时，对象亮显。

（1）"命令处于活动状态时"复选框，当某个命令处于活动状态时，并显示"选择对象"提示时，才会显示选择预览。

（2）"未激活任何命令时"复选框，即使未激活任何命令，也显示选择预览。

（3）"视觉效果设置"按钮，单击该按钮，打开"视觉效果设置"对话框，从中设置选择预览的视觉效果。

3．"选择集模式"区

控制与对象选择方法相关的设置。

（1）"先选择后执行"复选框，即用户可在未激活任何修改命令时，先选择对象构造出一个选择集，然后再输入相应的修改命令，对该选择集执行用户所希望的编辑操作。按下【Esc】键可以清除当前构造的选择集。

可以对大部分编辑和查询命令实行"先选择后执行"的方式，如：ALIGN、ARRAY、BLOCK、BVHIDE、BVSHOW、CHANGE、CHPROP、COPY、DVIEW、ERASE、EXPLODE、LIST、MIRROR、MOVE、PROPERTIES、ROTATE、SCALE、STRETCH、WBLOCK 等命令。

AutoCAD 提供了两种基本的选择和编辑方法：一种是先发出命令再选择对象，即所谓先执行后选择，可称之为"动词-名词"方式；另一种是先选择对象再对其进行命令操作，即所谓先选择后执行，可称之为"名词-动词"方式。

（2）"用【Shift】键添加到选择集"复选框，向选择集中添加或从选择集中删除对象时，必须按住【Shift】键。所以，勾选该复选框后，只需在图形的空白区域中指定一个选择窗口，即可快速清除已构造的选择集。

（3）"按住并拖动"复选框，勾选该复选框后，必须按下左键并拖向对角方向才可以生成一个选择窗口。如果未选择此选项，在绘图窗口拾取两个点就可生成选择窗口。

（4）"隐含窗口"复选框，勾选该复选框后，当选择修改对象构造选择集时，在绘图窗口的空白处拾取一点，该点即为选择窗口的一个角点。若不选该项，则必须用"窗口（Window）"或

"窗交(Crossing)"方式才能生成选择窗口。

（5）"对象编组"复选框，当选择编组中的一个对象时，整个对象编组被选中。通过"GROUP"命令可以创建和命名一组选择对象。

（6）"关联填充"复选框，控制选择关联图案填充时，将选定哪些对象。勾选该复选框，选择关联填充图案时还将选中确定填充边界的对象。

4."夹点大小"区

控制夹点的显示尺寸，按住鼠标左键拖动滑块可改变夹点的大小。

5."夹点"区

控制与夹点相关的设置。如选择对象后，对象上是否显示夹点等。

（1）"未选中夹点颜色"下拉列表，确定未被选中的夹点的颜色。

（2）"选中夹点颜色"下拉列表，确定选中的夹点的颜色。

（3）"悬停夹点颜色"下拉列表，决定光标在夹点上停顿（不是单击）时夹点的显示颜色。

（4）"启用夹点"复选框，控制当选中对象后是否显示夹点。在图形中启用夹点会明显降低处理速度，清除此选项可提高性能。

（5）"在块中启用夹点"复选框，控制当选中块后，如何在块上显示夹点。勾选该复选框，AutoCAD 显示块中每个对象的所有夹点。如果清除此选项，仅在块的插入点位置显示一个夹点。

（6）"启用夹点提示"复选框，当光标悬停在支持夹点提示的自定义对象（一种由 Object-ARX 应用程序创建的对象类型）的夹点上时，显示夹点的特定提示。该选项在标准 AutoCAD 对象上无效。

（7）"选择对象时限制显示的夹点数"文本框，当初始选择集包括多于指定数目的对象时，抑制夹点的显示。有效值的范围为 1～32 767，默认值为 100。

本节仅简要介绍了"选项"对话框的常用功能，其他功能请读者在需要设置其功能时，参考本节和相应选项卡的内容操作，但在进行设置操作前应首先了解其对 AutoCAD 图形文件及绘图环境的影响。

12.5　思考与上机实践

1. 试通过 AutoCAD 2013 帮助中的用户手册了解 AutoCAD 有哪些查询功能。

2. 试述 AutoCAD 2013 注释性的特点。

3. 练习为各种不同几何特征的对象添加、删除注释比例的操作。

4. 若条件允许，分别在模型空间和布局（图纸空间）中打印自己绘制的工程图样。

5. 打开并了解 AutoCAD"选项"对话框的功能。试通过 AutoCAD 2013 帮助中的用户手册了解其对 AutoCAD 图形文件及绘图环境的影响。

参 考 文 献

［1］ 武晓丽,邱泽阳.现代工程图学——机械制图[M].北京:中国铁道出版社,2006.

［2］ 薛焱.中文版 AutoCAD2009 基础教程[M].北京:清华大学出版社,2008.

［3］ 刘长江,张军华.中文版 AutoCAD2009 宝典[M].北京:电子工业出版社,2009.

［4］ Ellen Finkelstein.AutoCAD 2008 宝典[M].北京:人民邮电出版社,2008.

［5］ 贾东永.AutoCAD 机械制图与工程实践(2008 中文版)[M].北京:清华大学出版社,2008.

［6］ 郭晓华.AutoCAD 2013 绘图基础[M].北京:电子工业出版社,2013.

［7］ 何经纬.AutoCAD 2013 中文版完全自学手册[M].北京:机械工业出版社,2013.

［8］ 杨老记,梁海利.AutoCAD 2008(中文版)工程制图实用教程[M].北京:机械工业出版社,2008.

［9］ 邱泽阳,武晓丽.现代工程图学——图学基础[M].北京:中国铁道出版社,2005.